人工智能前沿技术丛书

# 可解释人工智能导论

Introduction to Explainable
Artificial Intelligence

杨强 范力欣 朱军 陈一昕 张拳石 朱松纯
陶大程 崔鹏 周少华 刘琦 黄萱菁 张永锋   著

电子工业出版社
Publishing House of Electronics Industry
北京•BEIJING

# 内 容 简 介

本书全面介绍可解释人工智能的基础知识、理论方法和行业应用。全书分为三部分，共11章。第一部分为第1章，揭示基于数据驱动的人工智能系统决策机制，提出一种基于人机沟通交互场景的可解释人工智能范式。第二部分为第2~5章，介绍各种可解释人工智能技术方法，包括贝叶斯方法、基于因果启发的稳定学习和反事实推理、基于与或图模型的人机协作解释、对深度神经网络的解释。第三部分为第6~10章，分别介绍可解释人工智能在生物医疗、金融、计算机视觉、自然语言处理、推荐系统等领域的应用案例，详细说明可解释性在司法、城市管理、安防和制造等实际应用中发挥的积极作用。第11章对全书进行总结，并论述可解释人工智能研究面临的挑战和未来发展趋势。此外，本书的附录给出可解释人工智能相关的开源资源、中英文术语对照及索引，方便读者进一步查阅。

本书既适合高等院校计算机和信息处理相关专业的高年级本科生和研究生，以及人工智能领域的研究员和学者阅读；也适合关注人工智能应用及其社会影响力的政策制定者、法律工作者、社会科学研究人士等阅读。

**图书在版编目（CIP）数据**

可解释人工智能导论 / 杨强等著.—北京：电子工业出版社，2022.4
（人工智能前沿技术丛书）
ISBN 978-7-121-43187-6

Ⅰ.①可… Ⅱ.①杨… Ⅲ.①人工智能 Ⅳ.①TP18

中国版本图书馆 CIP 数据核字（2022）第 048619 号

责任编辑：宋亚东
印　　刷：天津千鹤文化传播有限公司
装　　订：天津千鹤文化传播有限公司
出版发行：电子工业出版社
　　　　　北京市海淀区万寿路 173 信箱　　　邮编：100036
开　　本：720×1000　1/16　印张：23.75　字数：532 千字
版　　次：2022 年 4 月第 1 版
印　　次：2023 年 5 月第 6 次印刷
定　　价：158.00 元

凡所购买电子工业出版社图书有缺损问题，请向购买书店调换。若书店售缺，请与本社发行部联系，联系及邮购电话：（010）88254888，88258888。

质量投诉请发邮件至 zlts@phei.com.cn，盗版侵权举报请发邮件至 dbqq@phei.com.cn。

本书咨询联系方式：（010）51260888-819，faq@phei.com.cn。

# 主要作者

| | |
|---|---|
| 杨　强 | 香港科技大学，微众银行 |
| 范力欣 | 微众银行，深圳大学 |
| 朱　军 | 清华大学，瑞莱智慧 |
| 陈一昕 | 华盛顿大学，华夏基金 |
| 张拳石 | 上海交通大学 |
| 朱松纯 | 北京通用人工智能研究院，北京大学，清华大学 |
| 陶大程 | 京东探索研究院，悉尼大学 |
| 崔　鹏 | 清华大学 |
| 周少华 | 中国科学技术大学，中国科学院计算技术研究所 |
| 刘　琦 | 同济大学 |
| 黄萱菁 | 复旦大学 |
| 张永锋 | 罗格斯大学 |

# 章节作者（按姓氏拼音排序）

| | | |
|---|---|---|
| 程　煦 | 上海交通大学 | 第 5 章 |
| 啜国晖 | 同济大学 | 第 6 章 |
| 傅金兰 | 新加坡国立大学 | 第 9 章 |
| 孔　昆 | 华夏基金 | 第 7 章 |
| 李崇轩 | 中国人民大学 | 第 2 章 |
| 李　涵 | 中国科学技术大学 | 第 6 章 |
| 李明杰 | 上海交通大学 | 第 5 章 |
| 林洲汉 | 上海交通大学 | 第 5 章 |
| 凌泽南 | 北京大学 | 第 5 章 |
| 刘艾杉 | 北京航空航天大学 | 第 8 章 |
| 刘祥龙 | 北京航空航天大学 | 第 8 章 |
| 任　洁 | 上海交通大学 | 第 4、5 章 |
| 任启涵 | 上海交通大学 | 第 5 章 |
| 沈　雯 | 上海交通大学 | 第 5 章 |
| 沈驿康 | 腾讯 | 第 5 章 |
| 王小雅 | 华夏基金 | 第 7 章 |
| 王　鑫 | 上海交通大学 | 第 5 章、附录 |
| 易　超 | 华夏基金 | 第 7 章 |
| 张　昊 | 上海交通大学 | 第 5 章 |
| 张艺辉 | Optiver | 第 7 章 |
| 周博磊 | 香港中文大学 | 第 5 章 |
| 朱占星 | 爱丁堡大学 | 第 5 章 |
| 邹　昊 | 清华大学 | 第 3 章 |

从人工智能（AI）发展的历史来看，符号主义占主导地位的第一代 AI 以知识驱动为基础，为人类的理性行为提供模型。这种模型由于和人类的认知推理过程一致，因此具有天然的可解释性，能有效地进行"自我解释"。可惜，由于专家知识的匮乏与昂贵，以及知识获取困难等原因，第一代 AI 只得到十分有限的应用。基于深度学习的第二代 AI 有良好的性能表现，其应用已经覆盖了各种不同的领域，从图像识别、电商的产品推荐、城市交通系统的疏通决策，到金融风险控制，等等。但深度学习的核心算法都源于"黑盒"模型，其生成结果在本质上是不可解释的，因此难以得到用户的信任。"黑盒"模型给这类系统的使用带来了极大的风险与挑战，特别是风险大的应用场景，如医疗诊断、金融监管和自动驾驶等。因此，发展"可解释人工智能"极为重要且紧迫。

基于深度学习 AI 的不可解释性表现在诸多方面，有两种基本类型。

第一种是原理上的不可解释性。由于深度神经网络模型和算法通常十分复杂，加上"黑盒"学习的性质，AI 通常无法对预测的结果给出自我解释，模型十分不透明，需要依靠第三方的解释系统或者人类专家的帮助才能看清其内部的工作原理，本书第 4、5 章讨论了这类问题。第 5 章首先讨论了一个简单和直观的方法，即对神经网络的事后解释。在一个神经网络训练结束后，通过各种方法从不同的角度对神经网络进行解释，揭示其背后的决策机理，例如利用可视化、神经网络输入单元重要性归因等。在"可解释的神经网络"中，通过以可解释性为学习目标的神经网络，从端到端的训练中直接学习可解释的表征。在第 4 章中，作者提出一种基于人机交互沟通的可解释人工智能范式。在基于与或图模型的人机协作解释中，介绍了与或图模型的定义与结构、基于与或图的多路径认知过程，以及如何通过人机协作的交互方式，使图模型的解读过程与人的认知结构一致，从而给出人类更容易接受的解释。以上讨论"解释"的目的均在于揭示神经网络做出预测（决策）背后的原理。其实，这种"解释"工作也可运用于其他场景，如分析神经网络在对抗样本攻击下的行为，从而揭示深度神经网络缺乏鲁棒性的原因，从中找到更好的攻击与防御方法。以打开黑盒揭示神经网络背后工作原理为目的的可解释性，对包括研究者与开发者在内的解释受众（Explainee）来讲是十分有用的，能使之做到心中有数，知道问题的所在，以及可能的改进方向。

第二种属于语义上的不可解释性。深度学习用于挖掘数据中变量之间的关联性（Correlation），而数据关联性的产生机制有以下三种类型，即因果、混淆（Confounding）和样本选择偏差。以图像识别为例，一个基于深度神经网络的图像识别系统，它把某幅图像识别为"狼"，有三种可能依据。第一，它的确出自因果关系，依据"狼"的外形特征，比如头部的特征判定其为"狼"，这种"解释"是本质性的，因此具有稳定性和鲁棒性。第二，也有可能依据"狼"身上的某个局部纹理判定其为"狼"。第三，甚至只是根据"狼"图像的背景特征，如草原而做出判断。尽管后两者的结论可能是正确的，但这种依据由混淆或样本选择偏差带来的虚假关联而做出的"解释"，一定是不稳定和缺乏鲁棒性的。遗憾的是，基于深度神经网络的算法通常找到的是"虚假"或"表面"的关联，而不是因果关系。因此这种"解释"对于解释受众中的使用者和决策者来讲是不可接受的，它不仅不能提高，反而会降低解释受众对模型的信任程度，我们称这种基于虚假关联做出的"解释"为语义上的不可解释性。由于这种不可解释性是由深度学习模型本身带来的，因此要想解决这类不可解释性，只有从改变深度学习模型做起，本书第 2、3 章讨论了这个问题。第 2 章介绍了贝叶斯方法，其中贝叶斯网络等结构化贝叶斯模型，既可用来描述不确定性，又可用直观、清晰的图形描述变量之间的直接作用关系，刻画变量之间的条件独立性，从而学到可解释的、用户友好的特征。另外，完全贝叶斯方法在所有可能的模型上拟合一个后验概率分布，通过后验分布的采样得到多个模型，使预测更加鲁棒，并可估计其不确定性，为使用者提供了算法对于预测的一种"自信程度"。第 3 章介绍了因果推理中传统的潜在结果框架，将其应用到二值特征和线性模型场景下的机器学习问题，随后又将其延伸到了连续特征、线性模型的场景及深度学习的场景。最后，介绍了反事实推理及若干有代表性的问题场景和方法。与深度学习不同，因果模型聚焦于因果关系，能给出更加稳定与可靠的解释。总之，本书第 1~5 章系统地介绍了可解释 AI 理论发展的现状，多角度地分析目前 AI 在可解释性上存在的问题，以及可能的发展方向。

本书第 6~10 章讨论了在生物医疗、金融、计算机视觉、自然语言处理及推荐系统应用中的可解释 AI。生物医疗和金融等高风险的应用领域，对可解释性提出了更高的要求。本书详细地介绍了可解释 AI 的发展现状，给出一些应用实例，并介绍了目前在可解释方面所做的工作。

目前，以深度学习为主体的 AI 远没有达到可解释性的要求，因为我们这里定义的"可解释性"，不仅要求模型对用户是透明的，能够解释其背后的工作原理；并且要求这种"解释"必须是本质的，具有稳定性和鲁棒性的。发展可解释 AI 的道路十分艰难且极具挑战性。无论是第一代以知识驱动为基础的 AI，还是第二代以数据驱动为基础的 AI，都不能从根本上解决可解释的问题。只有把这两种范式结合起来，发展第三代 AI，才能最终建立起可解释 AI。目前我们离这个目标还很远。首先，我们对深度学习的模型，特别是大模型中的工作机理了解得很少，深度学习对我们来讲依然是不甚了解的"黑盒"。此外，如何将知识与深度模型结合，或者导入因果关系，目前已有的工作都只是初步的尝试，有待进一步深入。

总之，《可解释人工智能导论》一书全面介绍了可解释 AI 在理论上和应用上的发展现状、存在的问题及今后发展的方向，对于想了解 AI 和有意献身AI 事业的研究者、开发者、决策者和使用者来讲，都是一部很好的参考书。

张钹

中国科学院院士，清华大学人工智能研究院院长

随着人工智能的深入发展，社会对人工智能的依赖性越来越强。人工智能的应用范围极广，其覆盖面也在不断扩大，从电商的产品推荐到手机短视频的个性化推荐，从城市交通系统的疏通决策系统到金融风险控制，从教育辅助系统到无人车……应该说，人工智能和人类共存的时代已经指日可待。

但人工智能的快速发展也蕴含着极大的危机和挑战。人工智能最成功的算法包括机器学习。很多机器学习的核心算法运行在所谓的黑盒情况下，也就是说，这些人工智能系统所生成的结果往往不可解释。比如，一个医疗系统为一位病人诊断，发现病人具有某些病症，给出阳性的结果。但是，现有的人工智能系统往往不给出它是如何做出这样的推断的。相比之下，一位人类医生往往会告诉病人，通过医疗图像的分析，发现一个可能的病灶，并进一步通过病理分析，确认病灶是恶性的可能性比较大，等等。这样的解释往往比较让人信服。

人工智能系统现阶段的不可解释性的原因是多方面的，包括很多人工智能算法本身往往缺乏理论依据，但一个主要的原因是现代人工智能算法往往极其复杂。预训练模型是当前解决自然语言理解问题的一种关键技术，但这类模型动辄具有上亿个参数，甚至会有上万亿个参数。如此复杂的模型已经远远超出了人类可理解的范围。人工智能系统通常采用神经网络，而且人工智能系统的厂商也不会透露他们的人工智能系统的工作原理。可以说，人工智能的发展已经远远超出了人类对人工智能工作原理的理解。

那么，是不是人类可以和黑盒式的人工智能长期共存呢？来看看我们周边的很多应用案例。试想，某医院引入一套基于人工智能的医疗诊断系统。如果该系统做出对某种病症的判断，病人的癌症检测为阳性，概率为90%，那么这个结论往往是不被接受的。病人会问：你是如何做出这个判断的？根据什么特征和经验？有哪些治疗的建议？需要花多少费用？如何找到最好的专家？

同样地，对于医生等专业人士来说，一个这样的结论也需要解释：系统做出这种预测，是否符合医院和医管单位的要求？有没有按照正规的医疗程序来做推断？这种推论是否可靠？有多大的风险？这个系统在多少个案例里面被测试过？是不是稳定、可靠、全面、科学的？

对于人工智能工程师来说，一个这样的结论也需要解释：对于一个大模型来说，是哪一部分的数据对结论起了关键作用？系统的哪一部分被启动？如果发生错误，最大的可能性来自哪里？如何修补？

以上例子表明，虽然我们可以使用一个黑盒的人工智能模型，但在应用中，这个模型应该具有可解释能力，否则系统的可用性就会大为降低。这个解释可以来自系统本身，比如树形的决策系统本身就具有很强的可解释性。除此之外，也可以为一个黑盒的人工智能系统配备一个解释模型，其任务就是解释人工智能做出的每个决策。

以上例子的另一个特点是解释本身可以是多样的，有的解释是为终端用户服务的，有的解释是为专业人士或监管部门服务的，而有的解释是为工程技术人员服务的。这种对可解释人工智能的要求有些是必须满足的。比如，欧洲提出的《个人数据通用保护条例》（GDPR）就规定了人工智能的算法要可以解释其决策逻辑。

我们可以列举更多的例子。比如在金融领域的贷款申请环节中，如果一个贷款申请没有被批准，其背后的人工智能系统就需要对贷款申请者做相应的解释（如"贷款额度过大"，或者"有还款逾期经历"等）。一个自动驾驶汽车系统在做出紧急制动决策的同时，要给出解释（如"因为车前面有位行人"）。所以，人工智能的可解释性就像我们常说的，对于事物要知其然，也要知其所以然。

人工智能的可解释性也是实现"以人为本"的人工智能的一个具体举措。黑盒的人工智能系统往往很难融入人类社会。如果一个系统无法和人类沟通，那么它的应用面注定会很窄，而人类对系统决策的反馈就不能用来更新系统的知识。一个可解释的系统往往被认为是公正、透明、平衡无偏、不歧视个体的友善系统，这样的人工智能系统才是负责任的人工智能系统。

如上所述，人工智能的发展如火如荼，随着与人们息息相关的金融、医疗等服务行业中出现人脸识别、智能人机对话等人工智能应用，公众和政策制定者都逐渐意识到了可解释人工智能（Explainable Artificial Intelligence，XAI）的重要性和急迫性。近期，可解释AI研究也呈现百花齐放的态势，提出了众多的理论框架、算法和系统，覆盖多个行业和学科。尽管百家争鸣是一件好事，但这个领域仍然缺乏一个统一的理论体系。一个完善的理论框架可以将不同的系统和算法加以比较，让人工智能的研究者和应用者对某种理论和算法的采纳有据可循。同时，一个统一的理论框架可以成为创新的土壤，促使新的算法和系统产生，这本专著就提出了一个基于人机沟通的交互式的可解释人工智能范式。

和现有的一些可解释 AI 图书相比，本书不仅包括了理论部分，更重要的是它还囊括了众多的应用案例。本书从各种实际应用场景和需求出发，明确指出在各种场景下解释所要达到的具体目标。同时，本书还提出了面向不同解释对象的交互式解释框架，并以此囊括各种具体的解释算法和技术。

一本好书本身就应该是一个好的可解释系统，让不同背景的人群，有不同的收获。本书对可解释 AI 前沿技术及时归纳梳理，并深入浅出地介绍给读者，适合入门读者阅读（是为导论）。同时，对于资深的研究者，本书也给出了进阶的研究路径。对于行业应用者，本书提出了选择不同解决方案的依据。本书覆盖的人群，既包括计算机及信息处理相关专业的高年级本科生及研究生，也包括人工智能领域的研究员、学者和高校老师。同时，本书也照顾到关注人工智能应用及具有社会影响力的人士，包括政策制定者、法律工作者和社会科学研究人士。所以，我们希望本书能够成为读者朋友们手中的一本实用的人工智能工具书。

在此，我们特别感谢本书各个章节内容的贡献者，他们是人工智能各个领域的专家、学者及研究员，在繁忙的工作中抽出宝贵的时间来讨论写作方案，提供各个章节的技术内容，投入了大量的经验和热情。同时，我们也感谢本书的支持者，包括电子工业出版社策划编辑宋亚东及其同事，志愿支持者——张钟丹、姚云竞、范胜奇等同学。此外，我们还要衷心致谢各自的家人，没有他们的鼎力支持，很难想象本书可以顺利完成。

最后，我们感谢众多的读者朋友们。感谢你们的持续支持！

杨强　范力欣　朱军　陈一昕　张拳石　朱松纯

陶大程　崔鹏　周少华　刘琦　黄萱菁　张永锋

2022 年 3 月

# 读者服务

微信扫码回复：43187

- 获取本书配套资源。
- 加入本书读者交流群，与更多读者互动。
- 获取【百场业界大咖直播合集】（持续更新），仅需 1 元。

杨　强　　加拿大工程院及加拿大皇家科学院两院院士，香港科技大学讲席教授，AAAI 2021 大会主席，中国人工智能学会（CAAI）荣誉副理事长，香港人工智能与机器人学会（HKSAIR）理事长以及智能投研技术联盟（ITL）主席。他是 AAAI/ACM/CAAI/IEEE/IAPR/AAAS Fellow，也是 *IEEE Transactions on Big Data* 和 *ACM Transactions on Intelligent Systems and Technology* 创始主编，以及多个国际人工智能和数据挖掘领域杂志编委。
曾获 2019 年度"吴文俊人工智能科学技术奖"杰出贡献奖，2017 年 ACM SIGKDD 杰出服务奖。杨强毕业于北京大学，于 1989 年在马里兰大学获得计算机博士学位，之后在加拿大滑铁卢大学和 Simon Fraser 大学任教，他的研究领域包括人工智能、数据挖掘和机器学习等。他曾任华为诺亚方舟实验室主任，第四范式公司联合创始人，香港科技大学计算机与工程系主任以及国际人工智能联合会（IJCAI）理事会主席。领衔全球迁移学习和联邦学习研究及应用，最近的著作有《迁移学习》《联邦学习》《联邦学习实战》《隐私计算》等。

范力欣　　微众银行人工智能首席科学家，研究领域包括机器学习和深度学习、计算机视觉和模式识别、图像和视频处理等。他曾在诺基亚研究中心和欧洲施乐研究中心工作，是 70 多篇国际期刊和会议文章的作者。他长期参加 NIPS/NeurIPS、ICML、CVPR、ICCV、ECCV、IJCAI 等顶级人工智能会议，并主持举办了各个技术领域的研讨会。他还是在美国、欧洲和中国提交的百余项专利的发明人，以及 IEEE 可解释人工智能标准制定组主席。

朱　军　　清华大学计算机系教授、人智所所长、北京智源人工智能研究院和瑞莱智慧首席科学家，曾任卡内基梅隆大学兼职教授。主要从事机器学习研究，在国际顶级会议期刊发表论文百余篇；受邀担任 IEEE TPAMI 的副主编（大陆首次）、AI 编委，担任 ICML、NeurIPS 等领域主席 20 余次。获科学探索奖、CCF 自然科学一等奖等，入选万人计划领军人才、MIT TR35 中国先锋者以及 IEEE "AI's 10 to Watch"，带领团队研制 "珠算" 深度概率编程库、"天授" 强化学习库和 RealSafe 对抗攻防平台，获多项国际竞赛冠军和最佳论文奖。

陈一昕　　华夏基金董事总经理，首席数据官兼首席技术官。中国科学技术大学少年班本科，美国伊利诺大学香槟分校计算机博士，美国华盛顿大学计算机系正教授、终身教授，大数据科学中心创始主任，研究领域为金融科技、金融数据挖掘、智能投资顾问、机器学习、优化算法、人工智能和云计算等。拥有 15 年以上的前沿性研究、管理大型研发团队、开发商业产品的丰富经验。

张拳石　　上海交通大学约翰·霍普克罗夫特计算机科学中心长聘教轨副教授，博士生导师，入选国家级海外高层次人才引进计划，获 ACM China 新星奖。他于 2014 年获得日本东京大学博士学位，于 2014–2018 年在加州大学洛杉矶分校（UCLA）从事博士后研究，主要研究方向包括机器学习和计算机视觉。其研究工作主要发表在计算机视觉、人工智能、机器学习等不同领域的顶级期刊和会议上，包括 IEEE T-PAMI、ICML、ICLR、CVPR、ICCV、AAAI、KDD、ICRA 等。近年来，他在神经网络可解释性方向取得了多项具有国际影响力的创新性成果。他承担了 ICPR 2020 的领域主席，CCF-A 类会议 IJCAI 2020 和 IJCAI 2021 的可解释性方向的 Tutorial，并先后担任了 AAAI 2019、CVPR 2019、ICML 2021 大会可解释性方向的分论坛主席。

朱松纯　　1991 年毕业于中国科学技术大学，1996 年获美国哈佛大学计算机博士学位，师从国际数学大师大卫·曼福德教授，在国际顶级期刊和会议上发表论文 300 余篇，三次问鼎计算机视觉领域国际最高奖项——马尔奖，两次担任国际计算机视觉与模式识别大会主席。在 1990 年代率先将概率统计建模与随机计算方法引入计算机视觉研究，提出了一系列图像与视频的结构化解译的框架、数理模型和统计算法，发展了广义模式理论（General Pattern Theory），在视觉常识推理、场景理解等认知科学领域做出了重要贡献。自 2010 年以来，两次担任美国视觉、认知科学、AI 领域跨学科合作项目 MURI 负责人 [Principal Investigator]。在科研方面具有很强的前瞻性，选题和方法独树一帜，长期致力于构建计算机视觉、认知科学，乃至人工智能科学的统一数理框架。

2002 年加盟美国洛杉矶加州大学（UCLA）任教，任统计系与计算机系教授，计算机视觉、认知、学习与自主机器人中心主任。2020 年 9 月回国筹建北京通用人工智能研究院（Beijing Institute for General Artificial Intelligence），同时担任清华大学与北京大学讲席教授，并任北京大学人工智能研究院院长、清华大学通用人工智能研究院（筹）院长。2021 年 4 月，北京大学与清华大学联手建立通用人工智能实验班，均由朱松纯领衔。

陶大程　　　京东集团副总裁、京东探索研究院院长，兼任清华大学卓越访问教授、中国科学技术大学大师讲席教授。加入京东前，在悉尼大学担任澳大利亚桂冠教授、Peter Nicol Russell 讲习教授、悉尼大学人工智能中心主任。主要从事可信人工智能领域的研究，在权威杂志和重要会议上发表了 200 余篇论文；论文被引用近 6 万次，h-index 为 126，并多次荣获顶级国际会议最佳论文奖、时间检验奖。2015 年获得澳大利亚尤里卡奖和悉尼科技大学校长奖章，2018 年获得 IEEE ICDM 研究贡献奖，2020 年再度荣获澳大利亚尤里卡奖和悉尼大学校长研究贡献奖，2021 年荣获 IEEE 计算机协会 Edward J McCluskey 技术成就奖。先后当选 IEEE/AAAS/ACM Fellow、欧洲科学院外籍院士、新南威尔士皇家学院院士及澳大利亚科学院院士。

崔　鹏　　　清华大学计算机系长聘副教授，博士生导师。研究兴趣聚焦于大数据驱动的因果推理和稳定预测、大规模网络表征学习等。在数据挖掘及人工智能领域顶级国际会议发表论文 100 余篇，先后五次获得顶级国际会议或期刊论文奖，并先后两次入选数据挖掘领域顶级国际会议 KDD 最佳论文专刊。担任 IEEE TKDE、ACM TOMM、ACM TIST、IEEE TBD 等国际顶级期刊编委。曾获得国家自然科学二等奖、教育部自然科学一等奖、CCF-IEEE CS 青年科学家奖、ACM 杰出科学家。

周少华　　博士，致力于医学影像的研究创新及其应用落地。
Fellow of IEEE、AIMBE（美国医学与生物工程院）、NAI（美
国国家学术发明院）。现任中国科学技术大学讲席教授、生
物医学工程学院执行院长、影像智能与机器人研究中心（筹）
主任、中科院计算所客座研究员、香港中文大学（深圳）客
座教授，曾在西门子医疗研究院任职首席影像 AI 专家。他已
经编撰了 5 本学术专著，发表了 240 余篇学术期刊及会议论文，并拥有 140 余
项授权专利。他多次因其学术成就和创新贡献而获奖，包括发明奥斯卡奖、西
门子年度发明家、马里兰大学 ECE 杰出校友、MICCAI 年轻科学家奖提名文
章等。他热心奉献于专业社区，是行业顶级协会 MICCAI 财长兼理事、Medical
Open Network for AI（MONAI）咨询顾问、顶级期刊 *Medical Image Analysis*、
*IEEE Trans. Pattern Analysis and Machine Intelligence*（TPAMI）、*IEEE Trans.
Medical Imaging*（TMI）等编委、顶级会议 AAAI、CVPR、ICCV、MICCAI 和
NeurIPS 等领域主席、MICCAI2020 的程序联席主席、"视觉求索"公众号联
席主编。

刘　琦　　同济大学生命科学与技术学院生物信息系长聘教
授，博士生导师。长期致力于发展人工智能和生物组学交叉
融合的研究范式，面向肿瘤精准用药、药物发现、肿瘤免疫
治疗及基因编辑领域开发新的计算方法学和计算平台，推进
人工智能和组学数据分析的结合及临床应用。在 *Nature Com-
munications*、*Science Advances*、*Genome Biology* 等发表学术
论文，受邀在 *Cell Trends* 系列杂志等发表综述和评述论文。主持国家 863 基
金及国家自然科学基金，国家重点研发计划 BT&IT 专项子课题，参与国家重
点研发计划精准医学及慢病专项等。任 ELSEVIER 出版社人工智能生命科学
交叉领域杂志 *Artificial Intelligence in the Life Sciences* 编委。其研究团队和国
际制药企业、CRO 公司及互联网公司开展紧密合作，推动了人工智能技术在
生物医学领域的应用。其在人工智能和生物组学交叉领域的研究工作先后入
选 2019 年、2020 年中国生物信息学研究十大进展，曾获吴文俊人工智能自然
科学技术奖三等奖、药明康德生命化学奖、华夏医学奖三等奖、中国发明协
会发明创新奖二等奖等。先后入选上海市浦江人才、启明星人才、曙光人才，
入选教育部"青年长江学者"。

**黄萱菁** 复旦大学计算机科学技术学院教授、博士生导师。1998 年于复旦大学获计算机理学博士学位，研究领域为人工智能、自然语言处理、信息检索和社会媒体分析。兼任中国中文信息学会理事、社会媒体专委会副主任，中国计算机学会自然语言处理专委会副主任、学术工作委员会委员、AACL 执行委员。在高水平国际学术期刊和会议上发表了百余篇论文，负责的多个科研项目得到国家自然科学基金、科技部、教育部、上海市科委的支持。担任 2015 年社会媒体处理大会程序委员会副主席，2016 年、2019 年全国计算语言学会议程序委员会副主席，2017 年国际自然语言处理与中文计算会议程序委员会主席，2020 年国际自然语言处理与中文计算会议大会主席，2021 年 EMNLP 自然语言处理实证方法国际会议程序委员会主席等学术职务。获 2021 年上海市育才奖，并入选由清华—中国工程院知识智能联合研究中心和清华大学人工智能研究院联合发布的 "2020 年度人工智能全球女性""2020 年度 AI 2000 人工智能全球最具影响力提名学者""福布斯中国 2020 科技女性榜"。

**张永锋** 罗格斯大学计算机系助理教授、博士生导师，互联网智能与经济实验室主任。在清华大学获计算机科学学士和博士学位，曾于马萨诸塞大学阿默斯特分校任博士后研究员，并于新加坡国立大学、加州大学圣克鲁兹分校访学。研究兴趣包括机器学习、数据挖掘、信息检索、推荐系统、互联网经济、人工智能的可解释性与公平性、人工智能伦理等。研究成果发表于 SIGIR、WWW、RecSys、ACL、NAACL、CIKM、WSDM、AAAI、IJCAI、TOIS 等领域内的主要会议或期刊。担任期刊 *ACM Transactions on Information Systems*、*ACM Transactions on Recommender Systems*、*Frontiers in Big Data* 副主编。曾获得中国人工智能学会优秀博士学位论文奖、AIRS 最佳论文奖、RecSys 最佳论文提名、ACM TOIS 杰出编辑奖、罗格斯大学计算机系最佳教学奖、美国自然科学基金杰出青年奖（NSF CAREER Award）。

# 目录
CONTENTS

## 第三部分　行业应用

# 第一部分 + 本书简介 +

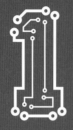

第 1 章

# 可解释人工智能概述

杨强　朱松纯　范力欣　陈一昕　张拳石

随着深度学习神经网络算法的飞速发展，人工智能系统正在逐步改变社会生活的方方面面，影响甚至决定人的命运。然而，人工智能的决策机制到底是怎样工作的？它将朝着怎样的方向发展？本章首先考察现有人工智能系统在可解释性方面的特点与不足，然后给出可解释 AI 的目的和定义，以及一系列相关的技术主题，最后对本书全部章节内容进行概述并给出阅读建议。

近年来，人工智能（Artificial Intelligence，AI）无疑已经成为热词，频繁出现在网络头条、政府决策和企业规划里，无不昭示着一个人工智能成为主导力量的时代的到来。人工智能技术与系统出现在人们的工作和生活中，智能财务系统、智能招聘系统和智能推荐系统等不一而足——这些智能系统正在逐步改变社会生活的方方面面，影响甚至决定人的命运。似乎在我们还没弄明白人工智能到底是怎么一回事的时候，人工智能的实际应用已经跑得很远了。然而，我们真的了解人工智能吗？到底什么是人工智能？人工智能的决策机制到底是怎样工作的？它今后将朝着怎样的方向发展？这些问题都与人工智能系统的可解释性（Explainability）息息相关。

## 1.1 为什么人工智能需要可解释性

为什么人工智能需要可解释性？为了回答这个问题，让我们首先考察一个图像识别模型的实验结果：若干哈士奇和狼的样本图片，如图 1-1（a）、图 1-1（b）所示，被用于训练一个深度神经网络结合逻辑回归的识别模型；该模型能够将绝大部分的正确图片分类，但却将雪地背景中的哈士奇误判为狼，如图 1-1（c）所示；对该模型的可解释性研究揭示，如图 1-1（d）所示，该识别器从训练数据中学到"可以将图片中的大面积白色背景（雪地）作为识别狼的依据"！识别模型之所以学到了这个判决依据，是因为训练样本中所有的狼都是在雪地背景上的，而哈士奇不是。在实验中，人类评判员了解到这样的判决依据后，对该模型的信任度下降到 11%，即使模型的判别准确率达到 90% 以上[1]。

（a）样本：哈士奇　　（b）样本：狼　　（c）哈士奇被误判为狼　　（d）误判依据

图 1-1　一个机器学习模型的可解释性

从这个简单的实验可以看出，了解人工智能模型的正确决策机制，是提升人类对人工智能模型信任度的重要方法。而现有人工智能可解释性的研究成果揭示，基于数据驱动的人工智能系统决策机制，离取得人类信任这一终极目标，至少还存在机器学习决策机制的理论缺陷、机器学习的应用缺陷、人工智能系统未能满足监管要求三方面的差距。

**1. 机器学习决策机制的理论缺陷**

图 1-1 的实验结果揭示出，如果仅仅是在输入数据（如"狼"的样本）和预期结果（"狼"的识别结果）之间建立（概率）关联（Association），由于数据样本普遍存在局限和偏见（bias），这种关联学习不可避免地会学到一种虚假关系（Spurious Relationship），比如狼与雪地背景的相关性。而以此作为决策依据的模型可能在大部分测试数据上表现良好，但其实并没有学到基于正确因果关系的推理决策能力，在面对与训练样本不一致的情况时，其表现就会大失水准。

按照 2011 年图灵奖得主、加利福尼亚大学洛杉矶分校计算机系 Judea Pearl 教授的观点[2-4]，这种基于关联分析（Association）的学习方式是一种低层次的认知，而为了从可能存在虚假关系的概率关联中进一步甄别出真正的因果关系，需要通过主动干预（Intervention）实验来拓展观测现象，并运用反事实推理（Counterfactual Reasoning）去伪存真，发现其内在因果关系。如图 1-2 所示，Judea Pearl 教授将这样的因果推理学习概括为从低到高的三个认知层次。按照这个理论架构，当前以深度学习为代表的数据驱动式机器学习尚停留在第一个层次，亟待引入主动干预和反事实推理等方法来厘清并强化智能决策的内在因果关系，进一步提升模型可信度。

**2. 机器学习的应用缺陷**

在实际应用层面，通过刷海量数据的填鸭式学习得到的人工智能系统存在一系列隐患，并可能引发严重的社会问题：

- 首先，由于数据样本收集的局限和偏见，导致数据驱动的人工智能系统也是有偏见的，这种偏见甚至无异于人类社会中的偏见。比如，芝加哥法院使用的犯罪风险评估算法 COMPAS 被证明对黑人犯罪嫌疑人造成了系统性歧视，白人更多被错误地评估为具有低犯罪风险，而黑人被错误地评估为具有高犯罪风险，且黑人的概率比白人高出一倍[5]。将个人的前途命运托付给这样有偏见的人工智能系统，既损害了社会公平，又会引起社会群体的矛盾对立。

- 其次，雪上加霜，"黑盒"似的深度神经网络还常常犯一些十分低级的、人类不可能犯的错误，表现出安全性上的潜在风险。如图 1-3 所示，一个深度神经网络原本能够正确识别图片中有一辆校车，但在对少量图片像素做一些人眼不能察觉的改动之后，图片就被识别为鸵鸟[6]。更有甚者，人们只要戴上一副特制的眼镜，在现实环境中就能够骗过使用深度神经网络的人脸识别系统[7]；考虑到人脸识别系统在金融支付等场景中的广泛应用，这种潜在的金融和社会风险令人不寒而栗。

- 最后，最重要的是从决策机制来看，当前对深度学习算法的分析还处于不透明的摸索阶段。尤其是拥有亿万个参数的超大规模预训练神经网络，如 BERT[8]、GPT3[9] 等，其决策过程在学术上仍然没有清晰的说明。这种"黑盒"似的深度神经网络暂时无法获得人类的充分理解与信任，大规模应用此类预训练模型的潜在风险不容忽视。

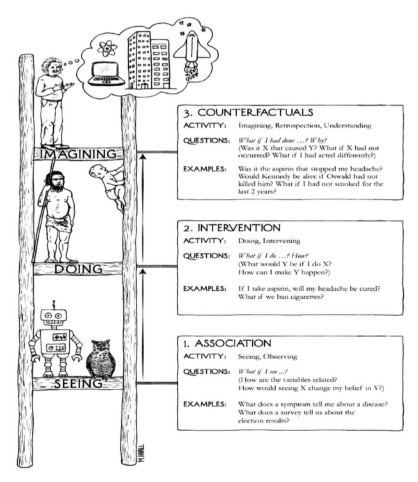

图 1-2   因果推理的三个认知层次：关联分析（Association）、干预实验（Intervention）和反事实推理（Counterfactual）（蒙 Judea Pearl 教授特许，图片转自文献 [2]）

（a）DNN 分类：学校校车　　　（b）添加细微的像素级干扰　　　（c）DNN 分类：鸵鸟[6]

（d）现实环境中欺骗人脸识别系统的特制眼镜[7]

图 1-3　深度神经网络的低级错误示例

从这些风险可以看出，现在的人工智能系统总体上仍然不能获得人们的足够信任，不能放心地被大规模部署应用。尤其是在金融、医疗、法律等 AI 决策能够产生重大影响、风险极高的领域，人们期待一种能够合理解释其决策机制及过程的人工智能系统，也就是可信赖的人工智能，能够获得普罗大众的信任和认可，并得以和谐地融入人类社会的方方面面。

**3. 人工智能系统未能满足监管要求**

事实上，在金融、医疗和法律等重大领域，政府对人工智能系统应用风险的防范和监管立法，已经在逐步加强和实施落实。比如，欧盟高级人工智能专家组起草的《可信人工智能道德原则指导》指出[10]，可信人工智能系统必须满足七个方面的要求：人类监管纠错、技术安全及鲁棒、隐私保护和数据治理、透明及可解释、算法公平及无歧视、环保及社会影响、问责制度。中国新一代人工智能治理专业委员会在 2019 年 6 月发布的《新一代人工智能治理原则——发展负责任的人工智能》政策文件中指出，要突出发展负责任的人工智能，强调公平公正、尊重隐私、安全可控等八条原则，因此，提高可解释性成为推广智能模型在各行各业应用的必由之路[11]。

在金融领域，荷兰中央银行在 2019 年 7 月发布的《金融行业人工智能应用一般原则》中，提出了稳健、问责、公平、道德伦理、专业和透明六个方面的技术应用原则。中国人民银行在《金融科技（FinTech）发展规划（2019–

2021）》中也明确提出"健全人工智能金融应用安全监测预警机制，研究制定人工智能金融应用监管规则，强化智能化金融工具安全认证，确保把人工智能金融应用规制在安全可控范围内"[12]。更进一步，中国人民银行在 2021 年 3 月发布的《人工智能算法金融应用评价规范》中明确提出，人工智能建模的可解释性主要集中于算法建模准备、建模过程、建模应用提出基本要求、评价方法与判定准则等过程[13]。新加坡及中国香港的金融监管部门，均要求使用金融科技的机构对其技术标准和使用方式进行审慎的内部管理，并对其用户履行充分的告知和解释义务，确保金融产品消费者的知情权（更多金融行业可解释人工智能内容，参见本书第 7 章）。

在医疗领域，美国 FDA 在 2021 年 1 月发布《基于人工智能/机器学习的医疗器械软件行动计划》，提出了良好机器学习质量管理规范（Good Machine Learning Practice，GMLP），提倡以患者为中心提高产品透明度，加强对算法偏差和鲁棒性的监管，推动真实世界性能监测。中国国家药品监督管理局依托人工智能医疗器械标准化技术归口单位推动人工智能医疗器械标准规范的建立，其出台的《人工智能医疗器械质量要求和评价——第 2 部分：数据集通用要求》已经在 2020 年进入报批阶段。该要求考虑了在人工智能可解释性方面的要求。

虽然对人工智能可解释性的监管要求已经在法律和规章制度层面逐步完善，但如何将这些制度层面的规则具体细化落实为可实现的技术方案，仍是可解释人工智能亟待研究和解决的挑战。

## 1.2  可解释人工智能

### 1.2.1  目的、定义及范式

本书旨在介绍当前人工智能前沿研究的一个十分紧要的课题：智能体①（AI Agent）如何有效地"解释"自己，取得人类用户的"信任"，从而形成高效的人机协作，融入一个人机共生共存的理想社会。可解释人工智能（Explainable Artificial Intelligence，XAI）是指智能体以一种可解释、可理解、人机互动的方式，与人工智能系统的使用者、受影响者、决策者、开发者等，达成清晰有效的交流沟通，以取得人类信任，同时满足各类应用场景对智能体决策机制的监管要求。

上述对可解释 AI 的介绍中，涉及两个重要的基本概念：信任与解释。信

---

① 智能体泛指人工智能系统，例如机器人、游戏中的非人类玩家（NPC）、无人驾驶车辆和聊天 App 等。

任（Trust）是人类在社会协作中的一种心理状态，其本质是我们愿意暴露自己的"脆弱性"（Vulnerability）。比如，当你愿意坐上一辆无人驾驶汽车时，你其实是把性命交给了自动驾驶的人工智能系统，这是在我们对该系统充分信任的情况下做出的决定。这种信任的建立，基于两个层次的主观判断；第一，是对智能体能力与性能的判断，相信它有能力代替我们处理各种复杂的道路情况；第二，是对其态度与决策机制的判断，相信它的系统设计者会优先考虑我们的人身安全，并有能力控制该系统做出合乎道德规范的判断决策。随着人工智能功能越来越强大，系统也越来越复杂，如何让我们了解并信任智能体的能力及决策机制，是当今愈加广泛的人工智能应用过程中不可回避的一个巨大挑战。

解释（Explanation）是人类相互沟通并获取信任的基本方法。智能体也必须通过与不同的对象人群进行沟通交流和反复"磨合"，才能达到"取信于民"的目的。具体来说，智能体要获得不同人群的信任，必须要考虑每个人的立场背景、教育程度等千差万别的因素来提供不同内容与形式的解释。同时，这个沟通解释的过程，也会反过来影响与改变智能体，使其建立"自知之明"与"自信"。

因此，本书提出：可解释 AI 系统需要在一种人机沟通（Communication）的交互场景中，逐步学习和调整其解释，并最终完成任务。在如图 1-4 所示的可解释人工智能范式中：被解释的对象是人工智能体的决策机制（AI Reasoning Mechanism）；解释者（Explainer）是负责提供解释的一方，既可以是进行自我解释的人工智能体本身，也可以是第三方的解释系统或人类专家；解释受众（Explainee）则是听取解释并试图理解的一方，通常是人工智能系统的人类使用者、受影响者、决策者或开发者。解释者需要根据当前的场景、任务、解释受众的知识水平和价值观等因素选择合适的解释方法，并在交互沟通过程中不断地调整优化所提供的解释，以达到取得人类信任的根本目的。在本书后续章节中，将会对可解释人工智能范式基本架构的各组成部分、相关技术和各种应用情况进行详细的说明。

## 1.2.2 层次、分类及应用场景

### 1. 可解释 AI 的层次

按照智能体能够提供解释的深入程度，基于人机沟通的可解释人工智能可以分为三个层次。

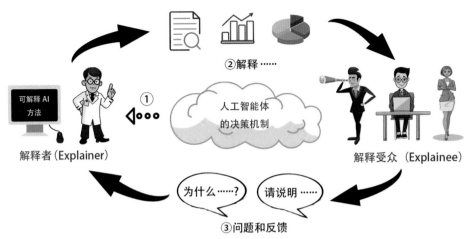

②解释······

①

人工智能体
的决策机制

解释者（Explainer）

解释受众（Explainee）

为什么······？    请说明······

③问题和反馈

可解释 AI
方法

**解释者**：解释人工智能系统的人工智能体、第三方的解释系统或人类专家。

**解释受众**：听取解释的人类，包括人工智能系统的人类使用者、受影响者、决策者及开发者。

**①**：待解释的人工智能体决策机制及过程，使其能够获得大众的信任和认可。

**②**：不同形式的解释，并针对不同任务场景，解释受众的接受度、反馈等进行多次调整。

**③**：可解释人工智能要求，包括问题（"为什么"）、反馈（"请说明"）及监管要求。

图 1-4    基于人机沟通交互式的可解释 AI 范式

第一，智能体要有自省及自辩的能力，这主要针对目前基于深度学习的、用大量数据训练得到的各种神经网络。这些被训练出来的神经网络往往带有上亿个甚至万亿个神经元参数[8, 9, 14]。如何分析解读每个"神经元"的意义，以及它们是如何组合起来做出特定决策的，是当前可解释人工智能研究的一个重要方向。这方面的研究还包括如何利用对抗学习等技术降低神经网络出错的风险，同时使得神经网络的内部状态变得可以被人类解读。可解释深度神经网络将在本书第 5 章介绍。

第二，智能体也要有对人类的认知和适应能力，要知道人类在想什么并提供针对性的解释。这样的解释往往需要使用自然语言，通过智能体与人类的多次交互沟通，逐步建立起一种共识来完成。这种共识一方面会大幅度提高人机协作的效率，另一方面要满足人类对智能体决策机制在道德与法规方面的监管要求和强制约束[10, 12, 13]。本书第 7 章和第 9 章将介绍这一层次可解释 AI 在金融、法律方面的应用案例。

第三，智能体要有发明模型的能力，这个层次的解释，从使用自然语言变成利用因果分析的模型，能够用最小的模型和最少的参数来解释最多的观察现象。在人工智能领域，这种模型通常可以用与或图模型和贝叶斯神经网络的形式来表示，本书第 4 章和第 2 章将分别介绍这两个方面的相关研究。本书第 3 章将介绍基于因果启发的机器学习方法。

**2. 可解释 AI 的分类**

在图 1-4 中，按照面向不同解释受众，可解释 AI 分为以下几类。

（1）面向 **AI 系统开发者的解释**。这类解释受众是具有专业 AI 背景知识的系统开发人员及测试人员。他们需要的是准确和深入的专业解释，来帮助他们完成对 AI 系统的开发调试及测试任务。具体来说，这些解释需要为专业人员提供技术指导，以帮助他们进一步提升智能体的模型性能，提升安全鲁棒性，减少错误，降低使用风险，并保证算法公平、无歧视。

（2）面向 **AI 使用者和受影响者的解释**。这类解释的受众是没有相关专业背景的普通人群。他们关注的焦点是，AI 系统的结果如何影响他们自身及客户的利益，并且在出现问题时进一步了解某个决策是如何产生的（即"知其所以然"）。比如，银行客户在申请贷款时，希望了解 AI 智能体是如何评估贷款风险和计算贷款额度的。值得注意的是，考虑到解释受众的接受能力，这类解释并不需要非常准确和深入。恰恰相反，在解释方式上，需要利用平实的自然语言，以深入浅出的方式简要说明某个决定的决策逻辑。

（3）面向 **AI 系统监管要求的解释**。在金融、医疗等重大领域，对人工智能系统应用风险的防范和监管立法，已经在逐步加强和实施。按照现行的条例法规[12, 13]，整个人工智能系统的开发使用流程，都必须在监管合规的条件下运行。比如，数据收集及模型学习过程是否符合隐私保护及数据治理条例[15]，必须要有准确无误的解释及认证。而对违反监管要求的智能体行为，也需要有明确的事故分析，为严格的问责机制提供技术说明[10]。

**3. 可解释 AI 的应用领域**

可解释 AI 在各个行业都有广泛的应用前景。在 AI 决策能够产生重大影响的金融、医疗健康和司法等风险极高的领域，对可解释 AI 的监管需求尤为强烈。本书第 6 ~ 10 章将分别介绍可解释 AI 在生物医疗、金融、电商推荐等领域的应用案例，同时结合计算机视觉、自然语言处理等技术说明可解释 AI 在法律咨询、城市管理、安防、制造等实际应用中的积极作用。表 1-1 总结了可解释 AI 在各个领域中，针对不同解释受众所提供的不同类型的解释，以满足应用用户、使用者、监管者和开发者等的不同需求。

表 1-1 可解释性 AI 行业应用中的不同类型解释

| 行业 | 面向开发者 | 面向监管者 | 面向使用者 | 面向应用用户 |
|---|---|---|---|---|
| 生物医疗 | 人工智能归纳的信息和数据规律 | 符合伦理和法规要求模型的高可信度模型的高透明度 | 模型表征与医学知识的联系<br>可视化、语义化、关系代理 | 模型输出的合理性<br>可理解的诊断结果 |
| 金融 | 模型假设是否满足,模型逻辑是否自洽,模型代码是否正常符合预设 | 人工智能风险的可解释性与人工智能建模的可解释性 | 模型算法的决策可解释性、算法的可追溯性、算法对于数据使用的偏见预警、算法的风险可控制性 | 应用服务对象:算法决策依据、算法公平性<br>程序样本来源:隐私权保护、知情权保护 |
| 电商推荐 | 推荐算法内在的运作机制<br>专业的数字化解释 | 视觉上可解释的推荐模型、可解释产品搜索 | 可解释的序列推荐、跨类别的可解释性推荐 | 隐私权保护、知情权保护<br>基于特征的解释及用户评论 |
| 城市管理 | 推荐算法内在的运作机制<br>专业的数学化解释 | 模型的合理性和稳定性<br>数据的安全性 | 可解释的位置推荐最有价值的特征的推荐和解释 | 不同地点之间的关系的解释、推荐位置的特征词云 |
| 安防 | 安防算法内部的运行机制、行为逻辑和决策依据 | 模型的公平性、偏见性和稳定性 | 模型的安全性和可靠性 | 隐私权保护、知情权保护 |
| 法律咨询 | 咨询算法内部的运行机制<br>模型代码是否正常符合预设 | 可视化的知识图谱检索、推理和决策逻辑 | 基于知识引入的模型可靠性 | 内容的即时性、针对性和准确性 |

## 1.2.3 解释的范畴

在对智能体决策机制的解释中,人们普遍关心以下几个方面。

### 1. 算法的透明度和简单性(Algorithmic Transparency and Simplicity)

随着基于机器学习和深度学习的算法决策系统被广泛应用于网络服务、医疗保健、教育和保险等领域,对于理解算法系统决策过程的需求日趋强烈。通过计量算法的输入特征对于决策的影响,算法的透明度和简单性令使用者得以理解 AI 算法系统做出的决策及做出该决策的原因,从而更好地了解决策系统的优势与弊端。因此,算法的透明度和简单性使得公共部门和私营组织可以有效地检测该决策系统是否正常且适当的工作，以及是否符合监管要求，从而建立对于决策系统的信任。

### 2. 表达的可解构性（Decomposability）

在众多的 AI 算法决策系统中，只有部分算法本身是具有可解释性的，比如线性规划算法、决策树算法、朴素贝叶斯算法、K 最邻近（KNN）算法等，而绝大部分前沿的深度学习算法本身无法解释其预测值。因此，如何解释这类算法的输出，是当前可解释人工智能的一个重要领域。当算法本身不可解释时，算法的表达可解构性允许我们基于该算法本身内部结构以事后构造可解释模型的方式，提取原决策系统的决策机制及过程，从而揭示不同特征在决策过程中的作用。

### 3. 模型的可担责性（Accountability）

尽管算法的透明度和简单性使得决策者可以更加有效地理解 AI 算法，模型的可担责性要求算法更加"谨慎"地做出预测，以避免预测结果中可能出现的歧视以及其他预料之外的严重后果，但由于训练数据收集的片面、模型结构和参数设置的局限等原因，在以数据驱动的人工智能算法决策机制中，往往存在算法偏见和算法不可控的潜在风险。比如，谷歌 App 会错误地将部分黑人标记为大猩猩，Uber 自动驾驶汽车在旧金山曾出现闯红灯等具有严重安全隐患的违规操作。因此，具有可担责性的模型需要在做出可解释性预测的同时提出预测结果的正当性，以排除人为因素对预测结果可能造成的影响和严重后果。

### 4. 算法的适用边界（不确定性衡量）

在基于 AI 算法的决策系统的现实应用中，道德准则、安全考量和应用领域等复杂因素往往难以被数学模型充分地表示，数学优化问题的目标函数难以包含全部的不确定性。因此，如何确定算法对于特定问题的适用性（Applicability），是可解释 AI 系统面临的一个重要挑战。在现实问题中，出于对成本和道德因素的考量，通常无法直接测试决策系统。因此，决策系统的设计者以及相关领域的专家，需要基于算法的可解释结果确定算法的适用边界，进而达到节约成本、遵循条例法规和规避风险等目的。

### 5. 因果分析和推理

在许多决策系统的案例中，需要衡量输入特征与预测结果之间的因果关系。在这种情况下，基于数据的关联性（Correlation）的人工智能系统难以呈现真实的因果关系（Causality）。人们容易混淆数据的关联性和因果关系，事实上二者并不等价。比如，夏季用电量常常和冷饮销量呈正相关，但它们之间并没有因果关系。因此，在这些实例中，具有适用性的人工智能算法的可解释性需要衡量数据的因果关系。虽然随机对照试验（RCT）可以有效地进行因果分析，但在实践中往往面临着成本过高等问题，因此，如何通过观测数据进行因果分析，成为一个越来越受到关注的研究领域。

### 6. 对黑盒模型的事后解释（Post-hoc Explanation）

在许多的可解释 AI 系统中，人工智能模型的可解释性可分为两类：事前解释（Ante-hoc Explanation）和事后解释（Post-hoc Explanation）。事前解释模型具有内置（本质上）的可解释性，所有的可解释 AI 算法（白箱模型）都符合事前解释的机制。事后解释为给定的黑盒模型（组）构造解释机制，比如可解释的替代模型（Surrogate Model）。替代模型通过局部或全局近似黑盒模型模拟原模型的解释过程，进而提供了可解释性。

### 7. 对模型表达能力的建模与解释

人工智能算法通过优化目标函数（损失函数）来搜索最优决策。为了有效地使用基于 AI 算法的决策系统，有必要了解通过训练得到的最优预测是否可以服务于该决策系统设计的初衷，以满足真实世界任务的需求。因此，模型预测结果的可解释性可以有效地检测构造的人工智能模型，以及目标函数是否充分表达了所研究现实问题的复杂性与不确定性。相较于不可解释的决策系统，可解释 AI 系统提供了更加直观有效的途径，以衡量人工智能模型在现实问题中的表达能力。

## 1.2.4 解释的评价与度量

可解释 AI 的根本目的在于让机器获取人类的信任。我们所关注的对于人工智能系统的信任大致可分为两个层次。第一层次是"知人善任"（即对人工智能的智能体能力与可信度的判断）：我知道人工智能系统哪些可以做，哪些不能做，什么时候能用人工智能系统，什么时候不可以用。第二层次是"坦诚相待"（即对人工智能的智能体的透明性、公平性与严谨性的分析）：我知道人工智能系统对我很忠诚，不会撒谎，不会欺骗，我能够知道它在干什么。那么，我们应当如何从可解释性的角度准确评价人工智能系统并使其获得人类的信任呢？下面将对这个问题进行讨论。

### 1. 对人工智能系统可解释性的衡量

从广义上讲，我们认为的可解释性是一个如图 1-5 所示的通信过程，机器和用户分别知道一些独特的知识和一些共有的知识，机器有自己的见解，人类也有自己的见解。这个时候机器与人之间需要协作，需要交流，需要知己知彼。在这个过程中，人类可以对机器的可解释性进行评估。

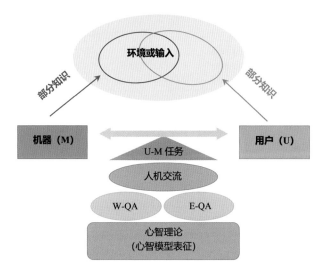

图 1-5　基于人机通信沟通的可解释 AI 评估[16]

解释的必要性在很大程度上也依赖于人类与机器之间共同知识（Common Knowledge）的多少。如果一个人刚刚买了一个机器人，那么这个机器人很可能需要为自己的决策提供翔实的解释。因为买家对于一个自己不熟悉的机器人还没有建立信任，合作也还没有默契。随着相处时间、合作次数的增加，以及信任和默契的建立，解释会变得越来越简单。

因此，人工智能系统的可解释性与人类对该系统的信任程度和系统的可靠性息息相关。而为了能够进一步评估可解释性，就需要定义可靠性与信任性。我们把信任分成合理的正信任（Justified Positive Trust，Justified PT）、不合理的正信任（Unjustified Positive Trust，Unjustified PT）、合理的负信任（Justified Negative Trust，Justified NT）、不合理的负信任（Unjustified Negative Trust，Unjustified NT）四种。Justified PT 是我认为你行，结果你真行；Unjustified PT 是我认为你行，结果你不行；Justified NT 是我认为你不行，结果你不行；Unjustified NT 是我认为你不行，结果你行。可靠性就是人类可以准确地预测机器的推理结果的程度，换句话说，一个人工智能系统的合理的正信任与合理的负信任越多，则该人工智能系统的可靠性越高。

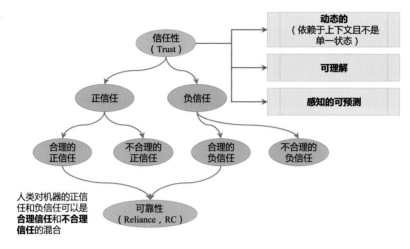

图 1-6　信任性的定义

### 2. 对解释结果的度量

人们对于解释的评价与度量指的是对于特定的可解释性方法的评测。近年来，为了打开人工智能系统这一黑盒，从而能够信任人工智能系统，人们提出了各种各样的可解释性方法，常见的评测角度包括以下几种。

（1）可解释性方法的敏感度。敏感度是指可解释性方法在受到噪声干扰时，提供的解释结果是否会对噪声敏感。此类可解释性方法可进一步细分为对模型参数加噪声[17]与对输入样本加噪声[18, 19]。一般来说，可解释性方法对于模型参数上的噪声敏感度需要相对较高，这表明可解释性方法与模型参数高度相关，而对输入样本上的噪声敏感度需要相对较低，这使得可解释性方法在有输入干扰的情况下也能给出可靠的解释。

（2）可解释性方法的对抗攻击鲁棒性。近年来，深度学习面临的一大挑战是对抗样本的存在，而类似的挑战也同样存在于可解释性领域。针对可解释性的对抗攻击在输入样本上添加特定的扰动，能够在不改变人工智能系统预测结果的情况下改变解释结果[20]。因此，目前的一些评测算法希望量化可解释性方法的对抗攻击鲁棒性[21, 22]，这有助于人们找出能够抵御对抗攻击的可解释性方法，从而得到更为可靠的解释结果。

（3）可解释性方法的全面性。人们关注的可解释性方法的另一个性质是全面性[21, 23]，它反映了一个解释结果是否能完全反映人工智能系统全部的信息处理逻辑。某些可解释性方法只能够对系统的一部分进行解释，而另外一些方法则能够对系统整体做出解释。在这种情况下，后者的全面性要好于前者。

（4）可解释性方法的客观性。可解释性方法的客观性（在某些工作中被称为正确性或忠实度）是衡量一个可解释性方法的重要指标[21, 23-30]。所谓客观性，指的是可解释性方法是否客观地反映了人工智能系统的处理逻辑，比如解释结果告诉人们系统中的某个变量很重要，而这个变量对于人工智能系统确实很重要，那么这个解释就是客观的。对可解释性方法客观性进行评测，能够帮助人们选择真正可靠的可解释性方法。

（5）解释结果的简单易懂性。评测可解释性方法的另一个重要的角度是解释结果的简单易懂性[19, 21, 23]，即解释结果本身要简单易懂，让人容易理解。解释结果的简单易懂性主要体现在三个方面：首先，我们需要用少数概念解释模型内部的复杂逻辑，而不是用成千上万个大量概念进行解释；其次，我们需要保证这些概念本身的语义是人们能够理解的，而不是人们无法认知的特征；最后，简单易懂性与客观性有时是对立统一的，当一个模型本身的概念很复杂时，追求简单易懂性就变为对真实逻辑的近似，因此，人们需要做好二者的平衡。同时，让黑盒模型尽可能使用精炼可靠的特征表达进行预测，才更容易使解释结果简单易懂。

（6）可解释性方法的互洽性。由于目前有越来越多的可解释性方法涌现，这些方法之间是否互洽也是评测可解释性方法的一个指标，即不同解释性算法的解释结果需要相互印证，不能只是自圆其说。可解释性方法之间的互洽性可以体现在对某个变量重要性的不同解释结果之间相互印证上，也可以是对人工智能系统表达能力的解释，比如对神经网络迁移性或泛化性的不同解释，二者应该是殊途同归的，而不能相互矛盾。

（7）可解释性方法的计算效率。在实际应用中，人们往往也会关注可解释性方法的计算效率[21]。一般来说，人们更希望能够在较短的时间内得到解释结果，然而一些可解释性方法的计算复杂度过高，比如需要 NP-hard 时间复杂度的 Shapley value[31]，以及一些通过训练进行解释的方法[32] 等，使得它们难以被投入对实时性要求较高的一些应用，如金融业的投资决策（见第 7 章应用案例）。

表 1-2 汇总了目前常见的可解释性方法评测维度与相关工作。不同的评测维度关注的是可解释性方法的不同特点，它们之间有时能够互补，有时却会产生矛盾，比如计算效率与客观性可能出现矛盾，即一种效率很高的方法可能并不客观，而足够客观的方法的计算量却很大。所以，人们需要根据自己的实际需要，选择合适的角度对解释结果进行评估，进而选择合适的可解释

性方法。

表 1-2  常见的可解释性方法评测维度与相关工作

| 评测维度 | 相关工作 |
| --- | --- |
| 敏感度 | Adebayo 等人[17] 尝试通过对模型添加噪声对可解释性方法的敏感度进行评测，而其他一些工作[18, 19] 则尝试通过对输入添加噪声评测可解释性方法的敏感度 |
| 对抗攻击鲁棒性 | 目前的一些评测算法[21, 22] 尝试量化可解释性方法的对抗攻击鲁棒性 |
| 全面性 | 前人的一些工作[21, 23] 提出了定性的评测指标，尝试对可解释性方法的全面性进行分析与评测 |
| 客观性 | 在已有的研究工作中，Been Kim 等人[25, 26] 的研究以及此后的一些方法[27] 尝试通过构造一个特殊的数据集来获取真实的解释结果，从而对可解释性方法的客观性进行评测，而 Samek 等人的研究以及之后的一些方法[21, 28, 29] 则是基于解释结果对输入进行修改，根据人工智能系统输出的变化尝试评测可解释性方法的客观性 |
| 简单易懂性 | 此前的一些方法[19, 21, 23] 尝试通过定性的指标评测不同解释结果的简单易懂性 |
| 互洽性 | 对某个变量重要性的不同解释结果之间相互印证，如对神经网络迁移性或泛化性的不同解释，应该是殊途同归的，而不能相互矛盾 |
| 计算效率 | 目前，Warnecke 等人[21] 对可解释性方法的计算效率进行定性的分析 |

## 1.3　可解释 AI 的历史及发展现状

### 1.3.1　可解释 AI 历史回顾

与可解释 AI 相关的研究工作早在 20 世纪 70 年代就被提出了，但由于当时人工智能大规模应用尚不成熟，所以，可解释 AI 的重要性一直没有引起社会各界足够的关注。在经历了很长一段时间的寒冬后，近年来随着深度学习的再度兴起，人们对可解释 AI 的研究愈加重视。可解释 AI 相关文献发表数量逐年上升，如图 1-7 所示。

在前期的可解释 AI 相关研究中，比较有影响力的工作包括以下几类。

#### 1. 基于专家知识规则的符号推理解释

从 20 世纪 70 年代发展起来的人工智能专家系统，利用基于符号的推理规则进行决策，并回答"接下来会发生什么（结果）"和"该结果发生的原因

是什么"这两类正向推理和反向推理问题。在生物医疗领域，斯坦福大学在
20 世纪 70 年代初研发的 MYCIN 专家系统能够诊断病例血液中的细菌感染及
血液凝结疾病，并给出基于 600 条专家规则的诊断解释和药物治疗方案[33]①。
MYCIN 被认为是最早期的可解释专家系统之一，而且其首创的 certainty-factor
模型被用于处理专家系统中规则的不确定性问题，并对其后发展起来的贝叶
斯网络有启迪作用[34]。其他可解释专家系统，如 SOPHIE[35] 和 GUIDON[36]，
所生成的解释还被应用于对学生的专业培训。

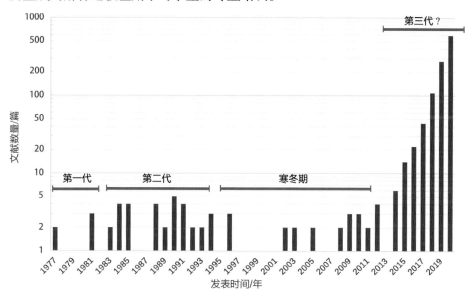

图 1-7　可解释 AI 相关文献的发表数量

　　基于专家知识规则的解释具有逻辑性强、易于被人类使用者理解的优点。
但是，该方法有两个显著缺点：首先，基于规则的决策往往过于简单，不能灵
活处理大千世界的多样性和不确定性，在决策性能上比数据驱动的机器学习
方法有所欠缺；其次，专家知识规则的制定会耗费大量的人力及时间，因而更
新困难。这就使得专家系统在建立后很难适应不断变化的场景需求，很快变
得僵化、落伍。

**2. 基于自动生成规则的推理机制解释**

　　20 世纪 90 年代以来，研究人员就试图将神经网络和规则推理两种方法
的优点结合起来，取长补短。这些研究集中在解决以下三个问题[37, 38] 上：第
一，如何从训练好的神经网络中自动提取规则，以补充到先验知识规则库中；

①由于众多抗生素有共同的后缀名-mycin，该系统因此命名为 MYCIN。

第二，如何根据神经网络训练结果来修订知识库中的已有规则；第三，如何在神经网络的训练中引入先验的知识库及规则来约束神经网络的表现。

虽然按照现今深度学习的标准，这些早期方法所处理的神经网络架构是非常简单的，但其基本思想与深度神经网络的可解释性研究是一脉相承的，即利用逻辑推理规则对神经网络进行一定程度的简化和约束来提升其可解释性（见本书第 5 章）。另外，值得一提的是，为了从数值化的神经网络模型中提取对应的逻辑推理规则，早期的研究还提出了利用模糊逻辑单元来模拟神经元节点的输入和输出，这样的模糊处理方式能够让基于规则的决策更加灵活地适应各种输入和输出信息的不确定性[39-41]。同时，自动化的规则提取又使得整个知识规则库的更新变得灵活、高效。

**3. 机器学习模型的可解释性**

在机器学习的各种方法中，有几类模型本身被认为是具有较强可解释性的[42]。其中，**线性回归**（Linear Regression）模型将输出值表示为各输入特征（Feature）的线性加权和，学习得到的特征权值（Weights）除以特征权值的标准差，可以直接解释为该特征对输出影响的重要性（Feature Importance）。**逻辑回归**（Logistic Regression）模型则是在线性回归的基础上，通过 logit 函数将模型输出映射为分类预测结果的概率。另一类常用的决策树模型，是通过将输入特征的高维空间进行连续切分来自动拟合样本数据的。这样通过学习得到的特征及其切分值（Cutoff Value）解释了相应的决策规则，比如"个人月收入大于 1 万元"对应"贷款风险低"的判断。而通过进一步增加决策树的深度，能够得到更加复杂的组合决策规则。

综合各种机器学习模型的情况①，随着模型复杂度的增加，在准确率得到提升的同时，模型的可解释性却逐步下降，所以，需要用可解释的方法来提升复杂机器学习模型的可解释性，如图 1-8 所示。

## 1.3.2 可解释 AI 发展现状

随着深度学习在现实生活中的应用越来越广泛，人们对可解释 AI 的研究愈加重视。如图 1-7 所示，2015 年后，可解释 AI 相关文献的发表数量呈现指数级增长趋势。表 1-3 总结整理了发表于 2018 年以后，受到较多关注的可解释 AI 综述和书籍，比较了这些文献的目标读者对象、应用案例数量、对可解释 AI 的分析角度（理论层面、应用层面和监管层面）、内容总结、特点和优

①关于传统机器学习中的可解释模型，请参考本书附录 A。

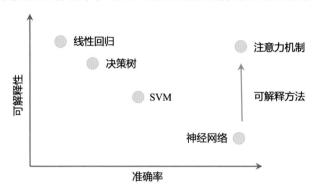

势等。读者可以参考表中的信息（尤其是"目标读者对象"一栏），按照自己的知识水平或实际工作需求，有针对性地选择适合自己的文献来阅读。

图 1-8　不同机器学习模型的准确率与可解释性比较

需要指出的是，与表 1-3 中其他可解释 AI 相关综述和书籍相比，本书具有以下三个独树一帜的特点。

### 1. 本书是由浅入深的导论性介绍

多数可解释 AI 综述和书籍面向的读者群体是科研人员，要求读者有一定的机器学习、深度学习基础，甚至有部分图书[43] 和综述[44] 要求读者掌握可解释 AI 相关的基础知识才能顺利阅读。

不同于这些文献，本书面向的读者群体包括大学本科高年级学生、研究生和博士生。作为一本导论性质的介绍图书，本书内容深入浅出，从基础的人工智能的可解释性概念层面展开讨论，先帮助读者建立对可解释 AI 的直观、形象的理解，再介绍可解释 AI 的前沿方法，最后通过一系列丰富的行业应用案例，巩固读者对书中所介绍的可解释 AI 技术的理解，从而完成对可解释 AI 领域循序渐进的介绍。

### 2. 本书多角度论述了可解释 AI 的不足，并提出了基于人机交互沟通的可解释 AI 范式

目前，可解释 AI 的研究亟待解决三个方面的问题，即理论层面的不足、应用层面的不足和监管合规层面的不足。表 1-3 中的文献，分别讨论了理论层面和应用层面对可解释 AI 的急迫需求，但没有充分论述在金融、法律等重点行业，在监管合规方面对可解释 AI 的强制性需求。

表 1-3 可解释 AI 综述及书籍介绍

| 文献（发表年份） | 目标读者对象 | 应用案例数量 | 分析角度 | | | 内容总结 | 特点和优势 |
|---|---|---|---|---|---|---|---|
| | | | 理论层面 | 应用层面 | 监管层面 | | |
| 综述[44]（2020） | 可解释性领域内专业学者 | 0 | ✓ | ✓ | ✗ | （1）介绍了可解释性发展的背景及相关名词的定义；（2）按照"透明模型"和"事后解释技术"回顾了可解释领域已有的工作；（3）讨论了可解释性方法所面临的挑战、未来的发展方向 | 提出了负责任的人工智能的概念，即在可解释的基础上，同时考虑公平性、同责制和隐私 |
| 综述[45]（2018） | 人工智能领域内学者 | 0 | ✓ | ✓ | ✗ | （1）探讨了可解释性研究的背景；（2）按照"解释模型的复杂度""解释方法的分析粒度""是否是模型感知的"分类介绍可解释性方法；（3）介绍了可解释性评估方法；（4）介绍了有人类参与的可解释 AI 研究；（5）讨论了"是否需要可解释 AI"；（6）讨论了未来可解释性研究的方向 | 详尽地总结了可解释相关研究 |
| 综述[46]（2019） | 大学本科高年级学生 | 0 | ✗ | ✓ | ✗ | （1）定义了什么是可解释 AI；（2）讨论了可解释 AI 给出解释的内容和形式；（3）从四个角度讨论了可解释 AI 的挑战，即准确率和可解释性的权衡，将解释抽象化，符号化和解释网络整体表达能力 | 通俗地科普地介绍了可解释 AI 的相关研究；没有介绍具体的解释性方法 |
| 综述[47]（2018） | 人工智能领域内学者 | 1 | ✓ | ✓ | ✗ | （1）定义了什么是可解释；（2）按照"DNN 推理过程的解释""DNN 表征的解释""生成 DNN 解释的系统"分类介绍可解释性方法 | 本书认为好的模型解释应兼顾"inter-pretability"和"completeness"，并且认为合并不同类别的方法技术有望推进可解释性研究 |

| | | | | | | 主要内容 | 特点 |
|---|---|---|---|---|---|---|---|
| 综述[48]（2018） | 人工智能领域内学者 | 0 | × | × | × | （1）肯定了可解释性研究的意义；（2）从五个角度分类介绍卷积神经网络的可解释性方法，即可视化表征、诊断网络表征、解耦纠缠卷积核中混合的模式、构造可解释的模型、通过人机交互进行语义级中端学习；（3）讨论了卷积神经网络可解释性的未来发展趋势 | 重点介绍面向视觉任务的卷积神经网络的可解释性研究 |
| 书籍[42]（2019） | 大学本科高年级学生 | 3 | ✓ | ✓ | × | （1）介绍了可解释方法的发展历程，对相关名词进行了讨论；（2）按照"可解释的模型""基于样本的方法""无关方法"对可解释性方法进行讨论；（3）探讨了机器学习可解释性的未来 | 重点介绍结构化数据的可解释机器学习模型；对多数方法给出了简单示例，并提供软件和替代方法 |
| 书籍[49]（2019） | 人工智能领域内学者 | 0 | ✓ | × | × | （1）定义了可解释性可解释性的关键术语；（2）讨论了可解释性的社会和商业动机；（3）从四个角度分类讨论可解释性方法，分别是可解释性方法是建立信任的能力、模型学习的理解程度还是提供的理解程度、是模型全局部的、是模型感知的还是模型不感知的，并介绍了经典的可解释性方法；（4）讨论了可解释方法的局限和防范措施 | 对于每种介绍的可解释方法从四个角度进行分类、比较，并给出了每个方法的建议使用场景 |
| 书籍[50]（2021） | 大学本科高年级学生 | 3 | × | × | × | （1）介绍了可解释性发展的背景及相关名词的定义；（2）按照"样本级别""数据集级别"分类介绍可解释方法，将每种方法应用在三个数据集上以比较优缺点 | 提供代码以配合本书的实例使用 |

（续）

| 文献（发表年份） | 目标读者对象 | 应用案例数量 | 分析角度 | | | 内容总结 | 特点和优势 |
|---|---|---|---|---|---|---|---|
| | | | 理论层面 | 应用层面 | 监管层面 | | |
| 书籍[43]（2019） | 可解释性领域内专业学者 | 7 | ✓ | × | × | （1）可解释AI的定义、意义、问题以及挑战；（2）解释AI系统做出预测的方法；（3）解释模型如何根据输入特征做出预测，具体应用、实现软件 | 本书所有内容均经过同行评议 |
| 书籍[51]（2021） | 人工智能领域内学者 | 11 | ✓ | ✓ | × | （1）讨论了可解释性的重要性、问题和挑战；（2）定义了相关名词；（3）按应用场景将可解释性方法分成六类介绍，针对全体样本的解释算法、针对特征定量测量、基于特征重要性的解释算法，基于锚点的解释与反事实解释、卷积神经网络的可视化解释和对时序模型预测结果的解释等；（4）讨论了如何调整模型以提高模型的可解释性、公平性和鲁棒性；（5）展望了可解释机器学习可解释性的未来 | 与实际应用紧密结合，通过真实数据，模型与代码，手把手地教会读者使用可解释性方法 |
| 书籍[52]（2021） | 人工智能领域内学者 | 0 | ✓ | ✓ | × | （1）从两个角度对可解释方法分类，即本质可解释的或事后解释、全局解释或局部解释，从两个角度总结了可解释方法的属性，即从一个样本得到解释，还是从整体描述一个可解释学习的可解释方法，即单个样本得到解释；（3）介绍了三类深度学习的可解释方法，即本质可解释、基于重要度、基于梯度；（4）讨论现有可解释性方法的不足，讨论与对抗样本的关系，讨论未来发展 | 大多数方法都给出了代码示例；提出三点哲学的思考：（1）现有的可解释性方法无法解释机器学习是如何思考的；（2）或许通用的人工智能与人类有着各自的理解系统，无法相通；（3）人类与机器学习的理解能否达成一致取决于机器学习与人类对于模型的交互类型 |

| | | | | | |
|---|---|---|---|---|---|
| 本书（2022） | 大学本科高年级学生、研究生 | 15[1] | √ | √ | √ | （1）讨论了可解释 AI 的目的、定义和范畴；（2）按照五类分类介绍了可解释性方法，即可解释图模型、贝叶斯深度学习模型、基于知识图谱的可解释模型、基于可解释性的交流学习、对神经网络的解释；（3）介绍了可解释性方法在医疗、金融、视觉、自然语言处理、推荐系统等方面的应用；（4）讨论了可解释 AI 面临的挑战；（5）探索了可解释 AI 的未来发展 | 从分析对可解释 AI 的实际需求出发，深入及时地介绍最新前沿方法，包括翔实的应用案例和丰富的学习资料汇编 |

[1] 本书共 15 个应用案例，分别包括：基因编辑和医学影像学影像处理（第 6 章），金融量化投资和信用违约预测（第 7 章），模型安全、视觉问答和知识发现（第 8 章），对话系统、智能问答、情感分析和自动文摘（第 9 章），电子商务、社交网站、基于位置的服务和多媒体系统（第 10 章）。

相比之下，本书相关章节系统性地讨论了"可解释 AI 如何满足监管合规"这一刚性需求（见第 7 章）。本书的另一大特点是通过本章介绍的基于人机交互沟通的可解释 AI 范式（图 1-4），结合其在生物医疗和法律等领域的应用实例，着重说明可解释 AI 的终极目的是获取人类的信任。

### 3. 本书提供了丰富的、多领域的应用案例

本书用大部分篇幅介绍了可解释 AI 在各行各业的应用案例，涵盖了医疗、金融、视觉、自然语言处理、推荐系统等方面的应用。本书翔实的应用案例可以帮助相关从业人员将可解释 AI 方法引入实际工作，解决实际的应用问题和痛点。

## 1.4 本书结构及阅读建议

### 1. 本书结构

本书的主要内容分为三部分，如图 1-9 所示。

图 1-9　本书结构及各内容总览

第一部分包括第 1 章，揭示基于数据驱动的人工智能系统决策机制在理论、应用、监管三方面的不足，并提出了一种基于人机沟通交互场景的可解释 AI 范式。

第二部分包括第 2 ~ 5 章，介绍各种可解释 AI 技术方法。其中，第 2 章介绍贝叶斯网络的三大基本问题和完全贝叶斯方法的主要思想，贝叶斯方法在小样本学习中的典型应用及其在可解释性上的独特优势，还介绍了贝叶斯深度学习这一前沿、活跃的研究领域，以及其中两种代表性方法——深度生

成模型和贝叶斯神经网络。第 3 章介绍如何将因果推理与机器学习相结合，以提升机器学习的可解释性和稳定性。第 4 章则考察如何通过人机协作的交互方式来构建可解释图模型。第 5 章深入介绍对深度神经网络的可解释性研究，包括"对神经网络的事后解释""可解释的神经网络"两个研究方向。

第三部分包括第 6 ~ 10 章，分别介绍可解释人工智能在生物医疗、金融、推荐系统等领域的应用案例，同时结合计算机视觉、自然语言处理等技术，说明可解释性在司法、城市管理、安防、制造等实际应用中发挥的积极作用。此外，本书的附录包括可解释 AI 相关的开源资源、中英术语对照、索引和全书的参考文献，供读者进一步查阅。

## 2. 阅读建议

本书深入浅出地向读者介绍可解释 AI 的前沿技术，适合入门阅读（是为导论）。本书适合的读者人群包括计算机及信息处理相关专业高年级本科生、研究生，以及人工智能领域的研究员、学者和高校老师。同时，本书也照顾到关注人工智能应用及其社会影响力的人士，包括政策制定者、法律工作者和社会科学研究人士等。

针对本书不同背景的读者，各章节的阅读顺序和建议的阅读方式如下：对本书所有读者而言，只要有基本的逻辑分析能力，即可对第 1 章和全书内容有总体上的理解；如果读者是人工智能方向的研究人员和高校相关专业的师生等，拥有人工智能、机器学习和深度神经网络方面的背景知识，以及概率统计、向量空间和矩阵等数理知识，则可以进一步深入学习本书第二部分（如第 2 章贝叶斯方法和第 5 章对深度神经网络的解释）；对于不具备相关背景知识的读者，如关注人工智能应用及其社会影响力的人士，则可以在阅读第 1 章的基础上略过第二部分，直接了解第三部分可解释 AI 在各个行业的应用（第 6 ~ 10 章），这样本书也不失为一本合适的入门介绍。此外，本书的行业应用部分章节对生物医疗、金融等领域的相关背景也做了简略介绍，使得读者可以在了解应用场景需求的基础上，进一步理解可解释 AI 在各种场景中如何满足不同解释受众的需求。

# 第二部分 · 理论方法 ·

第 2 章

# 贝叶斯方法

李崇轩　朱军

　　贝叶斯方法用直观、清晰的方式描述了变量之间的直接作用关系，为刻画数据和模型中的不确定性提供了一种既严谨又可解释的方法。本章首先介绍贝叶斯方法的基本原理和基本问题，然后介绍了贝叶斯方法和深度学习的交叉领域，包括深度生成模型和贝叶斯神经网络两大类方法，最后讨论了因果推断和贝叶斯方法的区别与联系。本章内容总览如图 2-1 所示。

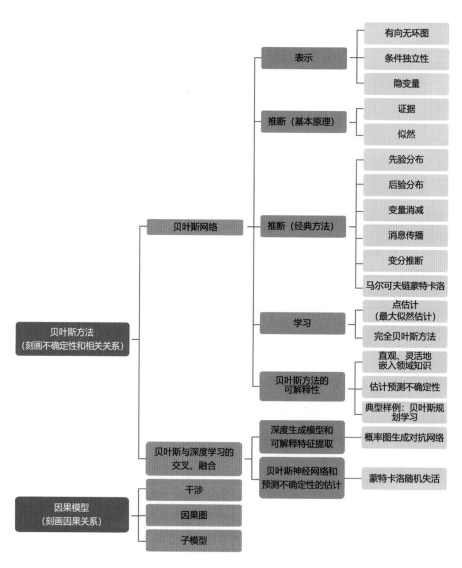

图 2-1　本章内容总览

　　贝叶斯方法旨在建模多个随机变量的联合概率分布，为刻画数据和模型中的不确定性（uncertainty）提供了一种严谨、系统的方法。从机理上看，贝叶斯方法在可解释性方面具有天然的优势。贝叶斯网络（Bayesian Network）等结构化贝叶斯模型聚焦于数据中的不确定性，结合图论，用直观、清晰的方式描述了变量之间的直接作用关系，刻画了变量之间的条件独立性（Conditional Independence），可以学习到可解释的、用户友好的特征。另外，完全贝叶斯方法（full Bayesian Approach）在所有可能的模型上拟合一个后验概率分布，并通过对后验分布采样得到多个模型，得到更鲁棒的预测，并估计其不确定性，为使用者提供了算法对于预测的一种"自信程度"，让使用者明确相关算法的适用边界，起到一定的提醒和预警作用。

　　和贝叶斯网络关系紧密却又有显著区别的另一种"语言"是 Judea Pearl 提出的因果模型。这类模型不再描述不确定性和相关关系，而是聚焦于因果关系，体现了更"高等"的智能和可解释性，如图 1-2 所示。

　　本章首先介绍贝叶斯方法的基本原理，包括三个基本问题，即表示（representation）、推断（inference）和学习（learning），以及贝叶斯网络固有的可解释性和典型应用。随后，本章将介绍贝叶斯方法和深度学习的交叉领域，分为深度生成模型（Deep Generative Model）和贝叶斯神经网络（Bayesian Neural Network）两大类方法。在充分利用神经网络对高维数据的拟合能力的基础上，它们分别在机制的可解释性和估计预测的不确定性方面继承了贝叶斯方法的优势。最后，本章讨论了因果推断和贝叶斯方法的区别与联系，并简明扼要地介绍了 Judea Pearl 提出的因果模型。

## 2.1　贝叶斯网络

　　贝叶斯网络[53, 54] 是一类重要的概率图模型（Probabilistic Graphical Model）。① 顾名思义，概率图模型是一类将概率论与图论有机融合的机器学习方法。在本章后面会提到，在多个随机变量的联合分布建模中，如果不考虑变量之间的结构关系，直接对它们进行概率建模和计算，则往往有非常高的时间复杂度和空间复杂度。相应地，概率图模型提供了一种直观、有效的建模语言，简洁地描述了多变量的联合分布中的条件独立性，并提供了一套通用的计算框架。从原理上看，以贝叶斯网络为代表的概率图模型要解决以下三个基本问题。

---

① 马尔可夫随机场（Markov Random Field）是另一类重要的概率图模型，与贝叶斯网络不同，其条件独立性由无向图刻画，感兴趣的读者可以参考本章扩展阅读。

- 表示（representation）：如何用一个模型有效地表示问题的不确定性，同时充分考虑领域知识（如变量之间的直接依赖关系）等？
- 推断（inference）：假设已经有一个合适的模型，如何依据该模型回答一些和概率分布有关的问题？
- 学习（learning）：如何从给定的训练数据中估计一个合适的模型？

假设有 $d$ 个随机变量 $\boldsymbol{X} = (X_1, \cdots, X_d)$，一个贝叶斯网络的表示有两个关键要素，即一个有向无环图 $\mathcal{G}$ 和一个联合概率分布 $p$。两个要素的具体描述如下。

- 有向无环图（Directed Acyclic Graph）$\mathcal{G} = (\mathcal{V}, \mathcal{E})$：一个由点的集合 $\mathcal{V}$ 和有向边的集合 $\mathcal{E}$ 组成的图，任意 $i \in \mathcal{V}$ 对应一个随机变量 $X_i$，$|\mathcal{V}| = d$，任意一条有向边 $e \in \mathcal{E}$ 表示两个随机变量之间具有直接的依赖关系，并且 $\mathcal{G}$ 中不存在环[①]。
- 概率分布 $p(\boldsymbol{X})$：一个包含所有随机变量的联合概率分布 $p(X_1, \cdots, X_d)$。

首先通过一个简单的例子来直观地介绍贝叶斯网络的原理及其在可解释性方面的优势。

**实例 2.1（食物网）**．给定一个由鹰、狐、蛇、鼠、兔和草等物种组成的系统，用机器学习模型来描述这个系统的情况。首先，注意到每个物种的发展情况存在多种可能（例如草可能繁茂也可能稀疏），这种不确定性可以用随机变量来刻画。如图 2-2（a）所示，依次将各物种对应的随机变量记为 $A$ 到 $F$。为了简单，考虑取值为 0 或 1 伯努利随机变量，1 表示族群发展好，0 表示族群发展不好。整个系统的情况可以由 6 个伯努利随机变量构成的联合分布 $p(A, B, C, D, E, F)$ 来描述。从生物学知识出发，进一步考虑这些变量之间的直接依赖关系：摄食关系。这种有规律的依赖关系可以用一个有向无环图清晰地、可解释地描述，如图 2-2（b）所示。例如，$A$ 指向 $C$ 的边就描述了鹰吃蛇这一摄食关系。这种通过有向边来描述概率分布中变量之间直接依赖关系的图就是贝叶斯网络。在本节的后续内容中会看到，基于图的拓扑结构，联合概率分布可以分解为若干个局部的条件概率的乘积形式，方便表示与计算。

结合实例 2.1，贝叶斯网络通过图 $\mathcal{G}$ 的拓扑结构用一种直观、可解释性强的方式表达了随机变量之间的直接依赖（或条件独立性）关系，通过概率分布 $p(\boldsymbol{X})$ 对所有随机变量的联合概率分布进行精准的刻画。因此，在原理上，对于同一个贝叶斯网络，这两个要素之间必须满足某种等价关系来避免"自

---

[①] 从有向图中的一个点出发，沿着该图的有向边游走，第一次回到该点停止。如果途中最多经过其他点一次，那么经过的所有边和点形成一个该图的环。

相矛盾"的情况，详细情况将在 2.1.1 节具体介绍。

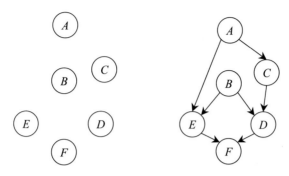

（a）　未给定具体依赖关系的 6 个　　　（b）　结合领域知识，加入稀疏的
　　　随机变量　　　　　　　　　　　　　　　直接依赖关系后形成的贝
　　　　　　　　　　　　　　　　　　　　　　叶斯网络

图 2-2　贝叶斯网络示意图

　　贝叶斯网络的表示，既考虑了变量的不确定性，又可以灵活地引入问题的领域知识。在实例 2.1 中，不同物种之间的连接是稀疏的，每条边对应的变量之间的直接作用关系是根据生物知识得到的，从机理上就具备可解释性，并且在表示和推断上具有高效性（分别见 2.1.1 节和 2.1.2 节）。

　　假设已经找到了一个合适的联合概率分布，推断的任务涉及一些和概率相关的问题。一个经典的推断任务是在给定分布中一些变量的观察值时，计算未观察变量的条件概率分布。在实例 2.1 中，如果观察到鼠群发展良好，可以推断鹰的生存情况，即计算条件概率分布 $p(A|D=1)$。在 2.1.2 节中会介绍其他的推断任务和经典的推断算法。

　　学习的任务是从给定数据中估计概率分布 $p(\boldsymbol{X})$。一般地，考虑在给定图结构的情况下，估计 $p(\boldsymbol{X})$ 中的未知参数，称为参数学习；如果希望同时学习图 $\mathcal{G}$ 的结构，则称为结构学习。2.1.3 节将介绍贝叶斯网络参数学习的主要方法。

　　2.1.4 节将结合贝叶斯规划学习方法展示贝叶斯方法在可解释性方面的独特优势。通过恰当地表示人类手写字符过程，使用合适的推断和学习算法，该方法可以用完全可解释的方式，从少数几个手写字符图像中快速学习到与符号相关的概念，从而精确地分类图像和合成逼真的新图像。

### 2.1.1 贝叶斯网络的表示

本节介绍贝叶斯网络的表示的两个关键要素，即有向无环图 $\mathcal{G}$ 和联合概率分布 $p$，以及二者之间的等价性。此外，本节会进一步地展示这种表示机理在可解释性和节省参数方面的优势。

一个贝叶斯网络是一个有向无环图，每个节点对应一个随机变量。在贝叶斯网络中，边代表变量之间的直接作用关系。沿用本章之前的符号，记所有的随机变量为 $\boldsymbol{X} = (X_1, \cdots, X_d)$，$\pi_k$ 为节点 $X_k$ 所对应的父节点集合，$\boldsymbol{X}_{\pi_k}$ 为对应的随机变量的集合，贝叶斯网络定义的联合概率分布可以写为因子连乘形式：

$$p(\boldsymbol{X}) = \prod_{i=1}^{d} p(X_i | \boldsymbol{X}_{\pi_i}). \tag{2-1}$$

依照式 (2-1)，图 2-2（b）中的贝叶斯网络定义的联合概率分布可以表示为局部因子的乘积：

$$p(A, B, C, D, E, F) = p(A)p(B)p(C|A)p(D|B,C)p(E|A,B)p(F|D,E), \tag{2-2}$$

式 (2-1) 和式 (2-2) 中，每个因子表示对应种族和其在食物网中的被摄食关系。式 (2-2) 中的因子化形式是简洁的、易于理解的。对比而言，如果没有任何领域知识，也不对变量间直接依赖关系做任何假设，那么，基于链式法则，图 2-2（a）中 6 个变量的联合概率分布只能写成如下的复杂的、不直观的形式：

$$p(A, B, C, D, E, F) = p(A)p(B|A)p(C|A,B)p(D|A,B,C)p(E|A,B,C,D)$$
$$p(F|A,B,C,D,E). \tag{2-3}$$

除可解释性以外，式 (2-2) 中因子化的形式也会节省参数的数量。表示一个伯努利变量只需要 1 个均值参数，表示一个形如 $p(E|A,B)$ 的条件概率需要考虑 $A$ 和 $B$ 的所有取值情况，也就是需要 $2^2$ 个参数，那么表示式 (2-2) 中的联合概率分布一共需要 $1+1+2^1+2^2+2^2+2^2 = 16$ 个参数。而在一般情况下，表示式 (2-3) 中的联合概率分布需要 $1+2+2^2+\cdots+2^5 = 63$ 个参数。不严格地说，贝叶斯网络的边越稀疏，单个变量依赖关系总数的上界越小，需要的参数量就越少。

一个自然的问题是，式 (2-1) 中这种简洁的因子乘积形式和贝叶斯网络中的图结构表达的依赖关系是否具有等价性。为了严格说明这个问题，需要引入条件独立性（Conditional Independence）的概念。考虑三个随机变量 $A$、$B$

和 $C$，如果三者满足

$$p(A|B,C) = p(A|C), \text{或者等价地 } p(A,B|C) = p(A|C)p(B|C), \quad (2\text{-}4)$$

则称变量 $A$ 和 $B$ 在给定 $C$ 的情况下条件独立，记为

$$A \perp\!\!\!\perp B \mid C. \quad (2\text{-}5)$$

可以把上述条件独立性的定义中的随机变量替换为随机变量的集合。在这种定义下，可以讨论在给定一组变量的情况下，其他两组变量之间的条件独立性。此外，令变量 $C$ 为空集，可以得到 $A$ 和 $B$ 两个随机变量之间独立性是条件独立性的特例。

贝叶斯网络中有三种条件独立的基本结构，如图 2-3 所示，分别介绍如下。

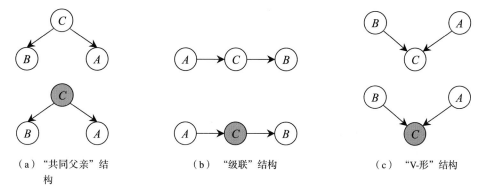

（a）"共同父亲"结构　　　（b）"级联"结构　　　（c）"V-形"结构

图 2-3　贝叶斯网络中表达条件独立性的三种基本结构。第一行的三个结构并未观测到任何变量，第二行的三个结构中 $C$ 变量均被观测到（用阴影表示）

（1）"共同父亲"结构。第一种结构如图 2-3（a）所示，变量 $A$ 和 $B$ 有共同的父亲，比如"下雨"（$C$）大概率会导致"地面湿"（$A$）和"行人打伞"（$B$），如果观察到今天的天气情况（例如没有下雨），那么地面是否是湿的与行人是否打伞就没有直接关系；反之，如果没有观察到天气情况，那么地面湿就有可能与行人打伞有关系。因此，这种结构对应的条件独立性关系为 $A \perp\!\!\!\perp B \mid C$。在实例 2.1 中，兔、鼠和狐之间也具有这种结构，具体如图 2-2（b）所示的 $E$、$D$ 和 $B$ 变量与它们之间的连接。

（2）"级联"结构。第二种结构如图 2-3（b）所示，变量按照级联结构相互作用，比如"吸烟"（$A$）的人一般有更高的概率患上"肺病"（$C$），然后有更大的可能性"去医院做肺部检查"（$B$），在没有观察到 $C$ 的情况下，$A$ 和 $B$ 之间有很强的依赖性。但是，如果已知一个人是否患有肺病，那么他"吸烟"

与"去医院做肺部检查"一般没有很强的直接关系。例如,一个人有肺病,无论他是否吸烟,都有可能去医院做检查。因此,这种结构对应的条件独立性为 $A \perp B \mid C$。在实例 2.1 中,鹰、兔和草之间也具有这种结构,具体如图 2-2(b)所示的 $A$、$E$ 和 $F$ 变量与它们之间的连接。

(3)"V-形"结构。第三种关系如图 2-3(c)所示,一个变量有两个父节点。比如"草地是否是湿的"($C$)会受到"下雨"($A$)和"灌溉作业"($B$)的共同影响,在没有观察到草地的湿润情况下,"下雨"与"灌溉作业"没有直接的作用关系;但如果已知草地是湿的,那么这个时候"下雨"和"灌溉作业"就变得相关了,因为如果没有"下雨",那么最近没有进行"灌溉作业"的可能性就很小;反过来,如果最近没有进行"灌溉作业",那么最近没下过雨的可能性会很小。这种关系被称为"通过解释消除"(explain away)——当观察到变量 $C$ 时,$A$ 和 $B$ 之间变得相互依赖,已知其中一个变量(如 $A$),会"通过解释消除"另外一个变量(如 $B$)。因此,这种 V-形结构对应的条件独立性为 $A \perp B$。在实例 2.1 中,兔、鼠和草之间也具有这种结构,具体如图 2-2(b)所示的 $E$、$D$ 和 $F$ 变量与它们之间的连接。

基于上述三种基本结构,可以判定一个有向无环图 $\mathcal{G}$ 上的所有的条件独立性。可以证明,满足一个贝叶斯网络对应的所有的条件独立性的概率分布的集合与满足式 (2-1) 中因子化形式的概率分布的集合是相等的。对于上述三种结构满足式 (2-4) 的推导及上述等价性的证明,感兴趣的读者可以参考本章最后的拓展阅读,此处不再赘述。

### 2.1.2 贝叶斯网络的推断

给定一个参数已经学习好的贝叶斯网络,可以通过推断来回答关于概率的问题。推断任务主要有以下几类。

(1)似然(Likelihood)。观察到一些变量 $E \subset X$(例如 $E = (X_{k+1}, \cdots, X_d)$)的取值 $e$,计算其概率(即似然)$p(e) = \sum_{x_1} \cdots \sum_{x_k} p(x_1, \cdots, x_k, e)$,其中 $e$ 又称为证据(Evidence)。结合实例 2.1,给定如图 2-2(b)所示的贝叶斯网络,一个似然推断任务是计算"鼠"和"鹰"种群发展良好的概率,即计算 $p(A = 1, D = 1)$。

(2)条件概率(Conditional Distribution)。给定一些变量 $E \subset X$ 的观察值(即证据)$e$,计算未观察变量 $Y \subset X \setminus E$ 的条件概率 $p(Y|e) = \frac{p(Y,e)}{p(e)} = \frac{p(Y,e)}{\sum_y p(Y=y,e)}$。这种在观察到数据之后的条件概率一般也称为 $Y$ 的后验分布(Posterior Distribution);对应的 $p(Y)$ 是未观察到数据之前的先验分布(Prior

Distribution）。结合实例 2.1，给定如图 2-2（b）所示的贝叶斯网络，一个后验推断问题是假设"鼠"的种群发展良好，那么"鹰"的种群发展如何？即计算 $p(A|D=1)$。

（3）最大后验概率取值（Maximum Posterior）。给定一些变量 $E \subset X$ 的观察值（即证据）$e$，计算未观察变量 $Y \subset X \setminus E$ 的最大概率取值 $\hat{y} = \arg\max_y p(Y=y|e)$。结合实例 2.1，给定如图 2-2（b）所示的贝叶斯网络，一个最大后验概率取值推断问题是假设"鼠"的种群发展良好，那么"鹰"最有可能的发展情况如何？即计算 $\arg\max_{a \in \{0,1\}} p(A=a|D=1)$。

上述三种推断任务在机器学习中经常出现：似然推断任务出现在各类模型的参数学习中；如果模型中有未在数据中观测到的变量，那么往往需要推断对应变量的后验概率；分类模型的预测过程可以理解为推断最大后验概率的过程。下面就从最基本的变量消减（Variable Elimination）开始介绍精确推断（Exact Inference）方法。顾名思义，精确推断方法严格地计算所有的概率分布，在过程中不存在近似。

以图 2-4 为例，目标是推断似然 $p(D=d)$。首先，根据式 (2-1) 中贝叶斯网络的因子化形式，模型定义的联合分布可以写作 $p(a,b,c,d) = p(a)p(b|a)p(c|b)p(d|c)$。然后，为了计算似然 $p(d) = \sum_c \sum_b \sum_a p(a,b,c,d)$，基于贝叶斯网络中乘积因子的局部特性，在计算中可以利用"加法"和"乘法"的交换律，对运算过程按一定顺序进行重组，达到加速计算的效果。例如，可以选择依次"消减"变量 $A$、$B$、$C$，该似然的计算过程如下：

$$
\begin{aligned}
p(d) &= \sum_c \sum_b \sum_a p(a)p(b|a)p(c|b)p(d|c) \\
&= \sum_c \sum_b p(c|b)p(d|c) \underbrace{\sum_a p(a)p(b|a)}_{p(b)} \\
&= \sum_c p(d|c) \underbrace{\sum_b p(c|b)p(b)}_{p(c)} \\
&= \sum_c p(d|c)p(c).
\end{aligned} \tag{2-6}
$$

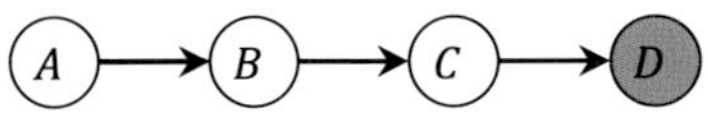

图 2-4 变量消减示例：一个链式贝叶斯网络

从这个计算过程能够看到，通过交换计算顺序，逐次消减了变量，且每次消减时都是对局部的乘积因子进行计算的，例如计算 $p(b)$ 时只需考虑 $p(a)$ 和 $p(b|a)$。这种局部计算的复杂度一般是比较小的，因此，整个算法的复杂度就可以显著降低。假设有 $n$ 个伯努利变量，则每个局部计算的复杂度为 $\mathcal{O}(1)$（即不随 $n$ 变化），整个算法的复杂度为 $\mathcal{O}(n)$。作为对比，如果不考虑网络的结构，暴力地对联合分布计算边缘概率，那么其复杂度为 $\mathcal{O}(2^n)$。

上述计算过程的一般性描述被称为**加-乘算法**（Sum-product Algorithm），其扩展版本可以应用到一般的贝叶斯网络中。需要注意的是，并非在所有的贝叶斯网络中该算法都是多项式时间复杂度的。和 2.1.1 节中对参数量的讨论类似，不严格地说，贝叶斯网络的边越稀疏，单个变量依赖关系总数的上界越小，计算复杂度越低。

变量消减的过程也可以看成一种**消息传递**（Message Passing）的过程。如在式 (2-6) 的计算中，消息（这里也就是对应的边缘概率分布）就从 $A$ 依次传递到 $D$。在这种视角下，如果同时有多个推断任务，那么彼此之间的消息可以重复使用，不必重复计算多次。基于这种思路，消息传递方法利用每个节点向邻居传递消息，只需正反两次传递就可以同时处理多个推断问题。上述计算过程也可以理解为动态规划算法的特例，因此可以被适配到其他的推断任务，如最大后验概率推断。消息传播方法在某些简单的贝叶斯网络上可以做精确推断，但是在一般的贝叶斯网络上需要一些额外的操作来保证其精确性，并且在最坏的情况下时间复杂度也是呈指数级别的。

和精确推断方法相比，**近似推断**（Approximate Inference）方法可以在一般的贝叶斯网络上快速地给出一个近似结果。近似推断方法主要有两类，第一类是基于采样的方法，特别是**马尔可夫链蒙特卡洛**（Markov chain Monte Carlo）方法[55]，它构建一个采样的链，如果采样无穷次，就可以获得目标后验分布中的采样，但是在实际中一般用有限步的采样作为近似。第二类是**变分推断**（Variational Inference）方法[56]，其主要思想在于在一个比较易于计算的分布族中找到离真正的后验分布最近的一个来作为近似后验分布，把推断问题转化为优化问题。这两类方法各有所长，被广泛应用在各种机器学习问题中。

限于篇幅，这里不能展开叙述消息传递方法、其他精确推断方法和近似推断方法，感兴趣的读者可以参考本章最后的拓展阅读。

### 2.1.3 贝叶斯网络的学习

贝叶斯网络的学习任务分为参数学习和结构学习。参数学习即假设贝叶斯网络结构已经给定，估计最优的参数或者参数空间上的一个概率分布；结构学习则估计最优的结构。

在参数学习中，最常用的思路是寻找一个点估计（Point Estimate），就是在参数空间 $\boldsymbol{\Theta}$ 中找到拟合训练数据"最好"的点 $\boldsymbol{\theta}^*$。这里的"最好"是用概率分布之间的某种统计散度（Statistical Divergence）衡量的。任何一个统计散度都是非负的，且仅当两个分布相等时，两者间的散度等于零。假设所有的变量都是可观测变量，贝叶斯网络的学习就是一个在参数空间中，优化数据分布和模型分布的某种统计散度的优化问题。由于模型分布未知，所以，往往需要对统计散度加减一些常数以消掉未知量，同时用有限的数据样本估计数据分布的期望。最常用的一种学习准则称为最大似然估计（Maximum Likelihood Estimate），它等价于最小化 Kullback-Leibler（简写为 KL）散度。给定 $N$ 个独立同分布的样本组成的数据集 $\mathcal{D} = \{\boldsymbol{X}_i\}_{i=1}^N$，令 $\boldsymbol{\theta}_i$ 表示条件概率分布 $p(X_i|\boldsymbol{X}_{\pi_i})$ 的参数，可以得到如下最大似然估计：

$$\boldsymbol{\theta}^* = \arg\min_{\boldsymbol{\theta}\in\boldsymbol{\Theta}} \log p(\mathcal{D}|\boldsymbol{\theta}) = \sum_{n=1}^N \left( \sum_{i=1}^d p(x_{n,i}|\boldsymbol{x}_{n,\pi_i}, \boldsymbol{\theta}_i) \right). \tag{2-7}$$

可以利用贝叶斯网络的结构，对每个 $\boldsymbol{\theta}_i$ 分别计算，其优化目标为

$$\sum_{n=1}^N p(x_{n,i}|\boldsymbol{X}_{n,\pi_i}, \boldsymbol{\theta}_i). \tag{2-8}$$

贝叶斯网络中可能存在隐变量（Latent Variables），即数据中不存在的变量。在学习中需要对隐变量进行求和或者积分，得到模型分布在可观测维度上的边缘分布，然后做最大似然估计。这可以归结为 2.1.2 节中提到的似然推断任务。结合实例 2.1，如果训练数据中仅有对于"鼠"的观察，希望学习图 2-2（b）中的贝叶斯网络的参数，则需要先计算或者估计 $p(E)$，再进行学习。

数据中的噪声或者恶意扰动对于单一模型的影响是比较大的，这给点估计的实际应用带来了很大的安全隐患，如图 1-3 所示。**完全贝叶斯方法**（full Bayesian Approach）进一步地刻画模型的不确定性，通过拟合参数空间上的概率分布对无穷个模型的预测求平均来提高算法的鲁棒性，给出预测的不确定性估计，提醒使用者相关算法的适用边界。

完全贝叶斯方法的思路是把模型参数看作一个全局的随机变量，事先给定一个简单的概率分布 $p(\boldsymbol{\theta})$（如果参数是连续变量，则往往取标准高斯分布），

称为先验分布（Prior Distribution），然后应用贝叶斯定理（Bayes' Theorem）计算后验分布 $p(\boldsymbol{\theta}|\mathcal{D})$：

$$p(\boldsymbol{\theta}|\mathcal{D}) = \frac{p(\boldsymbol{\theta})p(\mathcal{D}|\boldsymbol{\theta})}{p(\mathcal{D})}. \tag{2-9}$$

沿用 2.1.2 节中的术语，$p(\mathcal{D}|\boldsymbol{\theta})$ 是似然，$p(\mathcal{D})$ 是证据的概率，往往是一个积分（即 $p(\mathcal{D}) = \int p(\boldsymbol{\theta})p(\mathcal{D}|\boldsymbol{\theta})\mathrm{d}\boldsymbol{\theta}$）或者求和的形式，是完全贝叶斯方法在高维模型空间中的主要计算挑战。

可以看到，完全贝叶斯方法不是寻找单一的最优模型，而是估计一个参数上的后验概率分布，这就把学习问题转化成了推断问题（learning as inference）。因此，也可以在图模型中把完全贝叶斯方法体现出来。从图结构来看，就是加入了一个对应参数的隐变量，它指向所有的可观测数据。图 2-5 展示了一个单变量模型上的完全贝叶斯方法对应的贝叶斯网络。

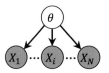 

（a）完全展开的形式　　（b）把独立同分布的变量聚集在一起的简洁形式

图 2-5　一个单变量模型上的完全贝叶斯方法对应的贝叶斯网络

点估计给出了一个（近似）最优的模型，该模型可以直接用来预测等任务。而在使用完全贝叶斯方法做预测时，应该依照后验概率分布综合地考虑所有模型，求出一个平均预测。在实际应用中，往往通过对后验概率分布采样若干个模型来估计平均预测。在一般情况下，这种平均预测的估计比单一模型的预测要更鲁棒。此外，多个模型的采样还能给出预测不确定性（如不同模型的预测方差）的估计。模型在方差过大时可以拒绝做出预测，也可以反馈使用者，从而有效地避免一些隐患。

贝叶斯网络的结构体现了使用者对相关变量的领域知识，往往蕴含了因果关系等。如果使用者对于相关的变量之间的关系并没有明确的认知，而只有数据，那么结构学习方法[57]可以自动地从数据中学习到（近似）最优的结构。需要注意的是，结构学习和贝叶斯网络的参数学习是一样的，通常只是拟合数据，并不能学到真正的因果关系。此外，一般而言，结构学习的时间复杂度是非常高的。对结构学习感兴趣的读者可以参考本章最后的拓展阅读，此处不再赘述。

### 2.1.4　贝叶斯规划学习

本节关心小样本学习（Few-shot Learning）[58] 问题，即在仅给定几个数据的情况下，如何学习一个合适的模型来完成预测等任务。小样本学习的主要动机是，人类可以在给定一个新事物的几个样本的情况下迅速理解其构成要件，并很快地记住这种事物。举例而言，人只需要看几遍就可以学会一个新字。这种快速学习能力源于人在识字过程中的拆分和再重组。很多字共用同样的基本单元，学习一个新字只是学习如何组合这些基本单元。但是，大部分机器学习方法，特别是深度学习，需要大量的数据才能够学习到新的类别，和人相比无疑是不"智能"的。

贝叶斯规划学习（Bayesian Program Learning，BPL）[59] 可以在一定程度上解决上述问题。BPL 是一个充分可解释的层次化贝叶斯模型，可以在仅给定几个样本的情况下完成手写体字符（图 2-6）的识别与生成，发表在《科学》杂志的封面上。下面围绕着表示、推断和学习这几个部分来具体介绍 BPL。

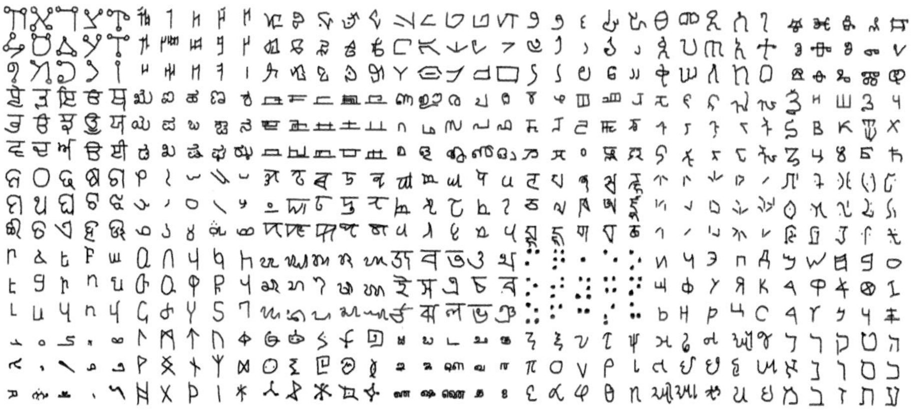

图 2-6　手写体符号数据[59]

#### 1. 表示

如图 2-7 所示，BPL 通过一个层次化贝叶斯模型，用完全可解释的方式建模人类写字的过程。这个过程分为符号/概念层次（type level）和实体层次（token level）。在概念/符号层次中，BPL 可以随机采样不同的基本单元（如横、竖等）来组成逐层次地构建子部分（基本单元进行扭曲和旋转）、部分（子部分的组合，从落笔到起笔形成），然后采样部分和部分之间的关系，最终组成一个字的概念。举例而言，汉字"十"的概念就是由一横、一竖和二者中间交叉的关系定义的。在实体层次中，给定一个已经确定的概念，BPL 描述逐步书写一个具体实体的过程。从一个概念到实体中也有很多随机性，这体现在每个人的书写风格和其他的环境因素上，也可以用概率分布来表示。例如，可以用一个高斯分布来描述第一笔的落笔位置等。总之，BPL 用一种完全可解释的方式刻画了人类从思考写什么字到具体怎么写这个字的过程。

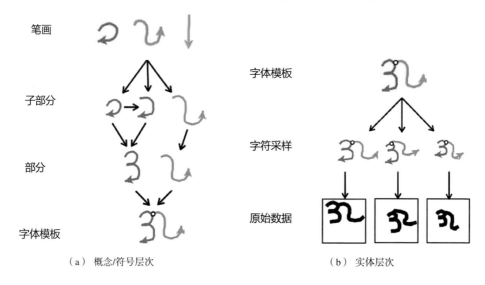

（a）概念/符号层次　　　　　　　　　（b）实体层次

图 2-7　BPL 用完全可解释的方式建模人类写字的过程[59]

## 2. 推断

给定一张实体的图片，BPL 需要推断它对应的部分、子部分和关系的后验概率分布。首先，BPL 基于一些已有的字体分析程序，从图片中提取实体的骨架（只保留了笔画的方向而去掉了笔画的粗细）和关键节点（起止点和交叉点）。然后，BPL 从骨架的左上角出发沿着骨架进行随机游走，在交叉点选择后续路线时会考虑笔画的先验知识，如尽量沿着角度改变较小的方向走等。通过随机游走，BPL 可以抽取一些可能的笔画组合来解释当前的实体，最终考虑所有可能的笔画组合，结合它们和实体的匹配程度，得到一个离散的近似后验分布。

### 3. 学习

和一般的方法不同,BPL 的学习相对复杂,考虑的是**学习如何学习**(Learning to Learn)问题[60]。简单地说,BPL 的学习分为两个层次:第一个层次是同种字符之间的,类似于传统的学习;第二个层次是跨越字符的,也就是"学习如何学习"。具体而言,BPL 首先在很多不同符号的训练数据和测试数据上进行训练,每种符号的数据是少量的。这个训练过程会推断 BPL 模型参数的后验分布。在最终的测试中,会给出一个或者几个新的训练数据,这些数据是一个没有见过的符号的实体,BPL 要把在其他符号上的训练经验迁移到新的符号上,快速地进行学习。

BPL 在若干个 Learning to Learn 的问题上进行了测试。第一个任务是给定一个新的训练数据的分类任务(One-shot Classification),在这个任务上,BPL 的错误率是 3.3%,而经过训练的人的错误率是 4.5%,一个基准的卷积神经网络的错误率是 13.5%。第二个任务是给定一个新的训练数据的生成任务,在这个任务上,BPL 合成的数据和人写的新实体在另一个人看来是难以区分的,通过了**视觉图灵测试**(Visual Turing Test)。最后,在给定了一个符号(如一个藏文)之后,不需要知道其他相关的符号(如其他藏文),BPL 可以通过采样的方式生成类似于这个符号风格的新符号,在一定意义上生成了新的概念。从 BPL 的结果中可以看到,基于丰富的领域知识,贝叶斯方法有很强的可解释性,并且极大地减少了对训练数据的需求,在某些方面体现了与人类智能媲美、相通的能力。

## 2.2 贝叶斯深度学习

传统贝叶斯方法往往使用比较简单的局部条件概率分布,如高斯分布、多项分布等,因此属于参数量较少的"浅层"模型,很难拟合自然图像等高维数据。相较而言,深度学习使用神经网络模型,逐层提取数据的抽象特征,对数据进行更加准确有效的表达,最近被广泛应用于人工智能的诸多领域。但是,深度学习本身忽略了数据中的不确定性,难以处理实际数据中的特征缺失、噪声和扰动等问题;同时,深度学习是一个黑盒,很难在里面引入先验知识,提取可解释的表示。这些缺陷制约了深度学习的进一步发展和应用。贝叶斯深度学习结合了深度学习和贝叶斯学习框架两家之长,既可以高效地从高维数据提取特征,又可以处理数据中的不确定性,提高模型的可解释性,是非常活跃的前沿研究领域。

贝叶斯学习和深度学习的交叉融合主要有两种方式。第一种方式的主要思想是利用神经网络强大的拟合能力，在概率建模中刻画随机变量之间的复杂关系，得到表达能力更强的概率模型。这种方式的一个典型例子是深度生成模型，如图 2-8 所示。深度生成模型可以自然地继承贝叶斯网络中的图结构关系，从高维数据中提取到可解释的特征，在人工智能及其他科学领域已经得到了广泛应用。

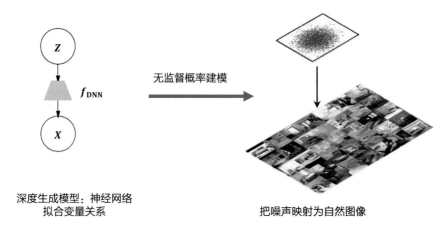

图 2-8　深度生成模型原理：在贝叶斯建模中加入神经网络

　　第二种方式的主要思想是通过贝叶斯推断刻画深度学习中的模型不确定性。这种方式的一个典型例子是贝叶斯神经网络，如图 2-9 所示。贝叶斯神经网络把神经网络中每个连接的权重从一个确定值（比如 0.5）变成一个概率分布（比如均值为 0.5、方差为 0.1 的高斯分布），用贝叶斯定理推断参数的后验分布，可以有效地提高模型鲁棒性，提供预测不确定性估计，在一定程度上为使用者指出了相关算法的适用边界。

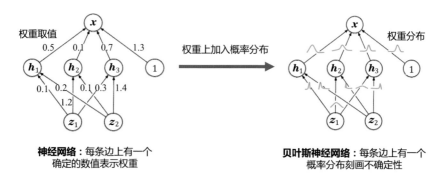

图 2-9　贝叶斯神经网络原理：刻画神经网络中的不确定性[61]

### 2.2.1 深度生成模型

虽然引入神经网络提高了深度生成模型的建模能力，让其表达能力增强了，但是给推断和学习带来了更多的挑战。2013 年以来，研究人员提出了若干端到端训练深度生成模型的新方法，从低维度的噪声出发合成真实图像，典型进展包括 Durk Kingma 和 Max Welling 提出的变分自编码器（Variational Auto-Encoder，VAE）[62]，以及 Ian Goodfellow 和 Yoshua Bengio 等人提出的生成式对抗网络（Generative Adversarial Net，GAN）[63]。从原理上看，VAE 完全继承了传统的贝叶斯方法，基于变分推断方法近似式 (2-7) 中的最大似然估计进行参数学习。VAE 的变分分布族也是一个神经网络，因此又称为推断网络（Inference Network）。网络的输入是数据，输出是隐变量，恰好和生成的过程相反。与之不同的是，GAN 通过一个确定性映射建模数据的采样过程而不是密度函数。GAN 的训练过程被建模成一个生成网络和鉴别网络的对抗博弈过程。具体而言，生成网络的训练目标是将一个隐变量映射到数据分布中，并尝试欺骗鉴别网络，而鉴别网络的目标就是区分数据的真假。在原理上，GAN 的训练目标是在近似琴生-香侬散度。因此，在模型收敛的情况下，生成器会生成逼真的图像。

VAE 和 GAN 都用神经网络拟合数据的生成过程，因此可解释性不足。从贝叶斯网络的角度看，二者都是一个双变量的模型，一个隐变量表示噪声，一个可观测变量表示图像，一条边从隐变量指向可观测变量。一个自然的想法是引入更多的结构，把数据中可解释的、人能理解的部分通过贝叶斯网络表达出来，让神经网络拟合剩下的部分。这种思想的一个典型例子是概率图生成式对抗网络（Graphical Generative Adversarial Net，Graphical-GAN）[64]。下面围绕表示、推断和学习三个方面具体介绍 Graphical-GAN。

### 1. 表示

Graphical-GAN 将贝叶斯网络和生成式对抗网络结合，可以灵活地表达随机变量之间的依赖结构，其概率模型定义见式 (2-1)，同时允许变量之间有非常复杂的依赖关系。如图 2-10 所示，本章考虑了 Graphical-GAN 的两个实例。第一个实例是高斯混合模型，通过引入层次化结构来抽取数据中的离散特征，可以在没有标注的情况下对图像进行聚类。第二个实例是状态空间模型，该模型假设由随时间改变的特征和不变的特征共同生成了时序的数据，每个时间戳的数据都是通过一个"V-形"结构得到的；同时，该模型假设随时间改变的特征形成了一个马尔可夫链。

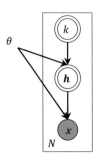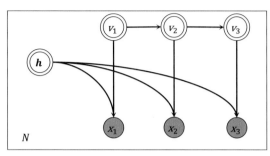

（a）高斯混合模型                （b）状态空间模型

图 2-10　Graphical-GAN 表示的结构化生成模型

**2. 推断**

为了解决推断问题，Graphical-GAN 引入一个结构化推断网络作为近似后验分布，其输入为数据，输出是结构化的特征。该推断网络的结构也可以表示为一个有向无环图，其结构是根据生成模型的贝叶斯网络的结构反转得到的。图 2-11 展示了上述两个例子所对应的结构化推断网络。

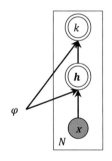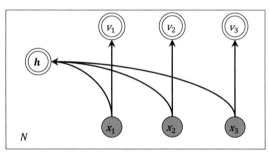

（a）高斯混合模型                （b）状态空间模型

图 2-11　Graphical-GAN 用于隐变量推断的结构化网络

**3. 学习**

Graphical-GAN 的学习目标是同时优化生成网络和推断网络的参数，最小化二者之间的琴生-香侬散度。类似于 GAN 的方法，Graphical-GAN 也引入了参数化的鉴别网络来判断数据和隐变量来自哪一个网络。但是，为了保证训练的稳定性，Graphical-GAN 的参数学习中明确地利用了数据的结构。具体地，Graphical-GAN 提出了一个基于消息传递的局部算法，把判断两个大的结构化网络是否相同的问题转化为判断两个网络中所有对应的局部因子是否相同的问题。在两个模型对应的每个局部因子中，Graphical-GAN 引入一个小的局部的鉴别网络，其优化目标是所有的局部因子目标函数的平均：

$$\min_{\boldsymbol{\theta},\boldsymbol{\phi}} \max_{\boldsymbol{\psi}} \frac{1}{|F_{\mathcal{G}}|}\mathbb{E}_q\left[\sum_{A\in F_{\mathcal{G}}}\log(D_A(A))\right] + \frac{1}{|F_{\mathcal{G}}|}\mathbb{E}_p\left[\sum_{A\in F_{\mathcal{G}}}\log(1-D_A(A))\right],$$

(2-10)

式中，$\boldsymbol{\theta}$、$\boldsymbol{\phi}$ 和 $\boldsymbol{\psi}$ 分别表示生成网络、推断网络和鉴别网络中的参数；$F_{\mathcal{G}}$ 是生成模型对应的有向无环图 $\mathcal{G}$ 中所有的局部因子；$D_A$ 表示对应于因子 $A$ 的鉴别网络。

通过优化式 (2-10) 中的目标，Graphical-GAN 可以无监督地从视觉数据中提取可解释的特征。利用如图 2-10（a）所示的层次化结构，Graphical-GAN 在两个真实图像数据上学习到的结果。如图 2-12 所示，每列的图像共享同一个离散语义，该特征是可解释的。在没有标注的情况下，Graphical-GAN 可以自动推断出数据中的具备明确语义的离散属性（如图 2-10（a）中 $k$ 所示），比如数字的类别、人脸是否戴眼镜和性别，等等。

（a）SVHN 数据集　　　　　　　　　（b）CelebA 数据集

图 2-12　具有层次化结构的 Graphical-GAN 的生成结果

利用如图 2-10（b）所示的 V-形结构，Graphical-GAN 可以自动解耦合视频数据中随着时间变化的特征（如图 2-10（b）中 $\boldsymbol{v}$ 所示）和不随时间变化的特征（如图 2-10（b）中 $\boldsymbol{h}$ 所示）。图 2-13 展示了 Graphical-GAN 在椅子旋转视频上学习到的结果，其中，奇数行是输入数据，偶数行是自动模仿上一行输入数据的变化特征合成的新视频。例如，第一行和第三行是两个输入的视频，Graphical-GAN 从中提取 $v$，即椅子的角度，并结合一个固定的 $h$，即椅子的样子，生成第二行和第四行的视频数据。从图中可以看到，新样本可以跟踪相应输入的动作，同时两个生成视频共享同样的不变特征，这表明 Graphical-GAN 可以无监督地解耦变化特征和不变特征。此外，上述模型还具有很强的迁移能力，虽然训练数据长为 31 帧，但是利用如图 2-10（b）所示的链式结构，Graphical-GAN 可以持续地采样，从而生成长为 200 帧的视频，其中的 16 帧如图 2-14 所示，每行从左到右分别为第 47～50 帧，第 97～100 帧，第 147～150 帧和第 197～200 帧。

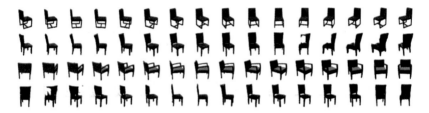

图 2-13　Graphical-GAN 在椅子旋转视频上学习到的结果

图 2-14　Graphical-GAN 的长视频迁移结果

上述三个结果表明，基于贝叶斯网络的框架，Graphical-GAN 在模型设计中灵活地嵌入领域知识和变量之间的结构化假设等。如果数据分布满足这些知识和假设，则 Graphical-GAN 可以在没有语义标注的情况下，自动地学到可解释的、易于理解的特征，同时使用神经网络拟合人类不能理解的、复杂的变量关系，合成逼真的数据。

### 2.2.2　贝叶斯神经网络

贝叶斯神经网络（Bayesian Neural Network）旨在用完全贝叶斯方法刻画深度学习中的模型不确定性，其困难主要在于如何在参数维度极高的情况下高效、准确地推断后验概率。Radford M. Neal 完成了这个领域早期的工作，其中一个著名且漂亮的结论[65] 是：无穷宽的贝叶斯神经网络等价于高斯过程

（Gaussian Process）。这种视角启发了一系列的推断方法。

近期，一些工作把深度学习中常用的带有随机性的训练技术，如随机失活（Dropout）[66] 等，理解为深度学习上的近似贝叶斯推断。Dropout 方法在训练过程中按照一定的概率把神经网络中每层的一些特征随机丢掉进行训练，避免网络参数过拟合（Overifitting），测试的时候用整个网络做预测。蒙特卡洛随机失活（Monte Carlo Dropout，MC Dropout）方法[67] 的训练过程和随机失活（Dropout）方法完全一致，但是在预测时，它仍然通过 Dropout 的方式采样若干次，得到不同的模型和平均预测。和 2.1.3 节中的一般的完全贝叶斯方法相对应，MC Dropout 把同一个网络的不同随机版本当作后验分布的采样。这些采样的模型既可以用来估计平均预测，也可以用来估计预测的不确定性。MC Dropout 方法的最大优势在于其训练和一般的神经网络完全一样，不需要额外的开销，在预测时按照需要把数据"喂"给网络若干次即可。由于篇幅所限，这里不再展开介绍其他的贝叶斯神经网络推断方法。

基于贝叶斯神经网络，除给出平均预测外，一个重要的好处就是估计预测的不确定性。图 2-15 展示了在一个一维回归任务上的结果，图中横轴表示输入数据，纵轴表示对应的预测结果，黑点表示训练数据，黑线表示真实的回归曲线，蓝线表示模型的回归曲线，蓝色的阴影范围表示不确定性。可以观察到，贝叶斯神经网络不仅在数据密集的中间部分给出了精确的预测，并且在因数据稀少而无法精确预测的两侧给出了非常高的不确定性。基于这种不确定性估计，贝叶斯神经网络在面对输入是异常的、少见的或者噪声大的数据时，能及时地反馈给使用者，避免错误的预测造成损失。

## 2.3　从贝叶斯网络到可解释的因果模型

前文提到贝叶斯方法（或者更广义的概率方法）只能表示和学习变量之间的相关关系，而不能学习到变量之间的因果关系。如图 1-2 所示，后者恰恰是"高级智能"的表现方式。在假定因果关系存在的情况下①，有不同的理论来表示和推断因果关系。考虑到本章的完整性和延续性，本节聚焦于 Judea Pearl 在因果模型（Causal Model）方面的工作[3]。

首先举一个例子[4] 来讨论相关关系和因果关系的区别。

**实例 2.2（症状与病因）.** 考虑两个伯努利变量，其中 $A=1$ 表示一个人发烧，$A=0$ 表示一个人体温正常；$B=1$ 表示一个人被某种致人发烧的病毒

①关于因果关系是否存在，哲学和统计学中存在很多争议。这些讨论超出了本书可解释 AI 的范围。

感染，$B = 0$ 表示没有被感染。那么二者之间的关系是一种因果关系，而非相关关系。从直觉上理解，一个人可以因为感染病毒而发烧，而不是因为发烧才感染病毒，这种关系是有明确方向的，即从 $B$ 指向 $A$。现在，有一位医生提出了一个使用冷敷降温的治疗策略，问该策略能否从根本上治愈发烧的病人？为了方便，引入伯努利变量 $C$，$C = 1$ 表示采取冷敷策略，$C = 0$ 表示不采取冷敷策略。

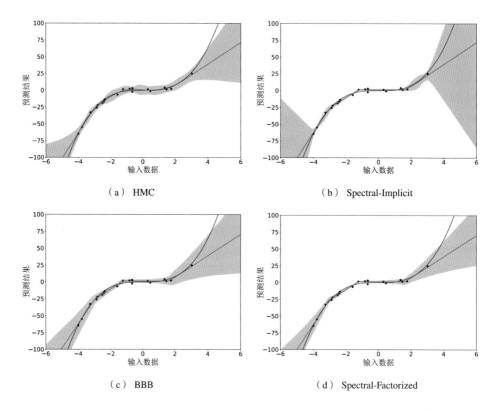

（a）HMC

（b）Spectral-Implicit

（c）BBB

（d）Spectral-Factorized

**图 2-15** 贝叶斯神经网络使用不同的推断算法估计预测结果和不确定性[68]

首先，尝试用贝叶斯网络解决实例 2.2 中的问题。注意到概率建模只关心两个变量之间的依赖关系，贝叶斯网络的有向边无论是从 $B$ 指向 $A$ 还是反过来都可以表示同样的联合概率分布。在给定这个联合概率分布之后，从概率推断的角度看，双向的条件概率都是有意义的，因为这仅仅是询问二者之间的相关性。但是，概率描述的是一种静态的关系，它无法回答一个问题：可否通过冷敷降温的方式从根本上治愈发烧的病人？医学知识告诉我们，答案是否定的。但是，如果计算条件概率分布 $P(B = 0|A = 0)$，会得到大概率可

能治愈的答案，因为二者的联合分布告诉我们，体温正常和没有病毒感染是非常相关的。这个错误的根本原因是概率语言刻画的是一种静态的相关关系，其推断是基于"观察"的证据计算一些概率，并不改变联合概率分布。

相反地，因果推断（Causal Inference）关心的是有外因对变量进行干涉（intervention）的问题（记为 do($\cdot$)）。形式化地，实例 2.2 中将通过冷敷是否可以治病的问题等价于通过干涉 $A$ 的取值能否改变 $B$ 的取值，形式化地记为计算 $P(B=0\,|\,\text{do}(A=0))$。注意到通过干涉，两个变量的联合分布可能会发生改变。如果通过冷敷这种外因降温，无论一个人是否被感染，其体温都可能正常。也就是说，联合分布 $P(A,B)$ 在外因介入的情况下发生了改变。除治病问题之外，很多问题都属于因果推断的范畴，例如超市改变商品价格如何影响销量等。

既然因果推断问题如此普遍，又无法用贝叶斯网络在内的概率语言描述，一种自然的想法是提出一种新的语言来描述因果关系，Judea Pearl 提出的因果模型便是其中的一种。形式化地，一个因果模型是一个三元组 $\mathcal{M} =< \boldsymbol{U},\boldsymbol{V},\boldsymbol{F} >$：

- $\boldsymbol{U}$ 是一个变量的集合。其元素表示背景条件，称为**外因**（exogenous）。外因的取值不由模型本身决定。
- $\boldsymbol{V} = V_1,\cdots,V_n$ 是一个变量的有序集。其元素表示模型所能决定的变量，称为内因（endogenous）。内因由 $\boldsymbol{U}\cup\boldsymbol{V}$ 决定。
- $\boldsymbol{F} = f_1,\cdots,f_n$ 是一个函数的有序集。其元素 $f_i$ 从 $\boldsymbol{U}\cup V_1\cup\cdots\cup V_{i-1}$ 映射到 $V_i$。也就是说，每个 $f_i$ 描述了如何通过外因和前序内因的值来确定对应内因 $V_i$ 的值。

直观地，上述因果模型也伴随一个有向无环图，称为因果图（Causal Graph），记为 $\mathcal{G}(\mathcal{M})$。$\mathcal{G}(\mathcal{M})$ 中的每个点都对应一个内因变量，每条有向边都表示该变量对 $V_i$ 的值有直接作用。类似于贝叶斯网络，通过因果图中的稀疏连接，也可以更加简洁地描述变量之间的关系。具体而言，每个 $f_i$ 的具体形式为

$$V_i = f_i(\boldsymbol{v}_{\pi_i},\boldsymbol{u}_i), \tag{2-11}$$

式中，$\pi_i$ 是 $V_i$ 在因果图中对应的父亲的编号；$\boldsymbol{v}_{\pi_i}$ 是相应的取值；$\boldsymbol{u}_i$ 是外因中直接作用于 $V_i$ 的变量对应的取值。

和贝叶斯网络相比，因果模型考虑了模型外的变量，同时连接关系刻画的是因果关系，而非相关性（条件独立性）。实例 2.2 中的外因就是冷敷与否 $C$，内因就是 $A$ 和 $B$ 构成的集合，$B$ 的取值由自己决定，$A$ 的取值由 $B$ 和

$C$ 的取值共同决定，通过函数 $a = f_A(b, c)$ 来描述。结合医学知识，可以知道 $f_A(b, c) = \min\{b, 1 - c\}$，即未感染或者进行冷敷都会让体温正常。

为了描述干涉带来的影响，也就是支持 do($\cdot$) 操作，需要引入一个新的概念，叫作子模型（submodel）。形式化地，在一个因果模型 $\mathcal{M}$ 中，假设 $\boldsymbol{X}$ 是 $\boldsymbol{V}$ 中的一个子集，$\boldsymbol{x}$ 是 $\boldsymbol{X}$ 的某种取值，对应的子模型是一个因果模型 $\mathcal{M}_{\boldsymbol{x}} = <\boldsymbol{U}, \boldsymbol{V}, \boldsymbol{F_x}>$，式中 $\boldsymbol{F_x} = \{f_i : V_i \notin \boldsymbol{X}\} \cup \{\boldsymbol{X} = \boldsymbol{x}\}$。子模型的引入描述了干涉某些变量是如何影响整个因果模型的。根据子模型，可以计算其他变量的取值，也就从数学上支持了 do($\cdot$) 操作。如果因果图是有向无环的，则因果模型有一些良好的性质，例如，依据子模型计算引入干涉后的结果是唯一的等，具体证明及其他性质请参考文献[3]。

根据子模型的定义和实例 2.2 中给定的因果关系，可以直接得到 do($C = 0$)（即采用冷敷）诱导的子模型中 $B$（即感染病毒与否）的取值仍然是自己决定的。因此，对这个模型的直观解释为：采用冷敷的策略并不能从根本上治愈病人。

上述因果模型的定义是确定性的，为了刻画因果关系中的不确定性，可以把因果模型和概率分布结合起来，得到概率因果模型。概率因果模型通过在外因上引入概率分布，结合因果模型的函数来定义内因上的概率分布，用于描述非确定的因果关系。限于篇幅，本章不再赘述，详见文献 [3]。

## 2.4 延伸阅读

限于篇幅，本章高度概括了贝叶斯网络的基本问题和完全贝叶斯方法的主要思想，但没有深入地讨论贝叶斯方法在计算上的挑战及经典的推断和学习算法。感兴趣的读者可以参考 Christopher Bishop 的著作 *Pattern Recognition and Machine Learning* 了解相关方法。有余力的读者如果想全面、深入地了解概率图模型的相关内容，可以参考 Daphne Koller 和 Nir Friedman 的著作 *Probabilistic Graphical Models: Principles and Techniques*。对变分推断感兴趣的读者可以深入阅读 Martin Wainwright 和 Michael Jordan 的著作 *Graphical Models, Exponential Families, and Variational Inference*。

贝叶斯深度学习是一个前沿、活跃的研究方向，除了本章中提到的论文，近几年很多工作成果都发表在机器学习的重要国际会议 ICML、NeurIPS 和 ICLR 上。如果读者希望从事相关研究，可以深入阅读近年来这些会议中的相关论文。

## 2.5　小结

　　本章介绍贝叶斯网络的三大基本问题和完全贝叶斯方法的主要思想，以及贝叶斯方法在小样本学习中的典型应用，旨在让读者快速了解贝叶斯方法的原理及其在可解释性上的独特优势。本章还介绍了贝叶斯深度学习这一前沿、活跃的研究领域，以及其中的两种代表性方法——深度生成模型和贝叶斯神经网络。在充分利用神经网络对高维数据的拟合能力的基础上，它们分别在机制可解释性和预测不确定性估计方面继承了贝叶斯方法的优势。最后，本章讨论了因果推断和贝叶斯方法的区别与联系，并简明扼要地介绍了 Judea Pearl 提出的因果模型。

第 3 章

# 基于因果启发的
# 稳定学习和反事实推理

崔鹏　邹昊

现有的机器学习模型面临着可解释性和稳定性差的难题。本章将以发掘因果关联性为出发点，介绍旨在提高模型稳定性、可解释性的稳定学习以及反事实推理等研究方向，如图 3-1 所示。

图 3-1  本章内容总览

机器学习的快速发展有目共睹，其引导的人工智能应用研究已经在许多领域取得了突出的成果。但这些应用领域往往属于技术性风险不大的领域，即当算法偶尔出现失误时，也不会造成无法挽回的灾难性后果。例如在推荐系统中，即使给用户推荐了用户不喜欢的物品也不会引起很大的负面影响。在这种应用场景特点的引导下，机器学习的研究形成了**性能驱动**（Performance Driven）的路径。也就是尽可能地优化模型的准确率等指标。而当机器学习的技术研究进入风险敏感（Risk Sensitive）的领域时，模型的可解释性和稳定性成了重要的关注点，而不仅仅是准确率等单一的性能指标。近些年来，一些研究工作从因果出发，尝试借助因果推理的技术，解决机器学习模型的可解释性和稳定性（Stability）等方面的问题。

对于这些内容，本章将按如下顺序展开介绍。首先讨论为什么要将因果引入机器学习。随后，将简单介绍因果研究中用于发现变量之间因果关联的因果发现（Causal Discovery）和潜在结果框架（Potential Outcome Framework）以及以这个框架为基础的稳定学习的相关研究，从简单的线性模型到复杂的基于神经网络的模型。最后，将简单介绍机器学习和因果相结合的反事实推理（Counterfactual Inference）。

## 3.1 将因果引入机器学习的增益

### 3.1.1 制约人工智能技术的可解释性和稳定性问题

在人工智能技术带来的风险中，可解释性是极为重要的一项问题。未来在金融、医疗及法律等风险敏感性的领域中，可以预见人在回路中（Human in the Loop）会是被广泛使用的一种技术应用模式。这是由于面对风险极高的决策任务，人们不能无条件地信任模型的预测结果，而必须要以某种形式参与决策。为了实现这样的一种人在回路中的模式，首先需要人能够理解机器的行为，否则人和机器无法共同协作。现如今的深度学习模型虽然具有很好的性能表现，但是它们绝大多数都是黑盒模型，只给出了它预测的结果，却不能让人们理解它做出这种预测的原理。例如，以第 6 章给出的医学影像识别为例，深度学习模型可以按很高的准确率判断患者的疾病类型，但是很难给出人们能理解的做出该判断的依据。而这种可解释性不足的问题，严重制约了人在回路中的技术模式，限制了人工智能技术在风险敏感领域的应用。

除可解释性的问题之外，稳定性也是影响机器学习模型在风险敏感领域应用的重要因素。大多数机器学习模型的优秀表现都建立在训练模型的数据与测试模型的数据来自同一分布的假设之上，即独立同分布（Independently Identically Distribution，i.i.d）假设。如图 3-2 所示，当测试数据分布与训练数据分布相同时，机器学习模型的性能是有保障的；但是当两者的数据分布不同时，机器学习模型的表现就可能变得非常差。以下分别举了分类问题与回归问题中的例子。

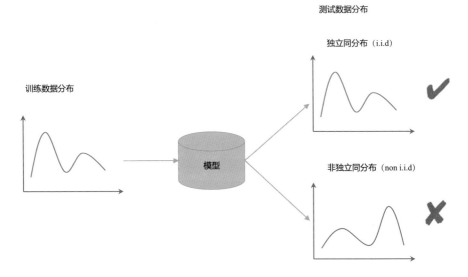

图 3-2　训练数据分布与测试数据分布满足不同分布假设时的机器学习模型表现

　　**实例 3.1**（分类问题）．如本书第 1 章中所讨论的，训练一个图像的分类器以识别图像中的动物是哈士奇还是狼，训练数据集中大部分图片是草地、树林中的哈士奇以及雪地里的狼。利用符合这个数据分布的数据进行训练得到的模型，如果测试数据中哈士奇的图片背景大多也是草地、树林，狼的背景大多也是雪地，那么模型的准确率可能会很高。但是当测试数据中哈士奇的背景是雪地时，狼的背景是草地、树林时，模型的准确率可能会大幅下降。

　　**实例 3.2**（回归问题）．基于气象学数据构建一个对空气质量情况的预测模型。数据包含了美国各个州的气温、气压、相对湿度、风速风向及 $PM_{10}$ 污染度。预测模型使用 Lasso 回归模型，以气温、气压等属性为输入，预测输出 $PM_{10}$ 污染度。由于各州的地理位置、自然环境的不同，其天气属性（模型输入变量）的分布也有所差异。在实验中，研究者用一个州的天气数据进行训练，在其他州的数据上进行测试。结果表明，当测试数据的分布与训练数据的分布差异变大时，模型预测结果的均方根误差（RMSE）也会相应变大。

　　从以上两个例子可以看出，当下的人工智能技术由于可解释性的缺失，使得人们无法放心地依据模型做出预测进行决策行为。由于稳定性的不足，在潜在的使用场景下，模型的表现可能会非常差，人们在使用这些模型的时候无法完全信任它们。为了发展人工智能技术在风险敏感领域的应用，可解释性和稳定性是两个亟待解决的难题。

### 3.1.2 关联性和因果性

如今的大多数机器学习模型都是基于关联统计的。因此，机器学习模型的可解释性和稳定性问题可能就源自它对关联统计的依赖。

首先，变量之间的关联性很有可能是不可解释的。如图 3-3 所示，红色曲线表示的是不同年份里渔船落水人员的溺亡率，黑色曲线表示的是肯塔基州的结婚率，两者具有很高的关联性。但是根据人们的常识，这两者之间并不可能存在任何关系。这种不可解释的关联性（两个变量同时增大/减小，或者一个增大的同时另一个减小）在现实世界中广泛存在。而基于关联统计的机器学习模型会发掘出数据中的这种关联性，并将其用于预测任务当中。因此，这种以不可解释的关联性为基础的模型从根本上就无法保证模型的可解释性。

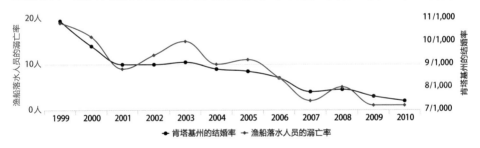

图 3-3　渔船落水人员的溺亡率和肯塔基州的结婚率的对比

另外，变量之间的关联性往往也是不稳定的。如上一小节所举的例子，训练数据中包含了大量的雪地里的狼。因此，雪地的背景与狼的标签就形成了强烈的正相关性，被机器学习模型应用到了预测任务中。当模型发现图片中有雪地的特征时，它就会预测这是一只狼。但是这种雪地与狼的标签之间的关联性是由于数据收集过程中的偏差产生的**虚假关联**（Spurious Correlation），并不是普遍存在的规律。在另一种环境下，同样可能出现在草地上的狼。因此雪地和狼之间的关联性也是不稳定的，基于这种不稳定的关联性进行预测的模型也无法保证其表现的稳定性。

由于关联性的不可解释性和不稳定性，以此为基础构建的机器学习模型也面临着不可解释和不稳定的问题。因此，许多研究者尝试利用因果性

（Causality）建立模型的预测机制。例如，在分类狼和哈士奇的问题中，真正
区分哈士奇和狼不同的是眼睛、鼻子、耳朵等生物学特征，可以被称为因果特
征（Causal Feature），如图 3-4 所示。这些特征与标签（狼、哈士奇）之间的
关系是因果关系，不受背景等环境变化影响，是稳定的。同时，它们与人们区
分狼和哈士奇的认知相符合。正是因为人们看到了这些特征，才做出是哈士
奇还是狼的判断。因此这种关联具有可解释性。

（a） 样本哈士奇的因果/非因果特征　　　　（b） 样本狼的因果/非因果特征

图 3-4　黄色框代表因果特征，红色框代表非因果特征

可以预见的是，当机器学习模型建立在因果特征与预测目标之间的因果
关系上时，在稳定性方面能够有所提升。

更具体地，数据中变量之间关联性（Correlation）的产生机制可以分为以
下三类，如图 3-5 所示。

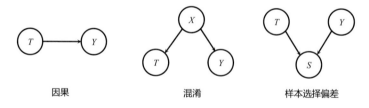

因果　　　　　　　　　　　混淆　　　　　　　　　样本选择偏差

图 3-5　关联性的三种产生机制

（1）因果（Causation）。由于 $T$ 导致了 $Y$，所以 $T$ 和 $Y$ 之间有关联。例
如天下雨会导致地面变湿。这种关联是稳定的、可解释的。

（2）混淆（Confounding）。$X$ 同时导致了 $T$ 和 $Y$。例如，气温上升会同
时导致冰激凌销量增加以及汽车爆胎事件增加。因此，冰激凌销量和汽车爆
胎数量之间有了关联。$X$ 导致了 $T$ 和 $Y$ 之间存在关联。但这种关联是虚假关
联（Spurious Correlation），既不可解释也不稳定。

（3）样本选择偏差（Sample Selection Bias）。变量 $S$ 是由 $T$ 和 $Y$ 共同决定的，通过控制 $S$ 取特定值可以使得 $T$ 和 $Y$ 之间产生关联。例如，通过选择使得狼和雪地产生了关联。这种关联也是虚假关联，既不可解释也不稳定。

从上述分析中可以看到，在三种不同产生机制的关联性中，只有因果是稳定且可解释的，另外两种都会导致虚假关联，不稳定且不可解释。如今，大部分的机器学习模型在使用数据中的关联性时都不加以区分，使得其预测结果依赖于虚假关联。因此，训练得到的模型面临了稳定性和可解释性的问题。如何设计一套新的机器学习框架，使得模型能够有效区分出数据中的因果关系，并利用这种因果关系进行预测，是一个重要的问题。

## 3.2　挖掘数据中的因果关联

在因果推理发展的过程中，产生了结构因果模型（Structural Causal Model）和潜在结果框架（Potential Outcome Framework）[69, 70] 两大因果推理的框架。两类框架具有不同的特点和适用场景。本小节将对两者进行简单的介绍，并给出适合与机器学习结合的因果推理框架。

### 3.2.1　因果推理框架和因果效应定义

要发掘数据中变量之间的因果关联，一种直接的做法是在 2.3 节介绍的因果模型框架下建立描述各变量之间因果关联的因果图。这个任务称为因果发现（Causal Discovery）[71]。

**因果发现[71]**

从有限的观测数据中学习因果图的过程称为"因果发现"。一般而论，假设观测数据有 $X_1, \cdots, X_d$ 共 $d$ 维变量，共 $n$ 个样本。如图 3-6 所示，因果发现的任务则是以该观测数据为输入，从中挖掘出共 $d$ 个节点的因果图，其中每个节点对应 $X_1, \cdots, X_d$ 中的一维变量。因果发现算法的输出是表征观测数据中各维变量之间潜在因果关系的因果图。因果图是一个有向无环图。此外，根据因果发现算法及问题场景的不同，因果图的有向边可能存在带权重与无权重两种情况。

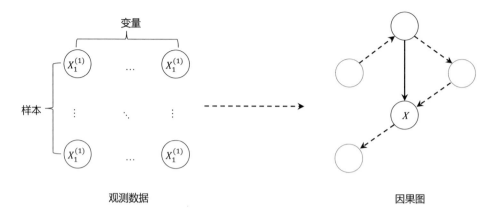

图 3-6    因果发现输入观测数据，输出各维变量之间因果关系的因果图

现有主流因果发现算法大抵可以分为三类：

（1）基于约束的方法[72]。通过从观测数据中对所有子结构进行条件独立性测试，找到可以通过检测的马尔可夫等价类。为了降低时间复杂度，此类方法通过精心设计的规则确定边的方向，剪枝搜索空间，但依然需要大量的样本完成独立性测试。

（2）基于得分的搜索方法[73]。为了缓解对样本的依赖问题，此类方法把条件独立性测试适配成不同的得分指标，从有限的样本中通过搜索结构，不断提高得分。此方法的输出也是马尔可夫等价类。

（3）基于得分的 **Functional Causal Model** 方法[74]。此类方法通过提出额外的结构性方程的假设，辅助因果图的可识别性，并通过在方程假设下对观测数据的重构，找到能最佳重构的因果图。一些可导的方法融合了机器学习技术，可以有效地提高对复杂关系建模和优化的效率。

但是因果发现的算法往往有复杂度高、难以扩展到特征数量多的场景下的问题。事实上，因果发现以发掘所有变量之间的因果关联为目标，但是在预测任务中，只需要关心各个特征与预测目标之间的因果关联。因此，基于因果推理中的潜在结果框架进行分析，大大降低了计算复杂度，对机器学习的任务更为实用。

## 潜在结果框架[69]

　　潜在结果框架包含三种要素：干预变量（Treatment）$T$、结果变量（Outcome）$Y$ 和混淆变量（Confounder）$X$（对干预变量和结果变量都有关联的变量）。三个变量组成的因果关系图如图 3-7 所示。

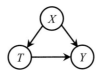

图 3-7　潜在结果框架中干预变量、结果变量和混淆变量组成的因果关系图

　　在因果推理研究中，通常假设干预变量 $T$ 属于二值类型，即 $T = 0$ 或 1，其对应的实验对象被称为对照组（Control Group）和实验组（Treated Group）。这与许多实际场景相吻合。例如，在研究药物对病人的恢复率影响中，$T = 1$ 代表病人服用药物，$T = 0$ 代表病人不服用药物或服用安慰剂。$Y(T = 1)$ 和 $Y(T = 0)$ 对应 $T = 1$ 和 $T = 0$ 干预下的结果（在例子中代表服用药物和不服用药物的恢复率），也称潜在结果（Potential Outcome），混淆变量 $X$ 可以是病人的身体状况，它既会影响病人用药选择，也会影响恢复情况。

　　在此基础上，可以用 $Y(T = 1)$ 和 $Y(T = 0)$ 的差别定义因果效应。一种常见的因果效应定义为平均因果效应（Average Treatment Effect，ATE），代表了群体的因果效应期望值。形式化的定义如下：

$$\text{ATE} = \mathbb{E}_X[Y(T = 1) - Y(T = 0)]. \tag{3-1}$$

　　若 ATE 的绝对值明显大于 0，则 $T$ 对 $Y$ 有因果效应，二者之间的关联是因果关联；若 ATE 接近 0，则 $T$ 和 $Y$ 之间没有因果关联。

　　与 ATE 类似的因果效应定义还有实验组平均因果效应（Average Treatment Effect on the Treated，ATT）：

$$\text{ATT} = \mathbb{E}_{X \sim p(X|T=1)}[Y(T = 1) - Y(T = 0)], \tag{3-2}$$

和对照组平均因果效应（Average Treatment Effect on the Control，ATC）：

$$\text{ATC} = \mathbb{E}_{X \sim p(X|T=0)}[Y(T = 1) - Y(T = 0)]. \tag{3-3}$$

将上述潜在结果的框架应用到对图片中狗的识别的例子中，如图 3-8 所示。假设 $X$ 代表是否是草地背景，$T$ 代表是否有狗鼻子，$Y$ 代表标签。那么无论 $X=0$（没有草地背景）或 $1$（有草地背景），$T=1$ 有狗鼻子的情况下，$Y=1$ 表示图片中有狗，$T=0$ 没有狗鼻子时，$Y=0$ 表示图片中没有狗。不难计算得到：

$$Y(T=1)=1, Y(T=0)=0 \rightarrow \text{ATE}=1. \tag{3-4}$$

实例：
$X$：狗鼻子
$T$：草地背景
$Y$：标签

草地背景→标签：
强相关性，弱因果性

狗鼻子→标签：
强相关性，强因果性

实例：
$X$：草地背景
$T$：狗鼻子
$Y$：标签

图 3-8　研究 $T$ 与 $Y$ 之间的因果性：控制住变量 $X$，研究 $T$ 的变化是否会引起 $Y$ 的变化

于是，狗鼻子因素对关于是否有狗的标签具有因果作用。基于同样的分析，假设 $X$ 代表是否有狗鼻子，$T$ 代表是否是草地背景，那么在 $X$ 是否有狗鼻子是确定的情况下，无论 $T$ 有没有草地背景，$Y$ 都不会发生变化，只由 $X$ 决定：

$$Y(T=1)=Y(T=0) \rightarrow \text{ATE}=0. \tag{3-5}$$

因此，草地背景对标签没有因果作用，两者之间的关联属于虚假关联。但是对于同一张图片，只能知道 $T$ 在当前取值下的 $Y$。而对于反事实情况下的 $Y(1-T)$，是无法得知的。因此，如何评估因果效应是一个具有挑战性的重要问题。

### 3.2.2　潜在结果框架下的因果效应评估

在因果推理文献中，对因果效应的估计的黄金准则是随机对照实验（Randomized Controlled Trial，RCT）[75]。而在现实中，随机对照实验往往成本过高，参与的群体受限[76]，甚至可能受法律法规的约束无法实行。例如，当研究吸烟对人体健康的影响时，无法强制受试者吸烟。因此，借助观测性数据（Observational Data）来评估因果效应是另一种可行的办法。

> **观测性数据**
>
> 　　观测性数据由一组包含混淆变量 $\boldsymbol{X}$、干预变量 $T$、结果变量 $Y$ 的样本组成，$\{(\boldsymbol{x}_i, t_i, y_i)\}_{i=1,2,\cdots,n}$。与随机对照实验的数据不同的是，观测性数据中干预变量 $t_i$ 的分配是由一种机制 $\pi$ 基于 $\boldsymbol{x}_i$ 产生的。这种分配机制包括外部的分配策略（例如在推荐系统中，推荐算法有倾向性地为用户选择是否曝光商品），以及实验对象自发地根据自身情况进行选择[77]。

　　由于观测性数据中分配机制的存在，混淆变量 $\boldsymbol{X}$ 与干预变量 $T$ 不独立，也被称为混淆偏差（Confounding Bias），所以简单地将实验组样本的结果 $Y$ 与对照组样本的结果 $Y$ 相减得到的关于 ATE 的估算结果是有偏的：

$$\mathbb{E}[Y|T=1] - \mathbb{E}[Y|T=0] \neq \mathbb{E}[Y(T=1)] - \mathbb{E}[Y(T=0)] = \text{ATE}. \quad (3\text{-}6)$$

　　从以上内容可以知道，利用观测性数据评估因果效应需要克服反事实样本未知以及混淆偏差两个问题。为此，评估因果效应的方法往往建立在以下三个标准假设之上：

　　**假设 1：稳定的样本干预值（Stable Unit Treatment Value，SUTVA）。** 当给定了观察到的样本特征时，样本的潜在结果不会受其他样本的干预值分配影响。

　　**假设 2：无混淆性（Unconfoundedness）。** 给定了观察到的样本特征，干预变量的分布与潜在结果独立，形式化地，$T \perp (Y(T=0), Y(T=1)) \mid \boldsymbol{X}$。

　　**假设 3：重叠性（Overlap）。** 当给定观察到的变量时，样本接受干预 $T=0$ 和 $T=1$ 的概率都大于 0，形式化地，$0 < p(T=1|\boldsymbol{X}) < 1$。

　　在这些假设之上发展出了不同的评估方法。

　　**1. 样本匹配**

　　为了在观测性数据集上评估因果效应，样本匹配（Matching）[70] 为每个样本寻找一个反事实组（实验组样本的反事实组是对照组，对照组样本的反事实组是实验组）里的样本，也被称为反事实样本，将它的结果作为原样本在另一种干预下的结果的近似，整个过程如图 3-9 所示，同一种颜色的小人代表其特征（混淆变量）相同。

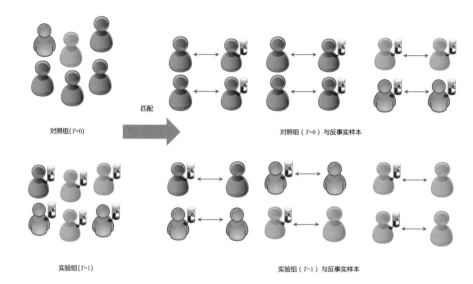

对照组(T=0)

匹配

对照组（T=0）与反事实样本

实验组(T=1)

实验组（T=1）与反事实样本

图 3-9　评估因果效应的样本匹配方法流程

理想中的反事实样本除被施加的干预不同之外，其他条件完全一致。因此在评估因果效应的任务中，挑选的反事实样本的混淆变量与原样本的混淆变量尽可能相近。形式化地，对第 $i$ 个样本，它的反事实样本编号 $c(i)$ 为

$$c(i) = \underset{j:t_j=1-t_i}{\arg\min} \operatorname{dist}(\boldsymbol{x}_i, \boldsymbol{x}_j). \tag{3-7}$$

式中，$\operatorname{dist}(\boldsymbol{x}_i, \boldsymbol{x}_j)$ 表示 $\boldsymbol{x}_i$ 和 $\boldsymbol{x}_j$ 两个混淆变量之间的距离，例如欧式距离、马氏距离等。在为每个样本得到反事实样本之后，ATE 的估计结果如下：

$$\widehat{\text{ATE}}_{\text{matching}} = \frac{1}{n}\left[\sum_{i:t_i=1}\left(y_i - y_{c(i)}\right) + \sum_{i:t_i=0}\left(y_{c(i)} - y_i\right)\right] \tag{3-8}$$

但是当混淆变量维度比较高时，若直接在混淆变量的原始向量上匹配，则计算复杂度较高，而且很难找到距离足够小的匹配样本。

### 2. 基于倾向性得分的方法

当混淆变量维度较高时，基于原始混淆变量的方法的计算复杂度也相应变高。基于**倾向性得分**的方法（Propensity score-based method）[69, 70] 在一定程度上可以缓解这个问题。

**倾向性得分**

倾向性得分的含义是给定了观测到的变量 $\boldsymbol{X}$，样本被分配干预 $T=1$ 的条件概率。形式化地，有：

$$e(\boldsymbol{X}) = p(T|\boldsymbol{X}). \tag{3-9}$$

倾向性得分有时是已知的，有时需要从数据中估计得到。在一定程度上，它用一个数值包含了混淆变量的信息，即：

$$T \perp (Y(T=0), Y(T=1)) \mid e(\boldsymbol{X}). \tag{3-10}$$

可以计算每个样本的倾向性得分 $e_i$，并用 $e_i$ 的距离代替上述匹配过程中的混淆变量向量的距离，这个过程被称为**倾向性得分匹配**（Propensity Score Matching, PSM）[78]。倾向性得分匹配为每个样本计算反事实样本的方法如下：

$$c(i) = \arg\min_{j:t_j=1-t_i} |e_i - e_j|. \tag{3-11}$$

另一种基于倾向性得分的因果评估方法称为**逆倾向性得分加权**（Inverse of Propensity Weighting, IPW）[69]。它使用**样本重加权**（Sample Reweighting）的方式，调整实验组和对照组样本的分布，使之与样本整体的分布相同，过程如图 3-10 所示。为每个样本施加的权重 $w_i$ 和对 ATE 的估计式为

$$w_i = \frac{t_i}{e_i} + \frac{1-t_i}{1-e_i}. \tag{3-12}$$

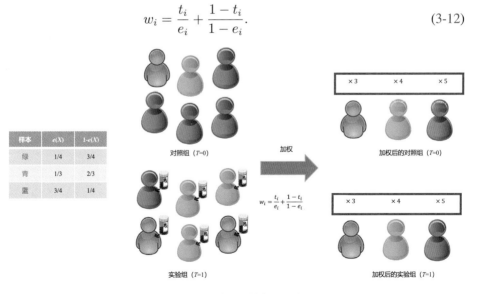

| 样本 | e(X) | 1-e(X) |
|---|---|---|
| 绿 | 1/4 | 3/4 |
| 青 | 1/3 | 2/3 |
| 蓝 | 3/4 | 1/4 |

图 3-10　逆倾向性得分加权

$$\widehat{\mathrm{ATE}}_{\mathrm{IPW}} = \frac{1}{n} \left[ \sum_{i:t_i=1} w_i \cdot y_i - \sum_{i:t_i=0} w_i \cdot y_i \right]. \tag{3-13}$$

在很多种情况下，倾向性得分是未知的，估计倾向性得分的模型假设错估是一个难以规避的问题。

### 3. 混淆变量平衡

为了回避倾向性得分的模型假设错估问题，混淆变量平衡（Directly Confounder Balancing）方法[79–81]直接计算每个样本的权重来平衡实验组和对照组的样本分布。其出发点是变量的分布可以由它的各阶矩所决定。当变量在两个分布下的各阶矩都相等时，两个分布相等。具体地，混淆变量 $\boldsymbol{X}$ 的矩包含每维混淆变量、高阶项及变量之间乘积项的均值：

$$\boldsymbol{M} = \mathbb{E}_{\boldsymbol{X}}[(\boldsymbol{X}, \boldsymbol{X}^2, X_i X_j, \boldsymbol{X}^3, X_i X_j X_k, \cdots)]. \tag{3-14}$$

以此出发，混淆变量平衡通过优化样本权重，使得加权后的混淆变量矩与目标混淆变量分布的矩相同，求得每个样本的权重。通常来讲，出于计算的效率考虑，算法只平衡混淆变量的一阶矩。

Entropy Balancing[80]目标估计 ATT，在加权平衡实验组和对照组样本的混淆变量一阶矩的同时，加入了权重的熵作为刻画权重分散程度的惩罚项，减小样本权重的方差，使得因果效应评估更加稳定。Entropy Balancing 的权重 $W$ 计算方法是

$$\min_{W} \sum_{i:t_i=0} w_i \log w_i,$$
$$\mathrm{s.t.}\ \|\overline{\boldsymbol{X}}_t - \boldsymbol{X}_c^{\top} \boldsymbol{W}\|_2^2 = 0,\ \sum_{i:t_i=0} w_i = 1,\ \boldsymbol{W} \succeq 0,$$

式中，$\boldsymbol{X}_t$ 和 $\boldsymbol{X}_c$ 分别是实验组和对照组样本的混淆变量构成的矩阵。计算得到这个权重之后，ATT 的估计式为

$$\mathrm{ATT} = \frac{1}{n_t} \sum_{i:t_i=1} y_i - \sum_{i:t_i=0} w_i y_i, \tag{3-15}$$

式中，$n_t = |\{i : t_i = 1\}|$ 是实验组的样本数量。

在实际场景中，观测到的样本特征 $\boldsymbol{X}$ 可能会包含许多噪声变量，并且不同的混淆变量引起的混淆偏差也是不同的。因此，直接让所有观测到的变量都以相同的重要性参与变量平衡是一种不合理的做法。Differentiated Confounder

Balancing（DCB）算法[79] 为观测到的混淆变量计算一个变量权重 $\boldsymbol{\beta}$，并以此作为混淆变量的重要性在平衡时进行区分。DCB 权重的计算方式如下：

$$\min_{\boldsymbol{W},\beta}(\boldsymbol{\beta}^{\top}\cdot(\overline{\boldsymbol{X}}_t-\boldsymbol{X}_c^{\top}\boldsymbol{W}))^2+$$
$$\lambda\sum_{i:t_i=0}(1/n_t+w_i)\cdot(y_i-\boldsymbol{x}_i\cdot\boldsymbol{\beta})^2+$$
$$\delta\|\boldsymbol{W}\|_2^2+\mu\|\boldsymbol{\beta}\|_2^2+\nu\|\boldsymbol{\beta}\|_1$$
$$\text{s.t.}\sum_{i:t_i=0}w_i=1,\qquad\boldsymbol{W}\succeq 0.$$

式中，$\lambda$、$\mu$、$\nu$、$\delta$ 是模型的超参数。

将以上评估因果效应的方法与机器学习相结合，能够挖掘变量之间的因果关联，依靠因果关联进行预测，从而提升模型的稳定性和可解释性。以此为基础，稳定学习（Stable Learning）[82–86] 的概念和框架被提了出来。

## 3.3 稳定学习

现有的大多数机器学习模型的出色表现都建立在独立同分布的假设之上，如图 3-11 所示，利用符合分布 1 的训练数据训练机器学习模型，训练完毕后使用同样从分布 1 中采样得到的数据进行测试，这种情况就是符合独立同分布假设下的机器学习。当测试数据的分布（分布 $n$）与训练数据的分布（分布 1）不同时，就要通过迁移学习（Transfer Learning）的方法，针对特定分布的测试数据优化模型。

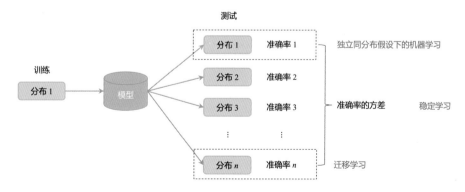

图 3-11　独立同分布假设下的机器学习、迁移学习和稳定学习

尽管迁移学习的技术可以解决这种特征分布发生偏移场景下的问题，但它解决的问题依然不是最普遍的场景。在应用迁移学习时，必须知道测试数

据的分布才能够进行。但是在实际场景中，人们往往无法控制测试数据是如何产生的。同时，模型可能会应用在各种不同的未知环境中，在这些环境中，测试数据的分布也是各不相同的。

因此，研究者会希望当模型应用在不同的数据分布中时，不仅能够优化平均准确率，还能够对模型的准确率的方差进行优化，使得准确率的波动被控制在一个较小的范围内。如果平均准确率和准确率的方差都能得到优化，就可以保证模型在不同环境下都有一个可靠的表现，从而实现稳定学习。本小节将介绍如何借助因果效应评估方法，发掘特征变量与预测目标变量之间的因果关联，实现稳定学习。

### 3.3.1 二值特征下的稳定学习

由于观测性数据符合的分布情况往往是未知的，因此混淆变量平衡方法不依赖于对分布的模型假设，直接计算每个样本的权重更有助于在广泛的实际应用场景中实现稳定学习。

在因果推理问题中，混淆变量平衡方法通过对样本进行加权，使得实验组和对照组的混淆变量 $\boldsymbol{X}$ 分布一致的方式，估计干预变量 $T$ 对 $Y$ 的因果效应。实际上，这种操作是通过样本加权的方式使得 $\boldsymbol{X}$ 和 $T$ 独立，当 $\boldsymbol{X}$ 和 $T$ 独立时，$T$ 与 $Y$ 之间的关联性等价于 $T$ 对 $Y$ 的因果效应。当把这种思想推广到机器学习的领域中时，一个重要的区别在于：因果推理关心的是单个变量对预测目标变量的因果关联，而在机器学习领域需要发现所有输入变量与预测目标变量之间的因果关联，利用有因果关联的因果特征进行预测。

因此，稳定学习把混淆变量平衡的思想推广到所有变量的层面，如图 3-12 所示，学习一组样本权重 $\boldsymbol{W}$，使得加权后所有输入变量之间互相独立，这种方法被称为**全局变量平衡**（Global Balancing）。此时，可以利用现有的基于关联性的模型实现基于因果的预测。以此为基础，Causally Regularized Logistic Regression（CRLR）[82] 依次把输入变量的每维当作干预变量，其余维度当作混淆变量，计算实验组和对照组的混淆变量矩的差的二范数，把每维输入变量当作干预变量得到的二范数累加起来，得到学习权重的目标函数：

$$\boldsymbol{W} = \arg\min_{\boldsymbol{W}} \sum_{j=1}^{p} \left\| \frac{\boldsymbol{X}_{-j}^{\top} \cdot (\boldsymbol{W} \odot \boldsymbol{I}_j)}{\boldsymbol{W}^{\top} \cdot \boldsymbol{I}_j} - \frac{\boldsymbol{X}_{-j}^{\top} \cdot (\boldsymbol{W} \odot (1 - \boldsymbol{I}_j))}{\boldsymbol{W}^{\top} \cdot (1 - \boldsymbol{I}_j)} \right\|_2^2. \qquad (3\text{-}16)$$

式中，$p$ 是输入变量的维度；$\boldsymbol{X}_{-j}$ 是把第 $j$ 维去除后剩下的输入变量组成的矩阵；$\boldsymbol{I}_j$ 是当把第 $j$ 维输入变量作为干预变量时，各个样本是否属于实验组。

在用学到的样本权重 $\boldsymbol{W}$ 加权之后，输入变量各维之间互相独立，此时使

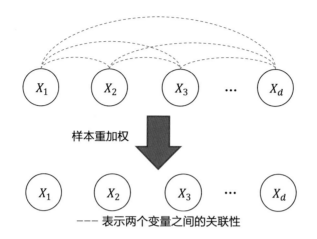

图 **3-12**　稳定学习通过样本重加权的方式使得输入变量 $X$ 中的各个变量互相独立

用原本基于关联的逻辑回归模型就可以产生包含因果关联的结果。

因此，CRLR 的优化目标函数为

$$\min_{\boldsymbol{W},\beta} \sum_{i=1}^{n} w_i \cdot \log(1 + \exp(1 + (1 - 2y_i) \cdot (\boldsymbol{x}_i\beta)))$$

$$\text{s.t.} \sum_{j=1}^{p} \left\| \frac{\boldsymbol{X}_{-j}^{\top} \cdot (\boldsymbol{W} \odot \boldsymbol{I}_j)}{\boldsymbol{W}^{\top} \cdot \boldsymbol{I}_j} - \frac{\boldsymbol{X}_{-j}^{\top} \cdot (\boldsymbol{W} \odot (1 - \boldsymbol{I}_j))}{\boldsymbol{W}^{\top} \cdot (1 - \boldsymbol{I}_j)} \right\|_2^2 \leqslant \lambda_1.$$

$$\boldsymbol{W} \succeq 0, \|\boldsymbol{W}\|_2^2 \leqslant \lambda_2, \|\beta\|_2^2 \leqslant \lambda_3,$$

$$\|\beta\|_1 \leqslant \lambda_4, (\sum_{i=1}^{n} w_i - 1)^2 \leqslant \lambda_5.$$

在加权使得输入变量各维度独立之后，逻辑回归得到的系数 $\beta$ 代表了各维变量与预测目标变量（标签）之间的因果关联强度。在关于 10 个类的分类任务中，输入变量是使用了 SURF 算子[87] 和 Bag-of-Words 模型[88] 形成的二值向量特征，输出的是该类物体是否存在的二值标签。CRLR 相比关联模型有一定的提升，且在分布偏移（在这个任务中测试数据与训练数据是按 Context 区分的，Context bias 代表了分布偏移的程度）越明显的分类任务上提升越多，即分布偏移越大，提升越大，如图 3-13 所示。

另外，将 CRLR 算法和逻辑回归模型选出的对分类任务最重要（$\beta$ 系数偏离 0 最多）的特征进行可视化，如图 3-14 所示。红色边界框是 CRLR 选出的，绿色边界框是逻辑回归模型选出的。由于一个特征对应着多个边界框，红色边界框和绿色边界框的数量不一定相等。CRLR 选出的特征更多地位于预测目标物体上，而逻辑回归选出的特征会位于背景上。由此可以看出，CRLR

的结果具有更好的可解释性。

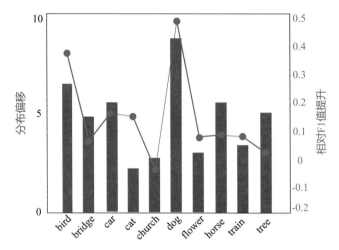

图 3-13　CRLR 相比关联模型的提升与分布偏移的关系。

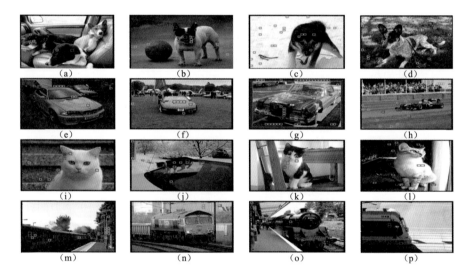

图 3-14　CRLR 算法和逻辑回归模型选出的对分类任务最重要的若干特征

### 3.3.2 连续特征下的稳定学习

在实际场景中，输入的特征变量很多时候不是二值类型的，而是连续型的。因此不能用将样本按照变量值分为实验组和对照组然后平衡两组样本变量的分布的方式令输入变量之间互相独立。

根据文献 [89] 的结果可以得知, 对于两个输入变量 $X_j$ 和 $X_k$, 当满足条件 $\mathbb{E}[X_j^a \cdot X_k^b] = \mathbb{E}[X_j^a] \cdot \mathbb{E}[X_k^b], \forall a, b \in \mathbb{N}$ 时独立。Decorrelated Weighted Regression（DWR）[84] 以此出发, 考虑变量的一阶矩, 提出了计算权重的优化目标:

$$W = \arg\min_{W} \sum_{j=1}^{p} \left\| \frac{X_j^\top \Sigma_W X_{-j}}{n} - \frac{X_j^\top W}{n} \cdot \frac{X_{-j}^\top W}{n} \right\|_2^2 \tag{3-17}$$

基于上述权重 $W$, DWR 对加权后的数据做最小二乘学习回归系数 $\beta$。权重 $W$ 和回归系数 $\beta$ 采用联合优化的方式得到:

$$\min_{W,\beta} \sum_{i=1}^{n} w_i \cdot (y_i - \boldsymbol{x}_i \beta)^2,$$

$$\text{s.t.} \quad \sum_{j=1}^{p} \left\| \frac{X_j^\top \Sigma_W X_{-j}}{n} - \frac{X_j^\top W}{n} \cdot \frac{X_{-j}^\top W}{n} \right\|_2^2 \leqslant \lambda_1, \tag{3-18}$$

$$\|\beta\|_1 \leqslant \lambda_2, \|W\|_2^2 \leqslant \lambda_3, \left(\sum_{i=1}^{n} w_i - 1\right)^2 \leqslant \lambda_4, W \succeq 0. \tag{3-19}$$

在模拟数据的实验中, 输入变量 $X = \{S, V\}$ 共有 10 维, 其中包括 5 维变量 $S$ 对预测目标 $Y$ 有因果关联, 以及 5 维变量 $V$ 对预测目标 $Y$ 的关联是虚假关联。加权前和加权后, 各维输入变量 $X = \{S, V\}$ 与预测目标变量 $Y$ 之间的皮尔森相关系数如图 3-15 所示。可以看到在原始数据中, 变量 $V$ 与 $Y$ 有虚假关联。当各维输入变量之间在加权消除关联之后, $V$ 与 $Y$ 之间的虚假关联被消除, 只有变量 $S$ 与 $Y$ 依然还有关联。

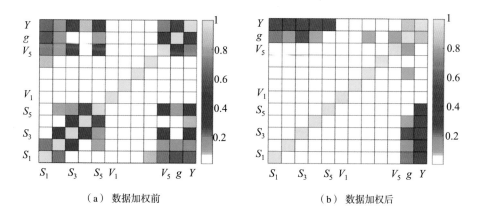

（a）数据加权前　　　　　　　　　（b）数据加权后

图 3-15　数据加权前和加权后, 各维输入变量与预测目标变量 $Y$ 之间的皮尔森相关系数

在基于气象学数据的气温、气压、相对湿度和风速风向等预测空气 $PM_{10}$

污染度情况的实验中。以一个州的数据进行训练，其他州的数据进行测试。由于各州的地理位置及自然环境不同，其输入变量的分布有所差异。分布的差异大小用特征的一阶矩的差表示。如图 3-16 所示，当测试数据的分布与训练数据的分布偏移变大时，Lasso 回归、Ridge 回归等模型的预测结果的均方根误差（RMSE）会明显变大，而图 3-16（b）所示的 DWR 模型（OUR）取得了较小且稳定的均方根误差表现。

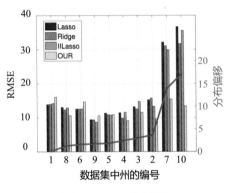 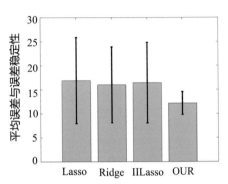

（a）RMSE v.s. 分布偏移          （b）RMSE 的平均值（绿色柱）和波动标准差（黑线）

图 3-16 不同模型用各州数据测试的表现

### 3.3.3 从统计学习角度的解释

线性回归是常用的一种预测建模方式，例如第 7 章中的量化投资多因子模型就是线性回归的一个应用例子。因此，考虑预测目标 $Y$ 从输入变量 $\boldsymbol{X}$ 产生的真实机制是

$$Y = \boldsymbol{X}^\top \overline{\beta}_{1:p} + \overline{\beta}_0 + b(\boldsymbol{X}) + \epsilon, \tag{3-20}$$

式中，$b(\boldsymbol{X})$ 是模型假设错估造成的误差项，并假设它的值是有界的 $b(\boldsymbol{X}) \leqslant \delta$；$p$ 是输入变量 $\boldsymbol{X}$ 的维度；$\epsilon$ 是噪声项。如果线性回归 $Y = \boldsymbol{X}^\top \hat{\beta}_{1:p} + \hat{\beta}_0$ 得到的回归系数 $\hat{\beta}$ 能够准确地估计出 $\overline{\beta}$，那么由于 $b(\boldsymbol{X})$ 的变化范围有限，$Y$ 的预测误差也能控制在 $\delta$ 之内。因此就能够实现稳定学习。

可以证明线性回归得到的回归系数 $\hat{\beta}$ 与 $\overline{\beta}$ 的差的二范数存在上界[83]：

$$\|\hat{\beta} - \overline{\beta}\|_2 \leqslant 2(\delta/\gamma) + \delta, \tag{3-21}$$

式中，$\gamma$ 是 $\boldsymbol{X}$ 的协方差矩阵的最小特征值。当 $\boldsymbol{X}$ 各维之间独立时，$\gamma$ 会增大，从而降低回归系数 $\hat{\beta}$ 误差的上界。因此，从统计学习的角度来看，对输入变

量进行独立性优化，可以降低对真实模型系数的估计误差，保证模型预测的
稳定性。

### 3.3.4　区分性变量去关联的稳定学习

前文介绍的稳定学习方法通过样本重加权的方式，消除了输入变量各维
之间的相关性。但是，在实际场景中，部分变量之间的关联是不随环境变化而
改变的。例如在关于狗的图像分类任务当中，狗的鼻子、耳朵和嘴往往是同
时出现或不出现的，它们作为一个整体决定了分类结果。因此，Differentiated
Variable Decorrelation（DVD）[83] 提出将各维输入变量分为若干组，在计算
样本权重时，只对不同组的变量去除关联。要发掘变量之间关联度的稳定性，
DVD 要求有多个环境下的数据。基于多环境的数据，DVD 先对两两输入变量
之间计算 $\mathrm{Dis}(X_j, X_k)$：

$$\mathrm{Dis}(X_j, X_k) = \sqrt{\frac{1}{M-1} \sum_{l=1}^{M} \left(\mathrm{Corr}(X_j^l, X_k^l) - \mathrm{AveCorr}(X_j, X_k)\right)^2}, \quad (3\text{-}22)$$

式中，$\mathrm{Corr}(X_j^l, X_k^l)$ 代表了 $X_j$ 和 $X_k$ 在第 $l$ 个环境下的皮尔逊相关系数；
$\mathrm{AveCorr}(X_j, X_k)$ 代表了所有环境下 $X_j$ 和 $X_k$ 相关系数的平均值。于是，$\mathrm{Dis}$
$(X_j, X_k)$ 代表了变量 $X_j$ 和 $X_k$ 之间关联程度在不同环境下的变化程度。为每
个变量计算一个向量 $\boldsymbol{F}$：

$$\boldsymbol{F}(X_i) = (\mathrm{Dis}(X_i, X_1), \mathrm{Dis}(X_i, X_2), \cdots, \mathrm{Dis}(X_i, X_n)). \quad (3\text{-}23)$$

关联跨环境稳定不变的变量对应的 $\boldsymbol{F}$ 向量会比较接近。因此按照向量 $\boldsymbol{F}$
对变量进行聚类，处于同一类的变量关联是跨环境稳定不变的，无须去除关
联性。只有不同类之间变量的关联性需要去除。用变量聚类的结果改进 DWR
的样本权重计算过程，权重优化的目标：

$$\min_{\boldsymbol{W}} \sum_{j \neq k} \mathbb{I}(j, k) \sum_{j=1}^{p} \left\| \frac{\boldsymbol{X}_j^\top \Sigma_{\boldsymbol{W}} \boldsymbol{X}_{-j}}{n} - \frac{\boldsymbol{X}_j^\top \boldsymbol{W}}{n} \cdot \frac{\boldsymbol{X}_{-j}^\top \boldsymbol{W}}{n} \right\|_2^2, \quad (3\text{-}24)$$

$$\text{s.t.} \quad \|\boldsymbol{W}\|_2^2 \leqslant \lambda_1, \left(\sum_{i=1}^{n} w_i - 1\right)^2 \leqslant \lambda_2, \boldsymbol{W} \succeq 0, \quad (3\text{-}25)$$

式中，$\mathbb{I}(j, k)$ 代表了聚类结果中 $\boldsymbol{X}_j$ 和 $\boldsymbol{X}_k$ 是否处于同一类。如图 3-17 所示，
相比 DWR，DVD 减少了不必要的变量之间的去关联，因此提升了权重的有效
样本数 $N_{\mathrm{eff}} = \left(\sum_{i=1}^{n} w_i\right)^2 / \left(\sum_{i=1}^{n} w_i^2\right)$，在预测任务上的表现也有所提升。

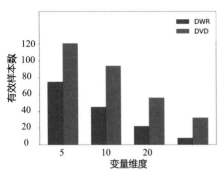
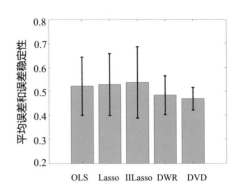

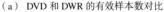

（a） DVD 和 DWR 的有效样本数对比　　　（b） RMSE 的平均值（绿色柱）和波动标准差
（黑线）

图 3-17　DVD 和 DWR 在权重的有效样本数下的对比
以及与关联模型的预测误差 RMSE 的对比

### 3.3.5　与深度神经网络相结合的稳定学习

随着深度学习相关研究的兴起，深度神经网络凭借其强大的建模和预测能力，在计算机视觉、自然语言处理等诸多领域得到了广泛的应用。如何将稳定学习的思想与深度神经网络结合，提升神经网络预测的稳定性是一个值得研究的问题。本小节将介绍 StableNet 在图像分类上的深度稳定学习方法[85]。

当把稳定学习的方法应用到深度模型时，会遇到两个重要挑战。一方面是特征之间复杂的非线性依赖关系比线性依赖关系更加难以度量和消除。另一方面是原始的全局样本加权策略在深度学习场景下对存储量和计算量要求都比较大，往往难以承受。因此，前文提到的全局变量平衡方法变得不太适用。

针对输入特征是连续值，而且相互间呈现非线性依赖关系两个难点，Sta-bleNet 提出采用随机傅里叶特征（Random Fourier Feature，RFF）[90] 将原特征投影至高维空间中去，消除投影后的特征之间的线性相关性，即可实现原特征之间的独立。

具体地，假设两个变量 $\boldsymbol{A}$ 和 $\boldsymbol{B}$ 的互协方差矩阵：

$$\hat{\Sigma}_{AB} = \frac{1}{n}\sum_{i=1}^{n}\left[\left(\boldsymbol{u}(A_i) - \frac{1}{n}\sum_{j=1}^{n}\boldsymbol{u}(A_j)\right)^{\top} \cdot \left(\boldsymbol{v}(B_i) - \frac{1}{n}\sum_{j=1}^{n}\boldsymbol{v}(B_j)\right)\right],$$

$$\boldsymbol{u}(A) = (u_1(A), u_2(A), \cdots, u_{n_A}(A)), u_j(A) \in \mathcal{H}_{\text{RFF}}, \forall j,$$

$$\boldsymbol{v}(B) = (v_1(B), v_2(B), \cdots, v_{n_B}(B)), v_j(B) \in \mathcal{H}_{\text{RFF}}, \forall j.$$

其中，$\mathcal{H}_{\text{RFF}}$ 是 RFF 的函数空间：

$$\mathcal{H}_{\text{RFF}} = \{h : x \to \sqrt{2}\cos(\omega x + \phi)|\omega \sim \mathcal{N}(0,1), \phi \sim \text{Uniform}(0, 2\pi)\}.$$

将变量 $\boldsymbol{A}$ 和 $\boldsymbol{B}$ 之间的关联程度定义为矩阵 $\hat{\Sigma}_{AB}$ 的 Frobenius 范数，即 $I_{AB} = \|\hat{\Sigma}_{AB}\|_{\text{F}}^2$。当 $I_{AB}$ 趋近于 0 时，$\boldsymbol{A}$ 和 $\boldsymbol{B}$ 独立。以此为基础，StableNet 按如下步骤迭代地学习样本权重 $\boldsymbol{W}$、表征网络 $f$ 及预测网络 $g$：

$$
\begin{aligned}
f^{(t+1)}, g^{(t+1)} &= \underset{f,g}{\arg\min} \sum_{i=1}^{n} w_i^{(t)} \mathcal{L}(g(f(\boldsymbol{X}_i)), y_i), \\
\boldsymbol{W}^{(t+1)} &= \underset{\boldsymbol{W} \in \Delta_n}{\arg\min} \sum_{1 \leqslant j < k \leqslant m_z} \left\| \hat{\Sigma}_{\boldsymbol{Z}_{:j}^{(t+1)} \boldsymbol{Z}_{:k}^{(t+1)}; \boldsymbol{w}} \right\|_{\text{F}}^2,
\end{aligned}
\tag{3-26}
$$

式中，$\boldsymbol{Z}^{(t)} = f^{(t)}(\boldsymbol{X})$；$\mathcal{L}$ 是交叉熵损失函数；$t$ 是迭代的轮次。

为了解决深度学习在每轮迭代过程中只能观察到部分样本的问题。StableNet 提出了一种存储、重加载样本特征与样本权重的方法。在每个训练迭代结束之后，将当前步的样本特征和权重与保存的全局样本特征和权重融合再重新保存。在下一个训练迭代开始时重加载，作为训练数据的全局先验知识优化新一轮的样本权重。优化权重的每步如下：

$$
\begin{aligned}
\boldsymbol{Z}_O &= \text{Concat}(\boldsymbol{Z}_{G1}, \boldsymbol{Z}_{G2}, \cdots, \boldsymbol{Z}_{Gk}, \boldsymbol{Z}_L), \\
\boldsymbol{W}_O &= \text{Concat}(\boldsymbol{W}_{G1}, \boldsymbol{W}_{G2}, \cdots, \boldsymbol{W}_{Gk}, \boldsymbol{W}_L),
\end{aligned}
$$

式中，$\boldsymbol{Z}_{G1}, \boldsymbol{Z}_{G2}, \cdots, \boldsymbol{Z}_{Gk}$ 和 $\boldsymbol{W}_{G1}, \boldsymbol{W}_{G2}, \cdots, \boldsymbol{W}_{Gk}$ 分别是全局特征和全局权重，代表了整个数据集的信息；$\boldsymbol{Z}_L$ 和 $\boldsymbol{W}_L$ 分别是当前批次数据的特征和权重。当计算当前批次数据的权重 $\boldsymbol{W}_L$ 时，把 $\boldsymbol{W}_O$ 和 $\boldsymbol{Z}_O$ 带入式 (3-26) 中，只优化 $\boldsymbol{W}_L$ 部分。当前迭代轮次结束后，更新全局特征和全局权重：

$$
\begin{aligned}
\boldsymbol{Z}_{Gi}' &= \alpha_i \boldsymbol{Z}_{Gi} + (1 - \alpha_i) \boldsymbol{Z}_L, \\
\boldsymbol{W}_{Gi}' &= \alpha_i \boldsymbol{W}_{Gi} + (1 - \alpha_i) \boldsymbol{W}_L.
\end{aligned}
$$

StableNet 的整体结构图如图 3-18 所示。输入图片经过卷积网络提取特征之后，分成了两支，上方一支是样本权重学习子网络，下方分支是常规分类的网络。最终训练损失是分类网络预测损失与样本权重的加权求和。

如表 3-1 所示，在 PACS[91] 和 VLCS[92] 等领域泛化（Domain Generalization）[93,94] 的数据集上，StableNet 在属于不同分布的不同领域的数据集上测试的表现明显高于其他方法。

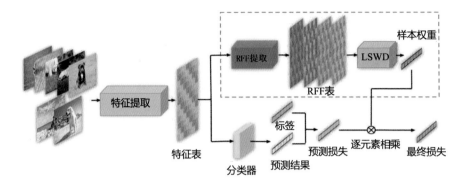

图 3-18 StableNet 的整体结构图

表 3-1 StableNet 在领域泛化实验上的结果

| 结果比较 | PACS | | | | | VLCS | | | | |
|---|---|---|---|---|---|---|---|---|---|---|
| | Art. | Cartoon | Sketch | Photo | Avg. | Caltech | Labelme | Pascal | Sun | Avg. |
| JiGen[95] | 72.76 | 69.21 | 64.90 | 91.24 | 74.53 | 85.20 | 59.73 | 62.64 | 50.59 | 64.54 |
| M-ADA[96] | 61.53 | 68.76 | 58.49 | 83.21 | 68.00 | 70.29 | 55.44 | 49.96 | 37.78 | 53.37 |
| DG-MMLD[97] | 64.25 | 70.31 | 64.16 | 91.64 | 72.59 | 79.76 | 57.93 | 65.25 | 44.61 | 61.89 |
| RSC[98] | 75.72 | 68.50 | 66.10 | 93.93 | 76.06 | 83.82 | 59.92 | 64.49 | 49.08 | 64.33 |
| ResNet-18[99] | 68.41 | 67.32 | 65.75 | 90.22 | 72.93 | 80.02 | 60.21 | 58.33 | 47.59 | 61.54 |
| StableNet | **80.16** | **74.15** | **70.10** | **94.24** | **79.66** | **88.25** | **62.59** | **65.77** | **55.34** | **67.99** |

　　将分类结果关于图片中的各个像素的梯度大小可视化,得到的显著图如图 3-19 所示。亮度越高的像素对分类结果影响越大。从显著图的结果可以发现,StableNet 的关注区域集中于分类物体本身,而 ResNet 模型的关注区

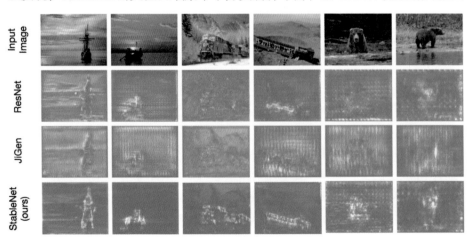

图 3-19 StableNet 和 ResNet-18 模型的显著图

域分布在了背景区域。因此可以认为 StableNet 的预测结果更多的是基于对预测标签有因果关联的特征。

## 3.4 反事实推理

前文提到发掘数据中的因果关系，能够帮助机器学习模型基于不随环境而改变的稳定关联关系进行预测，实现预测的稳定性和可解释性。除此之外，在现实当中，普遍存在人们需要做出干预决策的场景，而这需要人们事先了解不同的干预对结果产生的因果作用。因果推理就是一种能够帮助人们对因果作用进行预测的技术。本小节将简单介绍在潜在结果框架下预测不同干预对结果带来的影响的反事实推理。

### 3.4.1 二值类型干预的反事实推理

在很多种决策场景下，干预可以抽象为一个二值变值。例如，病人服用药物（$T=1$）或不服用药物（$T=0$）。在这种情况下，人们会想要知道一个服用了药物（没有服用药物）的病人如果当时不服用药物（服用了药物），恢复情况会如何，从而得到药物对病人的健康状况的影响，以及帮助类似的病人做更好的治疗安排。

由于随机对照实验数据往往很难获取，所以如何使用大量观测性数据学习模型进行反事实推理和预测成了重要的问题。由于干预分配策略的存在，观测性数据中存在一些变量 $X$ 即混淆变量对结果 $Y$ 有因果作用的同时，也与干预 $T$ 有关联。因此，观测性数据中干预变量 $T$ 与结果变量 $Y$ 之间的关联有一部分来自混淆变量引入的间接关联而非 $T$ 对 $Y$ 的因果作用。根据前文的分析，为了对不同干预下（$T=0$ 和 $T=1$）的结果进行准确的反事实预测，同样需要将混淆变量和干预变量去除关联。

反事实回归方法（Counterfactual Regression，CFR）[100] 借鉴了领域自适应（Domain Adaptation）[101-103] 的思想。如图 3-20 所示，CFR 学习混淆变量 $X$ 的表征 $\Phi(X)$，使得混淆变量表征 $\Phi(X)$ 与干预变量 $T$ 独立，并在混淆变量表征的基础上对结果 $Y$ 进行预测。为了约束表征 $\Phi(X)$ 和干预变量 $T$ 独立，CFR 引入了实验组和对照组的 $\Phi(X)$ 的积分概率度量（Integral Probability Metric，IPM）[104]，作为学习表征时的惩罚项 $\text{IPM}_G(p_\Phi^{t=1}, p_\Phi^{t=0})$。

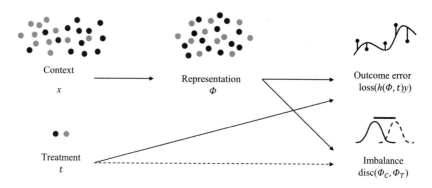

图 3-20　CFR 学习 $X$ 的表征 $\Phi(X)$ 并以其和 $T$ 为输入对 $Y$ 进行预测[105]

---

**积分概率度量（IPM）**

积分概率度量（IPM）是一类刻画分布之间距离的度量。对于两个定义在 $\mathcal{S} \in \mathbb{R}$ 上的分布 $p$ 和 $q$，以及一个关于函数 $g : \mathcal{S} \to \mathbb{R}$ 的函数族 $G$，IPM 的定义为

$$\mathrm{IPM}_G(p, q) := \sup_{g \in G} \left| \int_{\mathcal{S}} g(s)(p(s) - q(s))\mathrm{d}s \right|.$$

当分布 $p$ 和 $q$ 一样时，IPM 为 0。当函数族 $G$ 足够大时，IPM 为 0 也能推出 $p$ 和 $q$ 相等。当 $G$ 取不同的函数族时，$\mathrm{IPM}_G$ 代表了不同的分布距离。例如 $G$ 是 1-李普希兹连续函数族时，$\mathrm{IPM}_G$ 是 Wasserstain 距离[106]。当 $G$ 包含所有范数 1 的再生核希尔伯特空间内的函数时，$\mathrm{IPM}_G$ 是 MMD 距离[107]。

---

CFR 优化的损失函数为

$$\min_{\Phi, h, \|\Phi\|=1} \frac{1}{n} \sum_{i=1}^{n} w_i \cdot \mathcal{L}(h(\Phi(\boldsymbol{x}_i), t_i), y_i) + \lambda \cdot \mathcal{R}(h) +$$

$$\alpha \cdot \mathrm{IPM}_G(\{\Phi(\boldsymbol{x}_i)\}_{i:t_i=0}, \{\Phi(\boldsymbol{x}_i)\}_{i:t_i=1}),$$

式中，$w_i = \frac{t_i}{2u} + \frac{1-t_i}{2(1-u)}$，$u = \frac{1}{n}\sum_{i=1}^{n} t_i$；$\mathcal{R}$ 为模型的复杂度。最终模型 $h(\Phi(X), T)$ 输出了混淆变量 $X$ 的样本在干预 $T$ 下的结果 $Y$。预测个体层面的个体因果效应（Individual Treatment Effect, ITE）为 $h(\Phi(X), 1) - h(\Phi(X), 0)$。在 IHDP 数据集上的表现的部分结果如表 3-2 所示。$\sqrt{\epsilon_{\mathrm{PEHE}}}$ 是关于 ITE 估计的均方根误差，$\epsilon_{\mathrm{ATE}}$ 是 ATE 的误差。

从理论公式推导可以发现，ITE 的估计误差上限包括被观测性数据上的

表 3-2　IHDP 上的实验结果

| 结果比较 | IHDP | |
| --- | --- | --- |
| | $\sqrt{\epsilon_{\text{PEHE}}}$ | $\epsilon_{\text{ATE}}$ |
| TMLE | 5.0 +/- .2 | .30 +/- .01 |
| BART | 2.1 +/- .1 | .23 +/- .01 |
| RAND.FOR. | 4.2 +/- .2 | .73 +/- .05 |
| CAUS.FOR. | 3.8 +/- .2 | .18 +/- .01 |
| BNN | 2.2 +/- .1 | .37 +/- .03 |
| TARNET | .88 +/- .0 | .26 +/- .01 |
| CFR MMD | .73 +/- .0 | .30 +/- .01 |
| CFR WASS | .71 +/- .0 | .25 +/- .01 |

预测损失和实验组/对照组中的表征 $\Phi(\boldsymbol{X})$ 分布距离：

$$\epsilon_{\text{PEHE}}(h, \Phi) \leqslant 2(\epsilon_F^{t=0}(h, \Phi) + \epsilon_F^{t=1}(h, \Phi) + B_\Phi \text{IPM}_G(p_\Phi^{t=0}, p_\Phi^{t=1}) - 2\sigma_Y^2). \quad (3\text{-}27)$$

从式 (3-27) 的结果可以得知，要反事实预测，不仅仅需要优化观测性数据上的预测损失，同时也要消除混淆变量与 $T$ 之间的关联。

### 3.4.2　多维类型干预下的反事实推理

虽然二值的干预变量场景比较常见，但是也无法描述所有的情况。在一些场景中，干预变量无法用一个二值的单变量描述，而是需要抽象为一个高维的向量。例如在一个推荐场景中，展示的若干商品来自一个大的候选池。此时干预变量 $\boldsymbol{T}$ 可以抽象为一个多维的 0/1 向量，其中每维对应候选池的商品，1 表示该商品被选中，0 表示未被选中。在这种多维干预的场景中，干预变量的取值会很多，将样本分为实验组和对照组的方法便不再适用。

在多维干预的场景中，虽然干预的维度可能很高，但是原始的高维干预向量可能是由低维的隐向量产生的[108]。例如，代表选出的商品集合可以由种类、风格等若干因素决定。因此，为了降低混淆变量和干预变量去关联的难度，变分样本权重（Variational Sample Reweighting，VSR）[108] 提出使用 VAE 从原始的干预向量 $\boldsymbol{T}$ 中学习出低维的隐表征 $\boldsymbol{Z}$，并用概率密度比估计[109] 的方法计算出使干预变量隐表征 $\boldsymbol{Z}$ 与混淆变量 $\boldsymbol{X}$ 去关联的权重函数 $W_Z(\boldsymbol{X}, \boldsymbol{Z})$。

**概率密度比估计**

目标：对于定义在同一个空间 $\mathcal{X}$ 的两个分布 $p_1$ 和 $p_2$，计算两个分布的概率密度之比 $\frac{p_1(\boldsymbol{X})}{p_2(\boldsymbol{X})}$。

假设有 $\{\boldsymbol{x}_i\}_{i=1,2,\cdots,n}$ 是从分布 $p_1$ 中采样得到的数据，为其设置标签 $l=0$。$\{\boldsymbol{x}_i'\}_{i=1,2,\cdots,m}$ 是从分布 $p_2$ 中采样的数据，设置标签 $l=1$。根据推导可以得到：

$$\frac{p_1(\boldsymbol{X})}{p_2(\boldsymbol{X})} = \frac{p(\boldsymbol{X}|l=0)}{p(\boldsymbol{X}|l=1)} = \frac{p(l=1)}{p(l=0)} \cdot \frac{p(l=0|\boldsymbol{X})}{p(l=1|\boldsymbol{X})},$$

式中，$\frac{p(l=1)}{p(l=0)} = \frac{m}{n}$ 是容易计算的常数。计算 $\frac{p(l=0|\boldsymbol{X})}{p(l=1|\boldsymbol{X})}$ 可以将两组数据混合之后训练二分类器，用训练完毕后的二分类器的输出 $p(l=0|\boldsymbol{X})$ 和 $p(l=1|\boldsymbol{X})$ 近似。

定义上文中 $p_1$ 为混淆变量与干预隐变量的联合分布，$p_2$ 为混淆变量与干预隐变量独立的联合分布（干预隐变量从 VAE 的先验分布中采样），便可得到将原始联合分布中混淆变量与干预隐变量独立的权重。

根据 VAE 的编码器 $\boldsymbol{T} \to \boldsymbol{Z}$，为观测性数据中的样本得到其干预变量 $\boldsymbol{t}_i$ 对应的隐变量 $\boldsymbol{z}_i \sim p(\boldsymbol{z}|\boldsymbol{t}_i)$，将隐变量和混淆变量去关联的权重 $W_Z(\boldsymbol{x}_i, \boldsymbol{z}_i)$ 转化为样本权重 $w_i$。最终将对干预结果预测的反事实推理模型 $f$ 的损失函数优化为观测性数据上的加权预测损失：

$$\min_f \frac{1}{n} \sum_{i=1}^{n} w_i \cdot \mathcal{L}(f(\boldsymbol{x}_i, \boldsymbol{t}_i), y_i).$$

### 3.4.3 存在未观测混淆变量的反事实推理

前文介绍的反事实推理方法，都建立在了无混淆性假设之上。当存在未观测混淆变量时，无混淆性假设不再成立，反事实推理也会产生偏差。为了消除未观测的混淆变量带来的问题，往往需要借助一些额外的信息，例如工具变量（Instrumental Variable，IV）[110] 或者代理变量（Proxy Variable）[111, 112]。本小节将简单介绍基于代理变量的处理未观测混淆变量的反事实推理方法。

代理变量是一类由混淆变量产生的变量，而在给定混淆变量条件下与干预变量和结果变量条件独立，属于带噪声的混淆变量观测。为了从中恢复出隐藏的混淆变量，因果变分自编码器（Causal Effect Variational AutoEncoder，CEVAE）[112] 提出使用 VAE 学习潜在混淆变量 $\boldsymbol{Z}$、代理变量 $\boldsymbol{X}$，以及干预变量 $T$、结果变量 $Y$ 的潜在产生机制，从而可以从观测到的变量推理出未观测到的混淆变量。CEVAE 的概率图模型如图 3-21 所示，其中变量 $\boldsymbol{X}$、$T$、$Y$ 是可观测到的变量，$\boldsymbol{Z}$ 是未观测变量。CEVAE 的模型包括从观测数据推断未观测混淆变量的部分 $q(\boldsymbol{Z}|\boldsymbol{X}, T, Y)$ 和从混淆变量生成观测到的变量部分 $p(T|\boldsymbol{Z})$、

$p(Y|\boldsymbol{Z},T)$。因此，它为了拟合观测到的数据分布所最大化的目标函数：

$$\mathcal{L} = \sum_{i=1}^{n} \mathbb{E}_{q(\boldsymbol{z}|\boldsymbol{x}_i,t_i,y_i)} \left[ \log p(t_i|\boldsymbol{z}) + \log p(y_i|\boldsymbol{z},t_i) + \log p(\boldsymbol{z}) - \log q(\boldsymbol{z}|\boldsymbol{x}_i,t_i,y_i) \right].$$

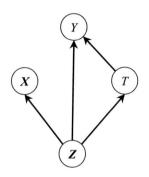

图 3-21　CEVAE 的概率图模型

当对观测性数据以外的样本进行反事实推理时，由于这些样本没有观测到干预变量 $T$ 和结果变量 $Y$，CEVAE 为此增加了两个辅助模型：$q(T|\boldsymbol{X})$ 和 $q(Y|\boldsymbol{X},T)$。最终 CEVAE 的训练目标函数：

$$\max_{p,q} \mathcal{F}_{\mathrm{CEVAE}} = \mathcal{L} + \sum_{i=1}^{n} (\log q(t_i|\boldsymbol{x}_i) + \log q(y_i|t_i,\boldsymbol{x}_i)).$$

对于观测到代理变量 $\boldsymbol{X}$ 的样本，先用 CEVAE 的编码器和两个辅助模型得到潜在混淆变量的后验分布 $q(\boldsymbol{Z}|\boldsymbol{X}) = \int_t \int_y q(\boldsymbol{Z}|t,y,\boldsymbol{X}) q(y|t,\boldsymbol{X}) q(t|\boldsymbol{X}) \mathrm{d}t \mathrm{d}y$，从后验分布中采样出 $\boldsymbol{Z}$，作为对未观测混淆变量的补全。在补全了混淆变量之后，便可以用 CEVAE 解码器 $p(y|\boldsymbol{Z},t)$ 得到反事实预测的结果。

可以观察到，CEVAE 旨在利用隐变量模型从代理变量中恢复出隐藏的混淆变量，而没有处理前文所述的去除混淆变量和干预变量关联的问题。如何在存在未观测混淆变量的框架下将两种技术结合起来，进一步提高反事实推理的能力仍然是有待探索的难题。

## 3.5 小结

本章从现有机器学习模型面临的可解释性和稳定性问题出发，引入并介绍了以发掘数据中的因果关系为切入点的机器学习研究方向——稳定学习。具体地，本章先介绍了因果推理中传统的潜在结果框架，将其应用到二值特征和线性模型场景下的机器学习问题，随后又将其延伸到了连续特征、线性模型的场景及深度学习场景。最后，本章还介绍了反事实推理这一正在兴起的前沿领域，以及若干有代表性的问题场景和方法。

第 4 章

# 基于与或图模型的
# 人机协作解释

朱松纯　张拳石

图模型是理解人工智能模型的一种重要手段。本章将首先介绍与或图模型的定义与结构，接着介绍基于与或图的多路径认知过程，最后讨论如何通过人机协作的交互方式，使图模型的解读过程与人的认知结构对齐，并通过一个应用案例展示人与模型之间的交互解读过程，如图4-1所示。

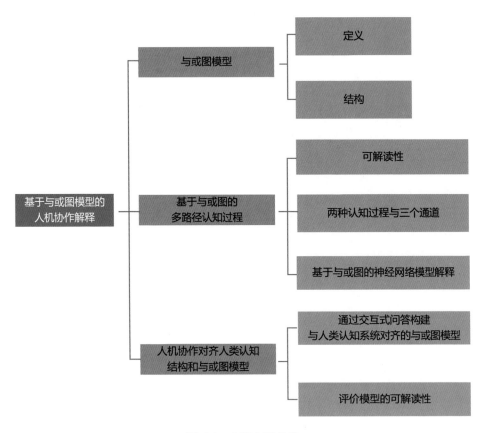

图 4-1　本章内容总览

## 4.1 与或图模型

与或图（And-Or Graph，AOG）模型是一种由节点、边和属性组成的层次结构模型。节点和边构成一个图（Graph），每个节点又有相应的属性。其中，每个节点表示输入图像中的一个区域，例如图 4-2 中的节点表示输入图像中人的身体的各个部位。每个节点还有相应的属性值，例如图 4-2 中右侧所示的基于全身、上半身以及头部区域所建模的性别、年龄等属性。边则表示节点之间的依赖关系，例如图 4-2 中的边表示人体各个部位是怎样连接和构成的。

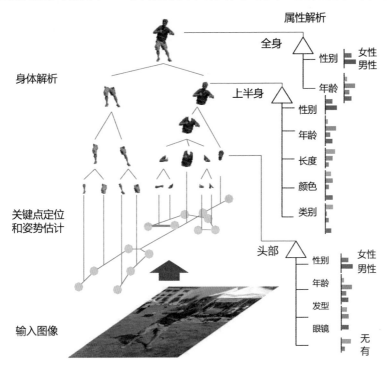

图 4-2　与或图模型对应的解析图[114]

在与或图中，节点分为两类：一类叫"与"节点，另一类叫"或"节点。"与"节点表示物体的组成部分。当且仅当所有子节点被触发时，"与"节点才被触发。以图 4-3 为例，$PO_1$ 节点为一个"与"节点，它表示公鸡的头由不同的部分组成，包括眼睛、嘴和鸡冠，等等。只有当眼睛、嘴和鸡冠这些部分都存在时，才能构成一个完整的公鸡的头。这便是"与"的关系，即 $V_{公鸡头} = (V_{眼睛})\text{AND}(V_{嘴})\text{AND}(V_{鸡冠})\text{AND}\cdots$。

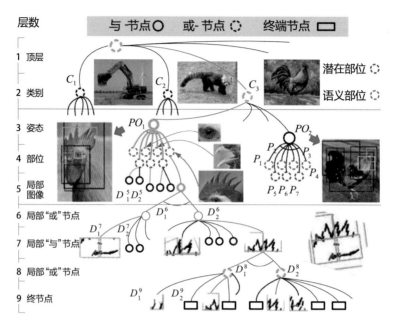

图 4-3　与或图模型示意图[113]

而"或"节点则表示某个组成部分的不同选项。只要任意一个子节点被触发，这个"或"节点就被触发。以图 4-3 为例，$PO_1$ 节点下方的红色虚线圆圈均为"或"节点，它们分别表示公鸡的眼睛可能有不同的种类，嘴可能有不同的种类，鸡冠也可能有不同的种类。任意一种形状或姿态的鸡冠，都可以构成鸡冠，这便是"或"的关系。即 $V_{鸡冠} = (V_{形状\,1\,的鸡冠})\ \mathrm{OR}\ (V_{形状\,2\,的鸡冠})\ \mathrm{OR}\ (V_{形状\,3\,的鸡冠})\ \mathrm{OR}\cdots。$

与或图模型可以用于表达智能体模型的认知结构，比如，图 4-4 是一个与

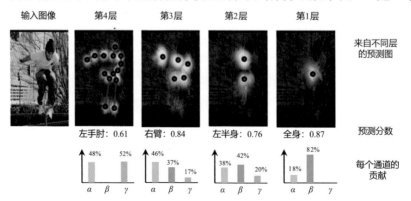

图 4-4　与或图模型在姿态检测中的应用[115]

或图模型在姿态检测中的应用。

　　利用模型中抽取出的与或图，可以利用不同层的节点对图像中人的姿态做预测，例如图中第 4 层基于人的左手肘得到的预测分数是 0.61，图中第 1 层基于人的全身得到的预测分数是 0.87（详见 4.2 节）。

## 4.2　基于与或图的多路径认知过程

　　在现实场景中，人们对同一个对象，往往存在不同的认知过程。以抽象画的解读过程为例，图 4-5 是保罗·塞尚的《圣维克多山》，外行人欣赏这幅画很困难，就像解谜一样，要一点一点去理解：先看到下方黄绿色的树林，上方蓝色的天空，再逐渐看出中间隐约透出山峰的轮廓。因为对树林和天空有比较肯定的认知，再结合"天苍苍，野茫茫"的经验，所以能够确认原本模糊的山峰轮廓。但是，这样的认知过程并不是唯一的，对每个人来说也不是千篇一律的。抽象画的艺术韵味就在这里，将图中的信息减少，不让人一眼看穿，而是赋予欣赏者自行理解画中含义的空间和自由。

图 4-5　《圣维克多山》

　　再对比图 4-6 中左右两幅图的认知过程：从图 4-6（b）的原始图像很容易看出是一艘船停靠在海边，但是具体的推理过程却不明确。反之，如果只看图 4-6（a）的抽象图，人们很难看出图片下方的红色部分是什么物体，但能看出黄色的塔、浅蓝色的天空、白色的湖泊，结合过往的经验，就会猜测下方的红色部分是湖边停泊的船只。这样可以推断出人们对图片的认知过程，是从对图片上部的认知逐步延伸到对图片下部的判断，并最终汇总成为对整张图片的全局把握。

　　依此类推，人们对图 4-7（a）所示的油画的认知路径，可以用如图 4-7

（b）所示的一个图模型表示，其中数字1、2、3表示了认知的步骤。从图中可以得知，首先看到了船帆，然后看到了帆船，之后看到了帆船上的旗、桅杆、旁边的浪花等，这也是一种认知的过程。

（a）抽象图　　　　　　　　　　　　　　　（b）原始图像

图 4-6　对一张图的解读过程

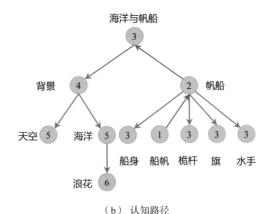

（a）油画　　　　　　　　　　　　　　　（b）认知路径

图 4-7　对油画的图模型解释

从上面的几个例子可以看出，人对事物的认知过程和方式既受客观事物的影响，也受主观因素的影响。因此，每个人对事物的认知过程并不是完全相同的。图 4-3 中的绿色线条，表示的是一个与或图模型对应的**解析图**（Parse Graph），它可以表示对原本图像的一种认知过程。按照人们的认知习惯，对一件事物的解读过程和认知方式通常有如下两种顺序：

- 自底向上（bottom-up）：当识别图中的一只公鸡时，可能先检测到鸡冠边缘的信息，这些局部信息组成鸡冠的形状，鸡冠和鸡的眼睛、嘴等部位组成这只公鸡的头部，头部再和身体的其他部位构成这只公鸡的整体形状。值得一提的是，神经网络的推断过程往往也是这样一种自底向上的检测过程。

- 自顶向下（top-down）：在这种模式中，当看到这张图像时，会先注意到图中有一只公鸡，再主动去关注这只公鸡的头部，找到头部之后，再进一步观察鸡冠等部位的局部信息。

为了使与或图能够建模上述两种认知过程，在与或图中定义了三种相应的解释通道。

---

**与或图中的解释通道**

$\alpha$ 通道：利用该节点自身的信息检测该节点的类别。

$\beta$ 通道：自底向上，利用该节点的子节点解释该节点。

$\gamma$ 通道：自顶向下，利用该节点的父节点解释该节点。

应用实例：图 4-8 展示了如何利用与或图解释一张图中是否包含人脸。将这张图放进与或图模型来看，得到图 4-8（b）所示的解析图。$\alpha$ 通道为这个节点本身的检测结果，即利用该节点本身的信息检测该节点的类别，比如该节点为人脸、肩膀和五官等的概率；$\beta$ 通道是一个自底而上的通道，通过检测这个节点的子节点解释这个节点，例如能通过检测到的人脸的五官解释该节点是一张人脸，对应图中蓝线的走向；$\gamma$ 通道是一个自顶而下的过程，即通过检测这个节点的父节点解释这个节点，例如能通过人的上半身的整体信息确定这个节点是一张人脸，对应图中绿线的走向。

---

在与或图模型中，每个节点都有三个通道，基于这些通道，也能够在与或图中实现自顶向下或自底向上的解读。一方面，在与或图中通过不断地向下"追问"，直到无法解释，即可得到可解释的原子（x-atom）。例如，判断一张图为人脸，是通过眼睛、鼻子、嘴和耳朵等五官确定的，眼睛又是通过眼睫毛、瞳孔等信息得出的。但眼睫毛和瞳孔的特征无法再继续往下分解，因此眼睫毛和瞳孔便是可解释的原子[①]。另一方面，如果不断地向上"追问"每个节点的父节点，也就是探索为什么这么做，进行解释，追问到最后便是动机与价值观，这也是可解释的原子。也就是说，每个节点在 $\beta$ 通道、$\gamma$ 通道两个方向上都存在无法分解的可解释的原子。

---

[①] 注意，在神经网络模型中，可解释的原子代表特征。有了这个特征，神经网络将其识别为人脸的分数便会高，如图 4-4 所示。

（a）

（b）

图 4-8　与或图模型解释示意图

以图 4-2 为例，通过 $\beta$ 通道，可以自底向上地从人的四肢、躯干、上半身、下半身逐步辨认出人的整体姿势。在了解人的整体信息之后，如果想了解一些细节信息，例如他穿的鞋的样式和品牌，那么就需要通过 $\gamma$ 通道自顶向下地寻找和追问，直到定位到鞋的局部特征。最后，还需要通过 $\alpha$ 通道，从鞋自身的特征判断它的样式和品牌。

对于一个与或图中的一个节点 $v$，在 $\alpha$ 通道上推断时，将节点 $v$ 自身对应的图像区域 $I_{\Lambda_v}$ 作为输入，通过一个模型 $f_v^\alpha(\cdot)$ 得到输出 $f_v^\alpha(I_{\Lambda_v})$。类似地，

在 $\beta$ 通道，将节点 $v$ 的所有子节点对应的图像区域 $I_{\text{ch}(v)}$ 作为输入，得到 $\beta$ 通道上的输出 $f_v^\beta(I_{\text{ch}(v)})$；在 $\gamma$ 通道上，将 $v$ 的所有父节点对应的图像区域 $I_{\text{pr}(v)}$ 作为输入，得到 $\gamma$ 通道上的输出 $f_v^\gamma(I_{\text{pr}(v)})$。基于以上三个通道，节点 $v$ 上的总预测分数为

$$\theta_v^\alpha \cdot f_v^\alpha(I_{\Lambda_v}) + \theta_v^\beta \cdot f_v^\beta(I_{\text{ch}(v)}) + \theta_v^\gamma \cdot f_v^\gamma(I_{\text{pr}(v)}), \tag{4-1}$$

式中，$\theta_v^\alpha$、$\theta_v^\beta$、$\theta_v^\gamma$ 分别表示与或图模型中学习到的不同通道的权重。进一步地，可以通过下列公式量化每个通道对于节点 $v$ 的预测的贡献度[115]（以 $\alpha$ 通道为例）：

$$C_v^\alpha = \frac{\theta_v^\alpha \cdot f_v^\alpha(I_{\Lambda_v})}{\theta_v^\alpha \cdot f_v^\alpha(I_{\Lambda_v}) + \theta_v^\beta \cdot f_v^\beta(I_{\text{ch}(v)}) + \theta_v^\gamma \cdot f_v^\gamma(I_{\text{pr}(v)})}. \tag{4-2}$$

但不是所有的节点都有 $\beta$ 通道和 $\gamma$ 通道。如图 4-4 所示的第 4 层，左手肘有 48% 的得分是从 $\alpha$ 通道得到的，而且其没有子节点，因为 $\beta$ 通道的贡献为 0；在图 4-4 的第 1 层，身体的得分有 82% 是从 $\beta$ 通道得来的，而且其没有父节点，因为 $\gamma$ 通道的贡献为 0。

基于与或图的神经网络模型解释：对神经网络的解释往往也可以表示成一个层次化的与或图模型。但是一般地，神经网络的中层特征表达往往是一个多对多的混合模型，因此如何从相对混乱的神经网络特征表达中解构出相对清晰的概念特征，并解构出它的层次化图模型结构，也是可解释性中不可忽略的部分。在卷积神经网络中，一个卷积核往往建模多种不同的特征，乍一看并无特别的规律。比如，当给定鸟类图像时，该卷积核有时被鸟头触发，有时被鸟身触发，有时被鸟脚触发，有时甚至被背景触发。但是，可以针对此预训练的神经网络，构造出一个解释性图模型，将神经网络的中层特征进一步解构为物体相互关联的组成部分特征[116-118]，如图 4-9 所示。这里，解释性图模型中每个节点表示一个特定的物体组成部分，而每条边表示各个组成部分间的从属关系和空间关系。

## 4.3　人机协作对齐人类认知结构和与或图模型

按照图 1-4 所示基于人机沟通的可解释人工智能范式，可以认为对人工智能模型的解释过程是，将人工智能模型对应的与或图模型，与人脑中的认知图结构进行对齐的一种人机协作过程。

一方面，人的认知结构可以表达为一种"先验"的认知图模型，如图 4-10（a）所示。正如前文所提到的，人的认知一般是自顶向下的，如从一只公鸡的

整体概念，逐步向下细化到局部特征，这样的认知结构可以很自然地和图 4-10
（b）的与或图模型对应起来，因此可以通过使模型所构建的与或图和人类的
认知结构对齐，从而将模型的决策逻辑转化为人类可理解的层次结构。当通
过人机多轮交互式沟通不断调整与或图，并最终与人类的认知结构对齐时，就
达到了取信于人的目的。

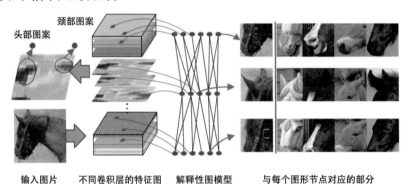

图 4-9　解释性图模型[116–118]

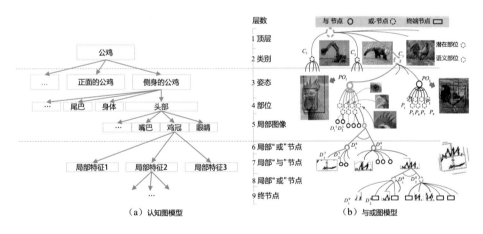

图 4-10　人的认知图结构和与或图模型对齐

### 4.3.1　通过交互式问答构建与人类认知系统对齐的与或图模型

　　虽然人工智能模型往往有较高的正确率，但是模型的预测结果是否来源
于可信任的特征？如图 4-11 所示，神经网络可以正确地辨别人是否涂抹口红，
但是并不意味着神经网络真正利用嘴巴上的特征进行分类判断，相反，神经
网络可能利用一些与涂抹口红有弱相关性的特征（如是否描眉，是否扑粉，是
否长发等）[119]。在一般情况下，弱相关特征的使用并无不可，但是考虑到数

据集可能的有偏性，在自动驾驶、智能金融和医疗诊断等特殊应用场景中，如
果不仔细检查弱相关特征的可靠性，无疑会大大降低模型的安全性[119]。

图 4-11　神经网络使用弱相关特征会降低可靠性[120]

　　人工智能模型的预测结果是否来源于可靠特征，我们可以提取出一个人
工智能模型潜在的图模型结构，构建一个可解释的与或图，并评测这个与或
图是否与人类的认知结构一致。基于从人工智能模型中解构出的可解释性图
模型，我们可以通过基于极少量样本的交互式问答的方式，构建可解释的与或
图（And-Or Graph）模型[121, 122]，使它与人的认知结构一致。就像人类通过符
号化的语言来传达知识，基于交互问答的模型，学习直接与预训练的人工智能
模型在可解释性图模型中符号化的中层概念层面进行交流，利用少量的样本
标注，将人类的语义概念与从模型中自动解构出的中层表征进行关联。例如，
图 4-12 中的模型通过向人类用户询问图像中物体的类别、姿态及定位，从用
户的答案中细化对图像的认知，从而构建层次化的与或图模型表达。

## 4.3.2　评价模型的可解读性："气泡游戏"实验

　　上一节介绍了如何通过交互式问答使某个人工智能模型的与或图结构与
人的认知结构对齐。本节通过"气泡游戏"（Bubble Game）实验，进一步介绍
如何评测模型的知识表达与人的认知结构的匹配程度，即评价该模型的可解
读性。

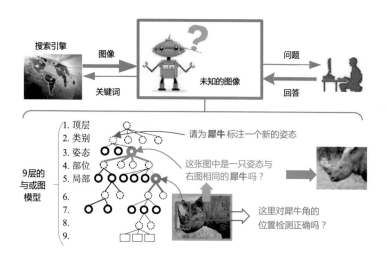

图 4-12 通过交互式问答方式创建可解释的与或图模型[114]

## 气泡游戏[16]

定义：机器依据对输入图像的解析，以"气泡"的形式向人类提供视觉解释。

应用示例：在这个任务中，机器（A）的输入是一张清晰的图片，而用户（B）只能看到一张严重模糊的同一张图片，这时用户就要猜测看到的具体是什么东西。为了完成用户对图片的识别任务，用户需要向机器提问与这张图片相关的问题，并从机器的回答中推断结果。用户与机器之间的交互过程如下：

- 用户就图像中的物体及其部件向机器提出相关问题。
- 机器依据对清晰图像的解析，向用户提供视觉解释。这些解释是在模糊图像的基础上以"气泡"的形式呈现的清晰图的内容，如图 4-13 所示的 $I_1$、$I_2$、$I_3$。
- 用户试图根据得到的回答做推断，如果当前获得的信息仍不足以做出推断，则继续向机器提问。
- 当机器提供的解读信息足以使用户做出推断结果时，游戏停止。

解读过程示例：在游戏过程中，机器生成气泡的解读过程如图 4-14 所示。机器首先对给定的清晰图像进行解读，得到一张解析图，再依据解释内容、解释行为、解释注意和解释话语，将气泡层次化的表达组织起来，得到不同尺度、不同位置的"气泡特征"。其中，较小的气泡对应很小的范围，只包含细节的信息，特征比较清晰；较大的气泡往往表示范围较大的特征，包含更大的范围，但也更模糊。

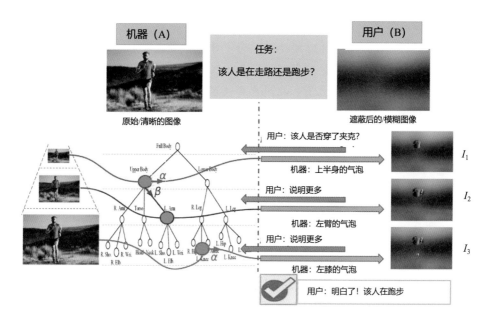

图 4-13　基于与或图的气泡游戏

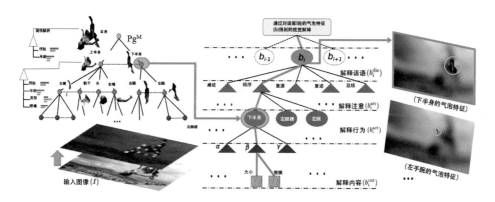

图 4-14　机器生成气泡的解读过程

　　游戏开始后，机器收到用户的问题，依据问题找到所有气泡特征中最重要的特征并反馈给用户。如果这时用户能够从机器提供的特征中推断出任务的答案，说明机器与用户对同一个问题的解读是一致的。例如，用户想知道图中的人是否穿夹克时，机器提供了图像中人物的上半身特征，表明用户和机器在理解"穿夹克"这一问题时，关注的都是人的上半身。相反，如果机器提供给用户一个头部的特征，导致用户无法完成任务，则说明机器对"人是否穿夹克"的解读与用户不同。

评价机器（模型）的可解读性：为了评价机器是否基于正确的特征进行预测，需要评价机器的可解读性，量化机器的知识表达与人的认知结构的匹配程度。给定一个机器，在用户和机器做多次气泡游戏后，可以通过如下指标评价机器与人类认知的匹配程度：

$$\text{misalignment} = \frac{1}{N_{\text{game}}} \sum_{i=1}^{N_{\text{game}}} N_{\text{bubble}}^{(i)} \tag{4-3}$$

式中，$N_{\text{game}}$ 表示游戏进行的次数；$N_{\text{bubble}}^{(i)}$ 表示第 $i$ 次游戏中机器的解读步数，即在游戏中给出的气泡的数量；misalignment 表示每次游戏中机器平均需要多少步才能让用户给出正确答案。

在气泡游戏中，如果机器提供的第一个特征不足以使用户完成任务，那么它将按照它所认为的特征重要性，依次给出后续特征。这个过程使得机器能够根据自己的解析结果和人提出的问题，推断用户正在观看图像的哪部分内容，从而选择出最优的视觉解释。当机器能够通过很少的介绍使用户得到答案，即 misalignment 较小时，说明机器能够较好地解读用户的认知，也就是说，机器与用户的认知是对齐的。而当模型需要通过很多步的解读才能使用户得到正确答案，即 misalignment 较大时，说明模型不能很好地解读用户的认知。因此，可以通过模型解读的步骤数量来衡量模型是否与用户的认知结构对齐。

### 4.3.3 模型通过主动建模用户认知提升可解读性

在根本上，对一个事物的解释，首先要回答两个问题：为什么要解释它？需要得到什么样的解释？对不同的事物和问题来说，需要的解释是不同的。比如，给定一张斑马的图像，对于"这张图为什么是斑马"的问题，需要的解释是斑马与其他动物的区别；而对于"这只马为什么是斑马"的问题，需要的解释则是"斑马"与普通的马的区别。

在本质上，人工智能模型、用户及需要解释的事物之间构成了一种三元关系。基于这种三元关系，可以建立人工智能模型与用户之间的认知模型。文

献 [123] 将其归纳为一个结构性的思维表征模型，即图 4-15 所示的"五心模型"。

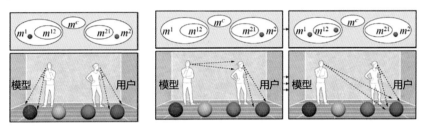

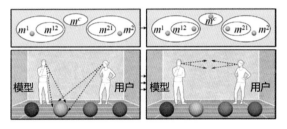

图 **4-15**　模型与用户的认知之间的"五心"模型

"五心模型"包括以下五个成分：

- $m^1$：模型的一阶自我认知状态，即模型自己掌握的信息；
- $m^2$：用户的一阶自我认知状态，即用户自身拥有的先验知识；
- $m^{12}$：模型对用户认知的二阶估计状态，即模型对用户认知的估计和推理；
- $m^{21}$：用户对模型认知的二阶估计状态，即用户从模型的解释中，得到的认知信息；
- $m^c$：模型和用户之间的共同认知，即模型与用户共有的信息。

其中，$m^1$ 和 $m^2$ 表示的一阶自我认知状态，是模型与用户各自独立学习和拥有的。$m^{12}$ 和 $m^{21}$ 的学习，则需要模型与用户之间的互动与交流。在模型与用户的对话交流中，模型从用户的提问中动态地学习和更新 $m^{12}$，用户从模型的解释和回答中更新 $m^{21}$。同样地，$m^c$ 也是在对话与交流中动态构建的。

4.3.2 节中的"气泡游戏"实验可以认为是对"五心模型"的一种简化，只包含 $m^1$、$m^2$、$m^{12}$ 和 $m^{21}$。$m^1$ 表示模型自身从输入图像中学到的信息，$m^2$ 表示用户认知中对人体姿态的一些先验。为了向用户提供有效的解释，模型需要在问答过程中建模用户的认知，即建模 $m^{12}$ 中的信息，学习用户知道什么、不知道什么，再相应地提供更多的解释。用户从模型的"气泡"解释中获取信息, 构建 $m^{21}$, 从而完成人体姿态的识别任务。这种学习方式使模型可以通过用户的反馈自动地建模用户的认知, 并相应地给出解释, 从而提高模型的可解读性。

## 4.4 小结

    本章主要介绍了如何通过与或图模型实现人机协作的解释, 从而保证模型与人类认知结构的一致性。本章介绍了与或图模型的定义与基本结构, 以及与或图模型中的三种认知路径。利用与或图模型, 研究者可以通过交流式学习, 使模型与人类的认知结构对齐, 从而提升模型的可解释性, 推动模型可解释性的发展, 增强模型的可信度和可靠性, 从而更好地服务于人类。

第 5 章

# 对深度神经网络的解释

张拳石　周博磊　朱占星　林洲汉　沈驿康

对深度神经网络的可解释性研究主要分为"对神经网络的事后解释"和对"可解释的神经网络"本身的内容。前者指的是在一个神经网络训练结束后，通过各种方法从不同的角度对神经网络进行解释。后者是研究以可解释性为学习目标的神经网络，旨在从端到端的训练中直接学习可解释的表征。本章内容包括对神经网络特征的可视化、输入单元的重要性的量化与分析、对神经网络博弈交互的解释、对神经网络特征质量的解构、解释和可视化、对表达结构的解释等内容。本章内容如图 5-1 所示。

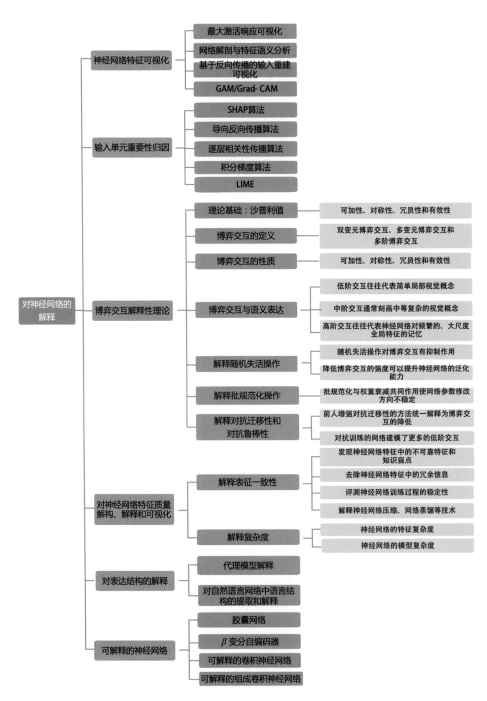

图 5-1　本章内容总览

过去十年，深度神经网络的繁荣发展促使图像分类、目标检测、自然语言处理和语音识别等众多领域取得了突破性的进展。然而，随着模型的复杂度增加，在准确性提升的繁荣现象的背后，却有着挥之不去的阴影——神经网络本质仍是个"黑盒"，其背后的决策机理仍未可知。这一缺陷是致命的，尤其对于金融、医疗、公共安全和国防等领域而言，"知其然而不知其所以然"，导致人类决策者无法信任神经网络的结果。因此，需要研究可解释方法来提升深度神经网络的可解释性，这是决定深度学习未来能走多远的一个重要因素。

## 5.1　神经网络特征可视化

深度神经网络作为目前最好的机器学习模型，被广泛应用到如计算机视觉、语音识别及自然语言处理等人工智能的各个领域之中。神经网络的模型参数通常高达百万级，例如，一个常见的 50 层的深度残差网络（ResNet50）包含大概 2300 万个可训练的参数；另一方面，训练神经网络的数据库也通常包含数百万份数据样本。通过这样海量数据训练出的包含海量参数的神经网络，往往被当成黑盒使用。近几年，研究者尝试通过可视化网络内部特征的方法打开模型黑盒和理解网络内部所学习到的知识。本小节将基于图像识别中常见的卷积神经网络，简要介绍深度神经网络特征可视化的几种常见方法。

### 5.1.1　最大激活响应可视化

对于图像识别中常见的卷积神经网络，每层网络结构的基本单元是由卷积核组成的。卷积核在有些文献中也被称为人工神经网络的神经元。目前，大部分的特征可视化工作都是在可视化这些卷积核。对于常见的 AlexNet 或者 VGG 卷积网络，每层大概包含几百个卷积核。当输入图片内容不同时，每个卷积核产生的特征激活图也不同。不同卷积核的激活强度、激活特性，以及感受野也各不相同。之前的文献 [124, 125] 分析表明，网络中由浅到深，不同层的卷积核对图片局部内容的选择性存在差异，每个卷积核都可以被当成具有语义的检测器来进行分析。最大激活响应可视化（Visualization of the Maximum Activation Regions）方法的原理便是，基于卷积核对不同输入图片产生不同的激活，对输入的批量图片按照它们的激活强度从大到小排序，从而找到这个卷积核对应的最大激活的图片样本。这种通过数据驱动寻找最大激活图片样本的可视化方法称为最大激活响应可视化方法。

具体来说，该方法分以下几个步骤。第一步，准备一个包含几千张图片的数据集。这个数据集的图片需要跟网络的训练集中的图片类似，可以使用验

证集或者测试集中的图片，但是不应该包含训练集中的图片。第二步，把所有
图片分批次送入卷积神经网络中，记录对应的卷积核的激活响应图。例如，对
应于 5000 张 256 像素 × 256 像素的输入图片，在 AlexNet 的 Conv5 层的某个
卷积核中，可以记录到 $5000 \times 8 \times 8$ 的激活响应图。这里每张图片对应一个 $8 \times 8$ 的激活响应图，可以进一步取 $8 \times 8$ 的激活强度图中最大的激活值，作为
这张图片的最大激活值。第三步，对 5000 张图片的最大激活值从大到小进行
排序，这样可以得到对于这个卷积核激活响应最大的前几张图片，这些图片
即代表了使得该卷积核产生最大响应的输入图片样本。第四步，为了更进一
步可视化出图片之中具体的最大响应区域，可以把 $8 \times 8$ 的激活强度图上采
样到图片大小，然后根据强度二值化分割对应的图片。图 5-2 展示了在 Places
场景分类数据库上训练出的 AlexNet 网络的 Conv5 层的四个卷积核对应的最
大激活响应可视化结果，每个卷积核对应的 5 张最大激活图片输入。

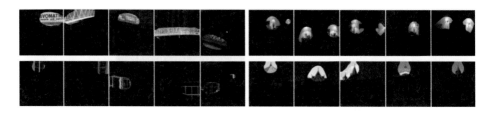

图 5-2　四个卷积核对应的最大激活响应可视化结果

　　最大激活响应可视化方法可以通过数据驱动的方法快捷地可视化神经网
络里每个卷积核学习到的关于图片输入的特征。一个观察是，随着网络层数
的增加，卷积核对应的语义变得越来越具体，比如低层的卷积核主要在检测
纹理、边缘、颜色等概念，高层的卷积核已经可以检测具体的物体概念，如台
灯和三角楼顶。文献 [125] 展示了在负责场景识别的卷积神经网络表征内部自
发地出现了各种各样的物体检测器，如图 5-3 所示。其中，每个卷积核的标签
是通过众包标定得来的。我们可以进一步通过人为标定这些可视化图片来得
到每个卷积核的语义标签。

### 5.1.2　网络解剖与特征语义分析

　　最大激活响应可视化的方法虽然简单，但存在一个缺陷是无法自动标定
出每个卷积核对应的语义概念，并且无法量化检测该概念的准确度。为了更
进一步量化卷积核的语义感受野特性和可解释性，文献 [126] 提出了一个叫作
"网络解剖（Network Dissection）"的方法。

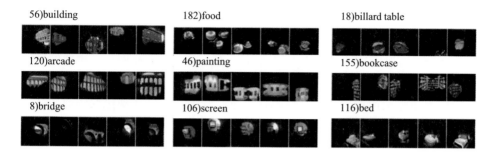

56)building 182)food 18)billard table

120)arcade 46)painting 155)bookcase

8)bridge 106)screen 116)bed

图 5-3 场景识别卷积网络内部自发出现的物体检测器[125]

　　网络解剖方法整合了计算机视觉领域里像素级别标定的多个图片数据库，如 ADE20K、Open Surfaces、Pascal-Context 等，统一叫作 Broden 测试集。Broden 测试集中的每张图片都有像素级别的精准标注，总共包括大约 1300 种语义概念，从颜色、纹理到物体和场景，应有尽有。网络解剖方法可以自动标定给定卷积网络某层的所有卷积核并计算它们的可解释性。与最大激活响应可视化方法类似，网络解剖方法会将 Broden 测试集中的每张图片作为输入给予这个卷积神经网络，然后记录每个卷积核对应的激活响应图。由于每张输入图片都是具有像素标定的语义概念，我们可以计算利用卷积核分割每种语义的准确度。如图 5-4 所示，在网络解剖方法的处理过程中，卷积核的激活响应图首先被上采样得到图片大小，设定阈值过后可以得到激活二值图，然后利用二值图分割输入图片对应的像素标定图。通过累计所有图片的语义分割结果，可以得到每个卷积核在所有 1300 多种语义概念上的分割准确度。我们用交并比（Intersection over Union，IoU）值来衡量准确度，它可计算分割出的图片区域和标定图片区域的重合度。通过 IoU 排序语义，可以得到卷积核最准确对应的语义概念。值得注意的是，这里并不是所有卷积核都对应有准确语义，该

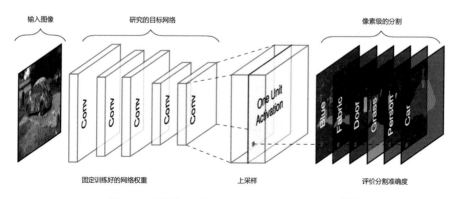

图 5-4 网络解剖（Network Dissection）方法[126]

方法设定只有最大 IoU 大于 0.04 的卷积核才具有语义可解释性。图 5-5 展示出了场景识别卷积神经网络 Places-AlexNet 的 Conv5 层检测到的具有语义可解释性的卷积核。图中上半部分是 8 个具有高语义可解释性的卷积核，每个例子包含该卷积核对应的语义标签、IoU 值及最大激活响应图片。下半部分是该层所有语义可解释性卷积核的统计结果，其中包含了从物体到纹理的各种可解释性卷积核。

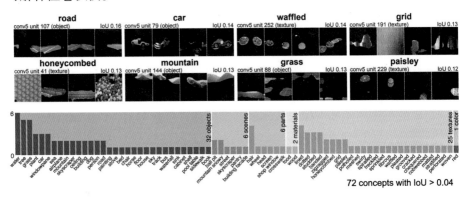

图 5-5　场景识别卷积神经网络 **Places-AlexNet** 的 **Conv5** 层
检测到的具有语义可解释性的卷积核[126]

　　网络解剖方法进一步被应用到分层的语义可解释性分析及量化比较不同网络可解释性的实验之中，感兴趣的读者请参见文献 [126]。

### 5.1.3　基于反向传播的输入重建可视化

　　前面两种可视化方法都是通过排序具体的输入图片样本来可视化网络特征的。接下来要介绍的这种方法是基于反向传播的输入重建可视化[127] 的。该方法基于优化的办法，给定某个优化目标，比如说优化增大某层卷积核的激活强度或者最后分类层的预测输出值，然后通过反向传播（back-propagation）来迭代更新输入图片，达到优化目标的目的。

　　如图 5-6（a）所示的优化过程，优化前输入图片是随机噪声，随着优化的进行，输入图片被迭代更新，逐渐呈现出与优化目标对应的纹理。图 5-6（c）展示的是分别优化四个中间层卷积核激活的结果。为了方便对比，图 5-6（b）也展示了该卷积核对应的最大激活图片样本。可以看出，输入重建可视化方法可以大致生成卷积核对应的语义概念，方便我们分析网络内部学习到的知识。另外，该方法还被用于图片编辑等场景：当输入不是随机噪声图片，而是一张特定图片时，通过反向传播优化该图片，可以改变图片的局部语义内容。

图 5-6（d）展示了谷歌 DeepDream 的图片编辑结果，其大致做法便是通过反向传播更改蓝天白云的输入图片，使得图片局部出现了一些有趣的动物。

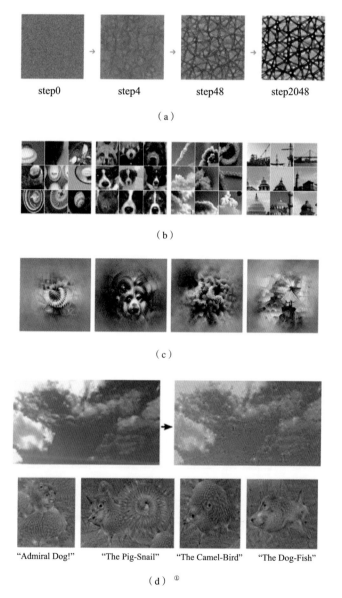

图 5-6　基于反向传播的输入重建可视化方法[127]（图例获 CC-BY 4.0 授权复印）

---

① Google Blog. Inceptionism: Going Deeper into Neural Networks.（Creative Commons Attribution 4.0 International License）https://ai.googleblog.com/2015/06/inceptionism-going-deeper-into-neural.html.

### 5.1.4 CAM/Grad-CAM

　　类别激活映射（Class Activation Mapping，CAM）方法[128] 是一种常见的图片分类归因方法。该方法可以高亮输入图片里与预测结果最相关的区域，方便人们进行预测结果归因。图 5-7（a）展示了 CAM 方法的示意图。该方法从分类输出层与前一层的卷积层之间的线性关系出发，利用两者之间的整体平均池化操作，把与预测结果类别相关的权重与卷积层的激活图线性叠加，从而得到了预测结果激活图，高亮输入图片中最相关的内容。如图 5-7（b）所示，图片上方是分类网络的预测结果，图片下方是 CAM 方法所产生的高亮结果，其定位出了每张图片中与预测结果最相关的蘑菇和企鹅的图片区域。CAM 方法简单有效，被广泛用于图片分类的归因之中，该方法也被用于弱监督物体定位等具体应用。

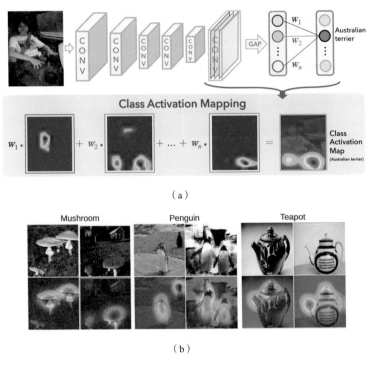

图 5-7　CAM 方法的示意图和结果[128]

　　随后，文献 [129] 对 CAM 方法进行了推广，提出了叫作 Grad-CAM 的衍生方法。Grad-CAM 可以用于更复杂的基于图片标语生成和图片问答的深度模型的归因之中。Grad-CAM 利用反向传播，跨越图片标语生成和图片问答模型中后部的 LSTM 等模型，然后将反向传播到图片网络的卷积层的信号作为权重，来线性叠加图片特征卷积层，从而生成高亮图，具体过程与 CAM 方法类似，这里不再赘述。

## 5.2 输入单元重要性归因

在神经网络的事后解释中，有一大类可解释性方法是计算输入中各个单元的重要性（Importance）。

---

**重要性**

重要性能够反映该输入单元对于神经网络的影响大小，重要性越高，表明影响越大。为输入单元的重要性进行量化和分析，能够帮助人们理解是哪些输入变量促使神经网络得到了当前的结果，从而对神经网络的特征建模有一个初步的认识。

---

**注**

需要注意的是，在某些研究中，人们会使用归因值（Attribution）或显著性（Saliency）描述某个输入单元对神经网络的影响，而重要性、归因值和显著性的含义非常相似，因此。本书将统一采用重要性这一说法。

---

例如，给定一个训练好的、用于图片分类的神经网络及一张图片，此类可解释性方法会根据图片中的每个输入像素对神经网络输出的影响大小，量化该像素的重要性。特别地，对于第 $i$ 个输入单元，本书用 $\phi(i)$ 表示其重要性的值。图 5-8 给出了此类可解释性方法的一个应用案例，某位申请人希望申请一笔贷款，他的个人信息会输入神经网络中，神经网络给出了允许放贷的输出，如果想要知道神经网络为什么会做出这样的判断，就需要通过可解释性方法计算输入单元的重要性。可以看到，对于该神经网络而言，收入水平与贷款额

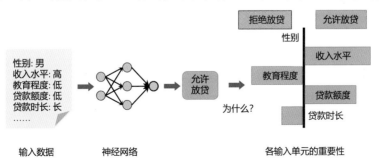

图 5-8   可解释性方法会计算输入单元的重要性

度都让神经网络倾向于放贷，同时教育程度与贷款时长则让神经网络倾向于拒绝放贷，而性别则对神经网络的判断没有影响。最后，综合各个输入单元，神经网络决定放贷，这就让人们能够理解神经网络做出判断的依据。

目前，人们已经提出了许多计算输入单元重要性的方法，有一些可解释性方法基于反向传播得到输入单元的梯度，进而计算其重要性，如导向反向传播[130]（详见 5.2.2 节）、LRP[131]（详见 5.2.3 节）等；还有一些方法则通过对输入样本进行处理，计算各个输入单元的重要性，例如 LIME[1]（详见 5.2.5 节）等。表 5-1 总结了其中最具代表性的几种可解释性方法的计算特点与呈现方法。接下来，本节将依次介绍这些可解释性方法。

表 5-1　具有代表性的可解释性方法

| 可解释性方法 | 计算方法 | 呈现方式 |
| --- | --- | --- |
| Shapley Value[31] | 通过不同上下文环境中某个输入变量的边际贡献计算其重要性 | 呈现输入图片中各个像素的重要性或不同区域的重要性 |
| GBP[130] | 通过特定的反向传播计算梯度，梯度即可反映重要性 | 呈现输入图片中各个像素的重要性 |
| DeepSHAP[132] | 通过特定的反向传播计算梯度，梯度即可反映重要性 | 呈现输入图片中各个像素的重要性 |
| LIME[1] | 使用线性模型在局部拟合神经网络，线性模型的权重即可反映重要性 | 将输入图片划分为超像素，呈现每个超像素的重要性 |
| LRP[131] | 通过特定的反向传播计算梯度，梯度即可反映重要性 | 呈现输入图片中各个像素的重要性 |
| Integral Gradient[129] | 通过反向传播计算多个图片上的梯度，并基于梯度计算重要性 | 呈现输入图片中各个像素的重要性 |

## 5.2.1　SHAP 算法

沙普利值（Shapley Value）[31] 最早在博弈论中被提出，目前可以应用在神经网络的事后解释中，沙普利值的具体定义与性质见 5.3.1 节。考虑到沙普利值的计算需要非常高的计算复杂度，2017 年，Lundberg 与 Lee 提出了沙普利可加性解释（SHapley Additive exPlanations，SHAP）算法[132]，对输入单元的沙普利值进行高效近似。

（1）对重要性的计算。Lundberg 与 Lee 通过对此前的一些基于反向传播的算法进行改良，得到了 DeepSHAP。同时，Lundberg 与 Lee 还基于对输入样本遮挡的可解释性方法对 DeepSHAP 进行修改，得到了 KernelSHAP，二者都能够更为高效地估计输入单元的沙普利值。

（2）重要性的呈现。图 5-9 给出了一组输入与 DeepSHAP 的解释结果示例。其中，红色部分表示对应的像素对于神经网络的分类具有积极的作用，而蓝色部分则表示对应的像素对于神经网络的分类有消极的作用。

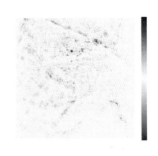

（a）　输入图片　　　　　（b）　DeepSHAP 解释结果的可视化

图 5-9　一组输入与 DeepSHAP 的解释结果示例

## 5.2.2　导向反向传播算法

在可解释性方法中，有一大类方法基于反向传播，计算各个输入单元的梯度，并且将梯度作为该输入单元的重要性。如图 5-10 所示，此类可解释性方法会为神经网络中的卷积层、池化层、非线性激活层等每层设计反向传播的规则，使得其在反向传播的过程中，能够更为公平合理地分配重要性的数值，最终为各个输入单元求得的梯度值能够很好地反映这一输入单元的重要程度。2014年，Springenberg 等人提出的导向反向传播（Guided-Backpropagation，GBP）算法[130]，是此类可解释性方法中具有代表性的一种方法。

（1）对重要性的计算。在 GBP 算法中，除 ReLU 层之外的其他层，包括卷积层、池化层等，在反向传播时都会采取传统的反向传播计算梯度的规则。而对于 ReLU 层，GBP 算法会将小于 0 的梯度值置为 0，然后再继续进行梯度的传播，并将最终每个输入样本得到的梯度作为其重要性的解释结果。

（2）重要性的呈现。图 5-11 给出了一组输入与 GBP 算法的解释结果示例。可以看到，GBP 算法往往更加关注图片中各个物体边缘的像素。

前向传播

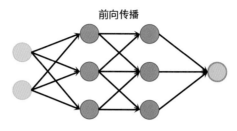

（a）　神经网络的前向传播

按照一定规则反向传播

$\phi(a) = 0.5$

$a$

$b$

$\phi(b) = 0.6$

总奖励 $= 1.1$

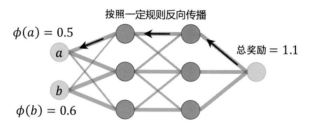

（b）　按照一定规则反向传播计算梯度

图 5-10　基于反向传播的可解释性方法

（a）　输入图片

（b）　GBP 解释结果的可视化

图 5-11　一组输入与 GBP 算法的解释结果示例

### 5.2.3 逐层相关性传播算法

2015 年，Bach 等人设计了逐层相关性传播（Layer-wise Relevance Propagation，LRP）算法[131]，该算法是基于反向传播计算重要性的可解释性方法中另一个具有代表性的方法。

（1）对重要性的计算。LRP 算法假设神经网络各层的神经元与神经网络的输出之间存在一定的相关性（Relevance），相关性越大的神经元对于神经网络的输出影响越大，重要性也就越高。进一步地，该算法为神经网络中的每层定义了一个特殊的反向传播方式，能够将神经网络输出的相关性逐层传递到输入样本的各个单元中，即相关性传播，从而计算出各个单元与输出的相关性大小。

（2）重要性的呈现。图 5-12 中给出了一个简单的神经网络，该网络前向传播如图 5-12（a）所示，图 5-12（b）给出了该神经网络各层相关性传播的示例。对于网络的输出节点 $y$，其相关性可设为 1.0。根据中间层各个节点对 $y$ 的重要性，节点 $y$ 会将其相关性向前传递，从而得到 $R_j = 0.3$，$R_k = 0.4$。进一步地，中间节点 $j$ 和 $k$ 也会将相关性继续向前传递，最终得到输入单元 $i$ 的相关性为 $R_i = 0.2 + 0.25 = 0.45$。图 5-13 给出了更为具体的示例，其中包括输入图片与 LRP 解释结果的可视化。

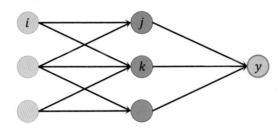

（a）　神经网络的前向传播

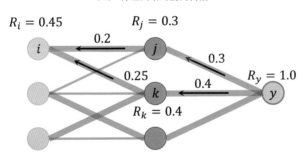

（b）　神经网络各层相关性传播

图 5-12　逐层相关性传播在简单神经网络上的示例

### 5.2.4　积分梯度算法

2017 年，Sundararajan 等人提出了另一种基于反向传播的可解释性方法，即积分梯度（Integral Gradient，IG）算法[133]。

（1）对重要性的计算。IG 算法直接基于传统反向传播所得到的输入样本上的梯度，对各个输入单元的重要性进行计算。如图 5-14 所示，IG 算法会考虑每个输入像素只有部分信息能够输入神经网络中时各个输入单元得到的梯度，并根据这些梯度计算重要性的结果。例如，图 5-14 中最左侧为没有任何信息输入的空输入，而在更靠近右侧的图片中，每个像素能够将更多输入信息输入神经网络中，最右侧的则是完整的输入样本。通过这种方式，IG 算法能够充分考虑在不同上下文环境中，这些输入单元对于神经网络输出的重要性。具体而言，如式 (5-1) 所示，图 5-14 中的各个图片对应了积分路径中的输入，其中 $\alpha = 0$ 时的输入对应了图 5-14 中最左侧的图片，而 $\alpha = 1$ 时的输入对应了图 5-14 最右侧的图片。通过反向传播，计算积分路径上的输入中各个输入变量的梯度值，并进行积分，即可得到其重要性数值。

$$\phi_{\text{IG}}(i) = (x_i - x_i') \times \int_{\alpha=0}^{1} \frac{\partial f(x' + \alpha(x - x'))}{\partial x_i} \mathrm{d}\alpha \tag{5-1}$$

（a）输入图片 　　　　（b）LRP 解释结果的可视化

图 5-13　一组输入与 LRP 的解释结果示例

图 5-14　从空输入到完整输入样本

（2）重要性的呈现。图 5-15 给出了一组输入与 IG 的解释结果的可视化。

### 5.2.5　LIME

2016 年，Riberio 等人提出了可解释性方法——局部与模型无关解释（Local Interpretable Model-agnostic Explanations，LIME）[1]，该方法基于对输入样本的遮挡给出解释结果，而不需要反向传播计算梯度。

（1）对重要性的计算。给定一张图片，LIME 首先将该图片划分为若干个超像素，例如一只鸟的头部、一个人的手，等等。每个超像素均被视作一个输

（a）输入图片　　　　　　（b）IG 解释结果的可视化

图 5-15　一组输入与 IG 的解释结果的可视化

入单元，LIME 会为每个输入单元计算其重要性。具体而言，LIME 算法基于如下假设进行解释：对于某一个特定的输入样本 $x$，神经网络在该样本附近的分类面可以被近似地视作是线性的，因此，可以通过一个线性模型在局部范围内对网络的分类面进行拟合。而拟合得到的线性分类器为每个输入单元分配的权重，即为这些输入单元的重要性。

（2）重要性的呈现。图 5-16 给出了一组输入与 LIME 的解释结果示例，可以看到，这只鸟的尾部与头部的部分区域对于神经网络的预测结果有积极的作用，与此同时，这只鸟左下方的背景同样对于被解释的网络有重要的作用。

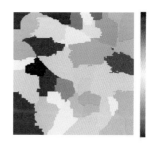

（a）输入图片　　　　　　（b）LIME 解释结果的可视化

图 5-16　一组输入与 LIME 的解释结果示例

## 5.3　博弈交互解释性理论

　　在上一节介绍的各类可解释性方法中，人们所关注的往往是某一个单独的输入单元对于神经网络的重要程度。但实际上，输入样本中的各个单元往往不是单独起作用的，而是会和其他单元之间产生一定的交互，共同发挥作用。如图 5-17 所示，在句子 "He is a green hand." 中，单词 "green" 与 "hand" 并不是单独起作用的，而是结合起来，作为 "green hand"（新手）来发挥作用的，因此，"green" 与 "hand" 之间存在很强的交互作用。网络所建模的输入单元之间的交互作用为人们理解神经网络的语义表达提供了一个新的角度。本节将介绍基于沙普利值提出的博弈交互，包括双变元之间的博弈交互、多变元之间的博弈交互、多阶博弈交互，以上内容的定义见 5.3.2 节。同时，还将对博弈交互与神经网络所建模的语义表达之间的关系进行讨论（见 5.3.4 节）。本节总览如图 5-18 所示。

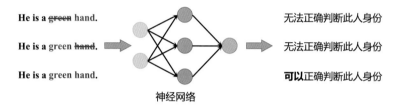

图 5-17　输入单元间存在交互作用

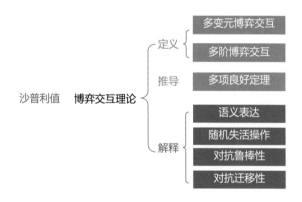

图 5-18　本节总览

## 5.3.1　理论基础：沙普利值

本章所介绍的博弈交互理论的基础是沙普利值。沙普利值最初是为了解决博弈论中的合作博弈问题（cooperative game）而被提出的。如图 5-19 所示，有多个玩家参与到一场博弈中，并最终获得一定的奖励，这些玩家可以单独参与到博弈之中，或者是彼此合作以获取更高的奖励。最终的奖励会根据各个玩家在博弈中所做出的贡献进行分配，而如何使得奖励的分配公平合理就是人们所面对的问题，沙普利值便是一个能够解决这一问题的算法。

沙普利值高：
重要
A
B
C
D
E
玩家
参与
博弈
奖励
沙普利值低：
不重要

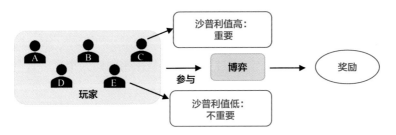

图 5-19　沙普利值能够量化各个玩家在博弈中的重要性

## 沙普利值

博弈总的奖励值即为全部输入信息都输入网络中得到的输出 $f(x)$ 减去没有任何信息输入网络中得到的输出 $f(\emptyset)$，这里的 $\emptyset$ 表示一个空的输入。总的奖励值需要被公平地分配给每名玩家，为了公平地计算每名玩家得到的奖励，沙普利值考虑了在不同情况下该玩家参与博弈或不参与博弈对结果的影响。基于此，计算各个输入单元的沙普利值：

$$\phi_{\text{Shapley}}(i)=\sum_{S\subseteq N\backslash\{i\}}\frac{(|N|-|S|-1)!|S|!}{|N|!}[f(x_{S\cup\{i\}})-f(x_S)], \tag{5-2}$$

式中，$S$ 为一个集合，对于输入 $x_S$ 而言，集合 $S$ 中的输入单元所包含的信息能够正常地输入神经网络中，而不在集合 $S$ 中的单元则无法将信息输入神经网络中；$f(x_S)$ 即为输入 $x_S$ 所得到的神经网络的输出。例如，对于自然语言处理的任务，$i$ 为输入中的一个单词，那么 $S$ 就包含了上下文环境（context）中的某些其他单词，如图 5-20 所示，红色的单词"charming"即为需要计算沙普利值的输入单元，而句子中的黑色单词共同组成了上下文 $S$，而灰色的单词则无法将其信息输入神经网络中。而为了计算"charming"的沙普利值，就需要考虑所有可能的上下文情况。

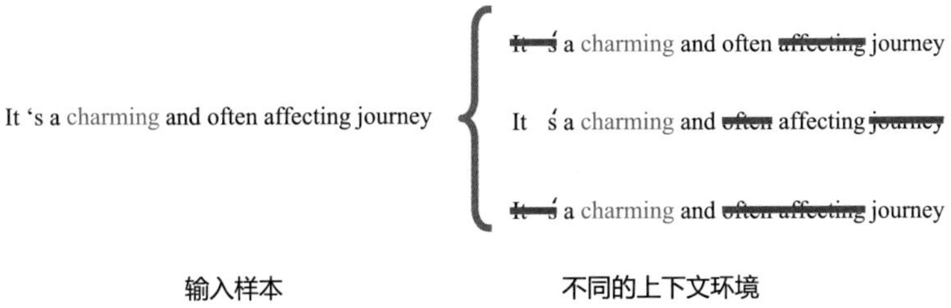

It 's a charming and often affecting journey
It 's a charming and often affecting journey
It 's a charming and often affecting journey
It 's a charming and often affecting journey
输入样本
不同的上下文环境

图 5-20　输入样本及上下文环境示例

沙普利值已经被证明是唯一满足可加性、对称性、冗员性及有效性这四个良好性质的算法[31, 134, 135]。

- 可加性。要求可解释性方法对于不同模型在相同输入单元中计算得到的重要性数值是线性可加的。
- 对称性。要求对于始终起到相同作用的两个输入单元，其得到的重要性数值也是相同的。
- 冗员性。要求输入样本中的冗员单元的重要性等于将其单独输入神经网络中时得到的输出，这里的冗员单元定义为不与其他任何单元相互作用的输入单元。
- 有效性。要求全部输入单元的重要性之和恰好为神经网络的输出。例如，在一个自然语言处理的任务中，输入为一个句子，而句子中的每个单词可以视作一个输入单元，此时所有单词的重要性之和应当等于将该句子输入神经网络中得到的输出。

### 5.3.2 博弈交互的定义

1999 年，Grabisch 等人[136] 在沙普利值的基础上提出了量化输入单元之间交互作用的指标。由于该指标以博弈论为基础，因此被称为博弈交互指标。

首先考虑两个输入单元之间的博弈交互。

---

**双变元博弈交互**

如图 5-21 所示，对于 $i$、$j$ 两名玩家，他们可以单独参与博弈，也可以相互合作，共同参与博弈。当 $i$、$j$ 合作时，他们对于博弈所做出的贡献，往往不同于他们单独工作时做出的贡献。而 $i$、$j$ 合作时的贡献与独立工作时的贡献之差，便可以视作这两名玩家之间的博弈交互，在本文中，$i$、$j$ 之间的博弈交互表示为 $I(i,j)$。此处的贡献可计算为两名玩家的沙普利值。

---

$$I(i,j) = \underbrace{\qquad}_{\substack{\text{输入单元}i、j\text{合作时} \\ \text{对网络做出的贡献}}} - \underbrace{\qquad}_{\substack{\text{输入单元}i、j\text{单独工作} \\ \text{时对网络做出的贡献}}}$$

图 5-21　两个输入变量之间的博弈交互的计算

一方面，如果 $i$、$j$ 之间的合作能够达到 $1+1>2$ 的效果，那么二者能够相互协作，做出更大的贡献，比如句子 "He is a green hand." 中的 "green" 与 "hand"，这两个单词相互协作，对于神经网络判断这个人的身份具有积极的作用；另一方面，如果 $i$、$j$ 之间的合作有 $1+1<2$ 的效果，则说明二者的合作会起到相反的效果。例如，句子 "This movie is not bad." 中的 "not" 和 "bad"，单独考虑这两个单词，都会令神经网络倾向于认为这是一条负面的评价，而当它们共同工作时，神经网络会认为这是正面的评价，因此 "not" 与 "bad" 的合作对于神经网络做出负面评价的判断起到了反作用。

进一步地，Grabisch 等人提出了适用于多个输入单元的沙普利相互作用指标[136]。

### 沙普利相互作用指标

如图 5-22 所示，对于一张人脸照片，整个面部构成了一个特定的图案（Pattern），表示为 $A$。同时，面部中的各个部分，如一双眼睛、鼻子与嘴巴等，也都分别构成了一个图案，每个图案对于神经网络都有各自的贡献。如果要计算照片中整个面部 $A$ 的沙普利相互作用指标 $I(A)$，那么就需要从整个面部对于网络所做出的贡献中，减去各个部分所做出的贡献，最后剩余的贡献量即为所求。

图 5-22　沙普利相互作用指标的计算

沙普利相互作用指标所关注的是多个输入单元同时存在时对网络输出的贡献，但不包括其中任意子集所做出的贡献。而在某些情况下，人们更关注的是多个输入单元带来的总贡献，即多变元博弈交互[137]。

### 多变元博弈交互

具体而言，如图 5-23 所示，考虑多名玩家 Alice、Bob、Carol 与 David 之间的博弈交互，当他们相互合作、共同参与到博弈中时，能够做出一定的贡献；同时，这四名玩家单独参与博弈时，也会分别做出各自的贡献。此时，这四名玩家之间的多变元博弈交互 $B([A])$，即为合作时的总贡献减去四人单独工作时各自的贡献之和。此处的贡献可计算为各个玩家的沙普利值。

图 5-23　多变元博弈交互

然而，在多名玩家中，往往同时存在积极的交互作用与消极的交互作用，多变元博弈交互 $B([A])$ 中积极的交互作用与消极的交互作用可能会相互抵消，从而导致 $B([A])$ 无法很好地反映 $A$ 中交互作用的整体情况。如图 5-24 所示，假设玩家 Alice、Bob 与 Carol 之间有着积极的交互作用，他们彼此合作能够为博弈做出更大的贡献，而玩家 Alice、Bob 与 David 之间有着消极的交互作用，如果他们合作，对于博弈的贡献反而会减少。若同时考虑 Alice、Bob、Carol 和 David 四名玩家之间的交互作用，那么积极作用会被消极作用所抵消，无法完全反映出全部的博弈交互。

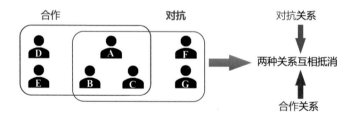

图 5-24　不同交互作用之间会相互抵消

因此，需要进一步改良多变元博弈交互的指标，使其能够同时反映出多名玩家之间的积极交互作用与消极交互作用。具体而言，可以分别考虑多名玩家之间的积极交互与消极交互，最后再进行整合。如图 5-25 所示，由于 Alice、Bob 与 Carol 之间为积极的交互作用，可以将这三名玩家合作时的贡献与 David 的贡献分别考虑，从而得到 $B_{max}([A])$，该指标能够量化多个玩家之间的积极交互作用。

$$B_{\max}([A]) = \text{Alice, Bob, Carol} + \text{David} - \text{Alice} - \text{Bob} - \text{Carol} - \text{David}$$

图 5-25　多名玩家之间的积极交互作用

类似地，图 5-26 中的 $B_{\min}([A])$ 能够有效量化多名玩家之间的消极交互作用。

$$B_{\min}([A]) = \text{Alice, Bob, David} + \text{Carol} - \text{Alice} - \text{Bob} - \text{Carol} - \text{David}$$

图 5-26　多名玩家之间的消极交互作用

新的指标 $\hat{B}([A])$ 需要反映出多个玩家之间总的交互作用，因此需要用总的积极交互作用减去消极的交互作用，从而有 $\hat{B}([A]) = B_{\max}([A]) - B_{\min}([A])$。

进一步地，为了提升博弈交互的表达能力，此前的工作还提出了多阶博弈交互[138, 139]。

### 多阶博弈交互

这里我们仍考虑两个输入单元 $i$、$j$ 的多阶博弈交互。多阶博弈交互强调的是输入单元 $i$、$j$ 和一定个数 $m$ 的像素形成特定的特征对神经网络的贡献。比如在上文人脸检测的例子中，眼睛（$i$）、鼻子（$j$）和其余 $m$ 个像素形成一个人脸特征，则这个人脸特征和眼睛与其余 $m$ 个像素形成的特征对行人检测结果所带来的贡献的差便代表 $i$、$j$ 的 $m$ 阶博弈交互。具体而言，两个输入单元间的 $m$ 阶博弈交互 $I^{(m)}(i, j)$ 可表示成在 $m$ 个上下文中，输入单元 $j$ 的出现对 $i$ 的贡献值所带来的变化 $\Delta v(S, i, j)$。

$$I^{(m)}(i, j) = \mathbb{E}_{S \subseteq N \setminus \{i, j\}, |S| = m}[\Delta v(S, i, j)]. \tag{5-3}$$

若 $I^{(m)}(i, j) > 0$，则意味输入单元 $j$ 的出现会增加 $i$ 的贡献值，也就是 $i$ 和 $j$ 有正面的交互作用，比如上文的例子中，鼻子和眼睛的交互。若 $I^{(m)}(i, j) < 0$，则意味输入单元 $j$ 的出现会降低 $i$ 的贡献值，即 $i$ 和 $j$ 有负面的交互作用。

博弈交互的阶 $m$ 刻画的是交互的上下文复杂度。对于一个低阶 $m$，$I^{(m)}(i, j)$

建模的是输入单元 $i, j$ 与简单、少量的上下文间的交互，其通常表示少数输入单元参与的局部交互下的简单特征。然而，对于一个较高阶的 $m$，$I^{(m)}(i,j)$ 则建模的是输入单元 $i, j$ 与复杂、大量的上下文间的交互，其往往表示多数输入单元参与的全局交互下的复杂特征。

### 5.3.3 博弈交互的性质

进一步地，我们发现博弈交互满足可加性、冗员性、对称性和有效性，这些性质有效地保证了博弈交互理论的客观性与正确性[138]。

- 可加性（linearity property）：不同神经网络的多阶博弈交互是可加的。例如，一个神经网络的输出 $v$ 可以拆分成其余两个不同的神经网络的输出的和，那么给定相同的点对 $i$ 和 $j$，其在神经网络 $v$ 中的多阶博弈交互也可以表示成点对 $i$ 和 $j$ 在另两个不同神经网络的多阶博弈交互的和。

- 冗员性（nullity property）：独立作用的输入单元，其多阶博弈交互为 0。独立作用的输入单元是指该单元与其他单元的博弈交互不会对神经网络的输出产生贡献。例如，在人脸检测中，输入图片背景上的像素就可以认为是独立作用的单元，因为这些像素点对人脸检测结果的贡献微乎其微。从而，这些独立作用的单元与其余单元产生的交互作用也聊胜于无。比如背景中的白云特征和前景中的人脸特征的交互就为 0，因为白云特征在不在图片中，都无法对人脸特征产生举足轻重的贡献。

- 对称性（symmetry property）：效用对称的两个输入单元，它们与其他任一输入单元的多阶博弈交互相等。效用对称意味着两个输入单元与其他输入单元分别构成的特征对神经网络具有相同的贡献。比如说，在人脸识别任务中，同一个人的左眼与右眼通常对人脸识别的结果产生相同的贡献。那么此时，左眼、右眼与其他输入单元（比如鼻子）的多阶博弈交互是相同的，因为这些输入单元所构成的特征对人脸识别的结果产生贡献也是相同的。

- 有效性（efficiency property）：神经网络的总收益可拆分成两个输入单元的多阶博弈交互的和。例如在情感语义分类任务中，输入为一个句子，句子中的每个单词可视为一个输入单元，则神经网络的总收益可认为所有单词存在时对情感分类的贡献，这个贡献可拆分成不同单词间的多阶博弈交互对整个句子情感分类结果所产生的贡献。

为方便读者理解，表 5-2 总结了沙普利值（5.2.1 节）、博弈交互（5.3.2 节）、多变元博弈交互（5.3.2 节）和多阶博弈交互（5.3.2 节）是否分别满足可加性、冗员性、对称性和有效性。

表 5-2　沙普利值、博弈交互、多变元博弈交互和多阶博弈交互满足的性质

| 性质 | 方法 | | | |
|---|---|---|---|---|
| | 沙普利值 | 博弈交互 | 多变元博弈交互 | 多阶博弈交互 |
| 可加性 | ✓ | ✓ | ✓ | ✓ |
| 冗员性 | ✓ | ✓ | ✓ | ✓ |
| 对称性 | ✓ | ✓ | ✓ | ✓ |
| 有效性 | ✓ | ✓ | | ✓ |

### 5.3.4　博弈交互与语义表达

对神经网络中层特征所表达的语义概念进行数学建模、量化和分析是神经网络可解释性领域的重要问题。目前，神经网络可解释性的研究主要分为两个流派：一是从认知层面解释神经网络所建模的特征，譬如可视化中层特征，或是提取对结果影响显著的关键性像素；二是从数学层面分析神经网络的表达能力，例如从信息论角度评测神经网络的泛化能力或鲁棒性。但是尚未有理论工具打通神经网络语义解释与表达能力分析的连通壁垒，实现对二者的统一建模。

因此，我们想要通过多阶博弈交互理论实现语义层面与数学表达能力的统一，即在博弈论层面量化并解释神经网络对不同类型的视觉概念（例如纹理、形状）的特有信息处理行为。具体而言便是，对神经网络所建模的不同视觉概念，从概念复杂度的角度重新划分为局部简单概念、中等复杂概念和全局概念，并解释神经网络对这三类视觉概念的独特信息处理行为。为此，我们得出以下结论[139]：

- 结论 1：低阶博弈交互往往代表简单局部视觉概念。这些简单的视觉概念往往是通用特征，被不同类别共享。
- 结论 2：中阶交互通常刻画中等复杂的视觉概念。这些复杂的视觉概念往往更倾向于对特定模式的记忆，泛化能力比较弱。
- 结论 3：高阶交互往往代表神经网络对频繁的、大尺度全局特征的记忆。

对于结论 1，根据 5.3.2 节中对多阶博弈交互的定义，我们可以认为低阶博弈交互对应的是局部少数像素间的交互。因此，低阶的博弈交互通常建模的是简单、局部的视觉概念，比如一小块草地、一小片天空。这些简单的视觉概念是一种通用特征，被不同类别共享。举例而言，在对 ImageNet 数据集的图片分类任务中，一小片天空这个特征既可以为飞机类别提供信息，也可以

为火山、悬崖等场景类别提供信息。因此，低阶交互所表征的通常是基础的、简单的和通用的特征。

相比之下，结论 2 所提及的中阶博弈交互表示相对大量像素间的交互效应，通常刻画的是中等复杂的视觉概念，比如衣服上的一大片纹理、某个物体一片区域上的花纹，等等。这些中等复杂的视觉概念一般更倾向于对特定模式的记忆，具有较弱的泛化能力。如图 5-27 所示，在对各种纹理进行细粒度分类的任务中，神经网络需要学习相似纹理间的细微差异。根据结论 1，低阶博弈交互通常对简单公用的特征建模，而无法对需要用于细粒度分类的纹理间的差异建模。所以，中阶博弈交互建模针对这些相似纹理间的细微差异，而并非是一些公用的特征。如此而言，中阶博弈交互建模的中等复杂的视觉概念通常代表的是适用于特定模式的特征，具有较弱的泛化能力。

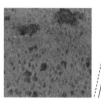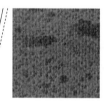

图 5-27　细粒度的纹理分类示意图[139]

类比而言，结论 3 中的高阶博弈交互表示了输入样本中大部分像素间的交互，往往代表一种全局概念且经常频繁出现在数据集中，如图 5-28 中的沙漏等特定的物体形状或者是大片大片的纹理特征，例如海洋、草地等。更进一

类别：红胸秋沙鸭

类别：沙漏

图 5-28　高阶博弈交互通常代表一种全局概念[139]

步地，我们可以认为高阶博弈交互往往代表神经网络对频繁的大尺度全局特征的记忆，例如图 5-28 中的沙漏基本彼此相似，都包含了大尺度的形状信息，没有太大的形变。因而，神经网络会记住这些特定的、大尺度的形状信息，用于对沙漏的分类。

### 5.3.5　解释随机失活操作

随机失活操作（Dropout）是能够降低神经网络的过拟合（Overfitting）程度，从而提高网络泛化能力的常用方法。在前向传播时，随机失活操作会随机使一部分神经元失活，失活的神经元不再参与此次前向传播及反向传播。解释随机失活操作的效用，理解其内在机理，对于进一步提高神经网络的泛化能力有重要的作用。为了解释随机失活操作的效用，研究人员从不同角度给出了解释：2012 年，Hinton 等人[140] 定性地指出随机失活能够促使神经元独立进行特征建模，减少对其他神经元的依赖；Konda 等人[141] 将随机失活操作的作用等效为一种特殊的数据增强（data augmentation）；Gal 与 Ghahramani[67] 等人则证明了随机失活的效用与高斯过程中的贝叶斯推理相似。

本书将使用此前介绍的博弈交互（详见 5.3 节）对随机失活操作进行解释[142]。总的来说，随机失活操作能够有效降低神经网络所建模的博弈交互的强度，而博弈交互的下降能够缓解神经网络出现的过拟合问题，从而提升神经网络的泛化能力。

首先讨论随机失活操作对博弈交互的抑制作用。给定一张人的照片作为输入图片，现在考虑人的眼睛中的两个像素之间的博弈交互，而这两个像素的上下文环境则包含了面部中的其他像素，此时，眼睛中其他像素便能够和这两个像素共同组成眼睛这一图案（Pattern），有助于神经网络进行人脸识别。因此，眼睛图案对于眼睛中的这两个像素之间博弈交互具有一定的贡献。面部中还存在其他一些像素，能够与眼睛中的这两个像素共同组成特定的图案，而这两个像素之间的博弈交互便可以看作所有这样的图案共同带来的。

然而，在计算由随机失活操作参与的博弈交互时，只应考虑未失活的像素之间组成的图案。回到上文中的例子，由于部分像素失活，面部中能够组成的图案数量减少，比如当眼睛中组成瞳孔部分的像素失活时，眼睛图案将始终无法形成，从而无法提供博弈交互。因此，在引入随机失活后，博弈交互的图案数量会有明显降低，从而降低总的博弈交互。如图 5-29[142] 所示，在有随机失活操作和没有随机失活操作的情况下分别训练神经网络，未使用随机失活操作的神经网络对更多的博弈交互进行了建模。

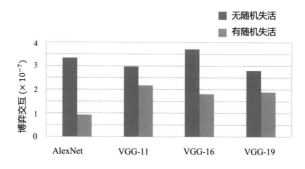

图 5-29　随机失活操作能够抑制博弈交互的强度

同时，博弈交互与神经网络中过拟合的样本之间也存在紧密的关系，如表 5-3[142] 所示，过拟合的样本往往包含了更多的博弈交互，而正常的样本中博弈交互较少。

表 5-3　过拟合样本往往包含了更多的博弈交互

| 数据集 | 模型 | 正常样本 | 过拟合样本 |
|---|---|---|---|
| MNIST | ResNet-44 | $2.17 \times 10^{-3}$ | $\mathbf{3.64 \times 10^{-3}}$ |
| Tiny-ImageNet | ResNet-34 | $2.57 \times 10^{-3}$ | $\mathbf{2.89 \times 10^{-3}}$ |
| CelebA | ResNet-34 | $6.46 \times 10^{-3}$ | $\mathbf{1.17 \times 10^{-2}}$ |

因此，正如前文曾提到的，随机失活操作的效用可以被理解为，通过降低博弈交互的强度来提升神经网络的泛化能力。此外，博弈交互也能够直接作为神经网络训练的损失函数，降低神经网络所建模的博弈交互的强度，从而提升随机失活操作的效用。相较于随机失活操作，博弈交互损失函数能够更加直接地控制神经网络建模的博弈交互的强度，此外，随机失活操作与批规范化（Batch Normalization）操作有时会出现相互冲突的情况[143]，而博弈交互损失函数则不存在这一问题。

### 5.3.6　解释批规范化操作

为什么引入批规范化操作（Batch normalization[144]）？神经网络的训练是通过将预测输出的误差的梯度信息逐层反馈到各层的参数上，对参数进行修改，从而达到训练目的的。但训练一个很深的神经网络十分困难，因为在梯度逐层反馈的过程中，会出现梯度消失（梯度极其小）或是梯度爆炸（梯度特别大）的现象。这两种现象会导致难以有效地修改网络参数。因此，为解决网络难训练的问题，批规范化操作便应运而生。

什么是批规范化操作呢？给定一批输入样本及其在每层的中层特征，批规范化操作便是对每层的特征进行简单的归一化，即减去特征的均值，再除以特征的标准差。大量实验表明，这种简单的归一化操作可以有效地解决梯度消失或梯度爆炸的问题。如图 5-30 所示，对于一个卷积神经网络，批规范化操作通常会加在卷积层之后，对卷积层所产生的特征进行归一化。

图 5-30　经典的批规范化操作

如此这般，批规范化操作可以大幅提升网络训练速度。文献 [144] 展示了经过批规范操作的网络，其训练速度可提升 30 倍，而且使得训练极深网络成为可能。

在实际中，批规范化操作经常与权重衰减（Weight decay）结合起来使用。但这两者的联合使用通常会带来网络参数修改方向不稳定的弊端，即球面运动效应（Spherical Motion Dynamics）[145]。形象地理解，假设网络的初始参数在高维空间上是一个点，目标修改参数是高维空间上的另一个点。在理想的情况下，我们希望网络参数的修改方向是一条直线或曲线，即从初始参数的空间点直达目标（最优）参数的空间点。但在批操作和权重衰减的联合作用下，神经网络参数的修改不再可以有效地到达目标最优参数的空间点，而是在参数空间中做近似圆形的运动，无法逃离。针对此问题，在实际的参数修改过程中，我们可以通过降低参数修改的步长，使得参数修改方向趋于稳定。

本节仅介绍了批规范化操作，更多关于批规范化操作的分析解释工作可见文献 [145–148]。另外，关于批规范化的分析框架也可以用于其他规范化，如层规范化（Layer Normalization[149]）、群规范化（Group Normalization[150]）及权重规范化（Weight Normalization[151]）。但到目前为止，我们仍未完全揭开规范化操作在神经网络中作用的面纱，如不同变种的规范化对网络影响的区别及对网络最终泛化能力的影响，我们依然需要对这些重要的问题进行思考与探索。

### 5.3.7 解释对抗迁移性和对抗鲁棒性

随着深度学习的发展，神经网络已经在各类应用任务中被广泛使用。与此同时，研究者发现神经网络优越性能的背后隐藏了非常危险的安全隐患。神经网络很容易受到对抗攻击——如图 5-31 所示，给原始样本加上一个人眼不可察的微小对抗扰动，就可以完全改变神经网络的预测结果。这种被恶意修改过的输入样本被称为对抗样本（Adversarial Example）[152]。对抗样本使得神经网络的安全应用受到质疑。试想在自动驾驶中，攻击者对交通标识牌做一个人眼不可察的微小修改，就能完全改变自动驾驶系统的识别结果，后果是十分可怕的。因此，解释对抗攻击、帮助人们理解对抗攻击，对于神经网络的安全应用是十分重要的。本节将介绍对抗攻击中的两个重要性质——对抗迁移性（Adversarial Transferability）和对抗鲁棒性（Adversarial Robustness）。

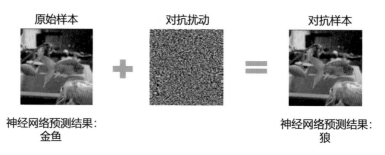

图 5-31　对抗攻击与对抗样本

### 1. 解释对抗迁移性

对抗攻击可以分为白盒攻击（White-Box Attack）和黑盒攻击（Black-Box Attack）：白盒攻击需要攻击者知道目标网络的结构、参数等信息；而黑盒攻击可以在不清楚目标网络信息的情况下实现攻击，因此黑盒攻击对于现实应用是更加危险的。黑盒攻击中的一类重要的方法是基于对抗迁移性的攻击，如图 5-32 所示，攻击者在一个参数已知的神经网络（源神经网络）上产生对抗扰动，用于攻击参数未知的目标神经网络。

图 5-32　对抗迁移性

增强对抗迁移性："神农尝百草式"的尝试。前人提出了很多方法来增强对抗迁移性，这里我们总结了几种常见的增强对抗迁移性的方法。

- Variance-Reduced Attack（VR Attack）[153]：在攻击过程中，在输入图像上加入高斯噪声。

- Momentum Iterative Attack （MI Attack）[154]：在优化过程中，对梯度加入动量信息。
- Skip Gradient Method （SGM）[155]：针对网络的残差结构，在反向传播的过程中增加跳跃连接（Skip Connection）分支的梯度比重。
- Diversity Input Attack （DI Attack）[156]：在攻击过程中，对输入图片做随机填充（padding）和大小调整（resize），增加输入图片的多样性。
- Translation Invariant Attack （TI Attack）[157]：在攻击过程中，对图片梯度进行卷积操作。

但是，这些方法就像是神农尝百草般的尝试，往往基于不同的直觉与经验，虽然确实可以达到增强迁移性的目的，但是人们对于这些方法提高迁移性的内在机理仍不清楚。但是科学的发展不能局限于经验层面，为了推动领域的发展，我们要找到根本思路，从这些方法中提炼出增强对抗迁移性的本质，为增强对抗迁移性提供一个统一的理论解释。

对迁移性增强的统一解释：降低博弈交互是"百草"中的有效成分。 文献 [158] 基于博弈交互框架（对博弈交互的详细定义与讨论，请见 5.3.2 节），对前人的增强对抗迁移性的方法给出一个统一的理论解释。文献 [158] 证明了 VR Attack、MI Attack、SGM、DI Attack 和 TI Attack 五种增强对抗迁移性的方法在攻击过程中降低了所产生扰动的博弈交互值。虽然各种方法基于不同的出发点和实现以增强对抗迁移性，但都殊途同归——本质上都在攻击过程中降低了对抗扰动内部的博弈交互作用。因此，降低博弈交互被解释为前人增强对抗迁移性的公共效应，即"百草"中的有效成分。

进一步增强对抗迁移性："有效成分"的验证。基于以上发现，可以自然地提出，如果在产生对抗扰动的过程中直接惩罚扰动间的交互作用，是否可以增强对抗迁移性呢？答案是肯定的。在原始攻击的基础上，直接惩罚扰动间的博弈交互值，可以显著增加其对抗迁移性，该方法被称为 Interaction-Reduced Attack（IR Attack）。

表 5-4 展示了在 PGD Attack 和 SGM 的基础上直接惩罚扰动间交互值，所产生扰动的对抗迁移性（在 RN-34 源神经网络产生的对抗样本能够成功攻击目标神经网络的比例）。惩罚扰动的交互作用可以提高对抗迁移性[158]。值得注意的是，我们可以将以上降低扰动间博弈交互的攻击方法结合到一起去共同降低扰动间的博弈交互，即表 5-4 中的 HybridIR Attack（MI+VR+SGM+IR Attack），以进一步提高对抗迁移性。

表 5-4　在 RN-34 源网络产生的对抗样本对七个目标网络的黑盒攻击成功率

| 源网络 | 攻击方法 | VGG-16 | RN152 | DN-201 | SE-154 | IncV3 | IncV4 | IncResV2 |
|---|---|---|---|---|---|---|---|---|
| RN-34 | PGD | $67.0 \pm 1.6$ | $27.8 \pm 1.1$ | $32.3 \pm 0.4$ | $28.2 \pm 0.7$ | $29.1 \pm 1.5$ | $23.0 \pm 0.4$ | $18.6 \pm 1.5$ |
| | PGD+IR | $78.7 \pm 1.0$ | $42.0 \pm 1.5$ | $50.3 \pm 0.4$ | $41.2 \pm 0.6$ | $43.7 \pm 0.5$ | $36.4 \pm 1.5$ | $29.0 \pm 1.0$ |
| | SGM | $91.8 \pm 0.6$ | $89.0 \pm 0.9$ | $90.0 \pm 0.4$ | $68.0 \pm 1.4$ | $63.9 \pm 0.3$ | $58.2 \pm 1.1$ | $54.6 \pm 1.2$ |
| | SGM+IR | $94.7 \pm 0.6$ | $91.7 \pm 0.6$ | $93.4 \pm 0.8$ | $72.7 \pm 0.4$ | $68.9 \pm 0.9$ | $64.1 \pm 1.3$ | $61.3 \pm 1.0$ |
| | HybridIR | $96.5 \pm 0.1$ | $94.9 \pm 0.3$ | $95.6 \pm 0.6$ | $79.7 \pm 1.0$ | $77.1 \pm 0.8$ | $73.8 \pm 0.1$ | $70.2 \pm 0.5$ |

上述对对抗迁移性的解释将前人增强对抗迁移性的方法统一解释为博弈交互作用的降低，从"百草"中萃取出了真正的有效成分，并且解释了算法提升性能的本质，并进一步提升了前人算法的性能。

### 2. 解释对抗鲁棒性

在神经网络的实际应用中，对抗鲁棒性是影响其安全性的重要问题之一。正如本节开篇所介绍的，对自动驾驶的操纵系统而言，如果我们对道路中的交通标识牌做一些极其微小、人眼不可察的修改，可能会完全改变系统的识别结果，导致系统做出错误的决策和判断，严重威胁到乘客的生命安全。因此，前人提出了很多防御方法，试图抵御面向神经网络的对抗攻击。常见的对抗防御方法可以大致分为识别对抗样本和提升网络鲁棒性两类。识别对抗样本是指，对输入神经网络的样本预先进行分类，判断这个样本是一个未经篡改的真实样本，还是被人恶意修改过的对抗样本；提升网络鲁棒性是指通过对抗训练等手段，使神经网络自身能够不受图像中微小扰动的影响，从而抵御对抗攻击。

然而，目前大多数方法仅仅关注的是对抗攻击和防御性能的提升，却没有解释对抗鲁棒性的本质。也就是说，我们并不清楚为什么一个算法能够成功地实现对神经网络的对抗攻击，而另一个算法又为什么能够抵御这种攻击，使网络具有一定的对抗鲁棒性。从科学的角度出发，我们必须对对抗鲁棒性的本质进行建模，解释其内在机制，才能进一步指导算法的优化，真正推动领域的发展。

文献 [159] 从博弈论出发，基于多阶博弈交互，提出了一套对对抗鲁棒性的解释，回答了以下几个问题：

- 对抗攻击如何改变了网络输出？
- 对抗训练为什么能够提升神经网络的对抗鲁棒性？

为了回答上述问题，我们先介绍一些数学工具。在 5.3.2 节中，已经定义了输入单元间的博弈交互和多阶的博弈交互：

$$I^{(m)}(i,j) = \mathbb{E}_{S \subset N \setminus \{i,j\}, |S|=m}[\Delta v(S, i, j)], \tag{5-4}$$

式中，$I^{(m)}(i,j)$ 表示第 $m$ 阶的交互。高阶博弈交互表示背景包含较多的输入单元时，$i$ 和 $j$ 之间的博弈交互，代表全局特征；低阶博弈交互则表示背景包含的输入单元数量较少时的博弈交互，代表局部特征（对博弈交互的详细定义与讨论，请见 5.3 节）。

依据上述博弈交互的特性，我们可以将神经网络输出的变化拆分到不同阶的博弈交互中，进而我们发现，对抗攻击主要影响了网络中的所建模的高阶博弈交互，使网络给出错误的判断。图 5-33 展示了在 ResNet-18/50、Wide-ResNet-50-4、DenseNet-161 和 VGG-16 几种常用神经网络中，正常样本和对抗样本上的多阶博弈交互。从图中可以看出，在正常训练和对抗训练的模型中，对抗攻击显著降低了高阶博弈交互。例如在正常训练的 ResNet-18 中，相比于正常样本，对抗样本中的低阶博弈交互略微下降，而高阶博弈交互则从 0.01 下降到了 −0.059。这说明对抗攻击主要通过降低网络中的高阶博弈交互，引导网络给出错误的输出。

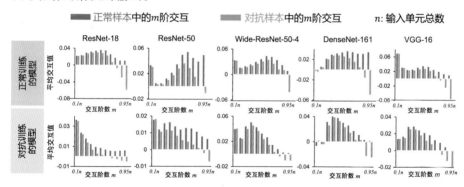

图 5-33 常用神经网络中正常样本和对抗样本上的多阶博弈交互[159]

进一步地，通过比较正常训练的模型和对抗训练的模型，我们发现对抗训练提高了高阶博弈交互的鲁棒性。如图 5-34 所示，在神经网络中，正常样本和对抗样本对网络输出实际重要性的差值，我们称这个差值为攻击效用。可以看到，在正常训练的网络中，攻击效用主要集中在高阶博弈交互；而在对抗训练的网络中，高阶博弈交互较为鲁棒，低阶博弈交互则承担了更多的攻击效用。这一点体现出了正常训练和对抗训练的网络的不同之处，说明对抗训练提高了高阶博弈交互的鲁棒性，从而提升了网络的鲁棒性。

为了进一步解释对抗训练为什么能够提高高阶博弈交互的鲁棒性，我们引入了博弈交互的解耦度的概念。解耦度衡量的是某一阶交互是否纯粹地表示某一个类别的特征。解耦度越大，说明网络中的交互越纯粹、分类性能越强：

$$D^{(m)} = \mathbb{E}_{\boldsymbol{x}}\mathbb{E}_{\substack{i,j \in N \\ i \neq j}} \left[ \frac{|I^{(m)}(i,j|\boldsymbol{x})|}{\sum_{S \subset N \setminus \{i,j\}, |S|=m} |\Delta v(S,i,j|\boldsymbol{x})|} \right]. \tag{5-5}$$

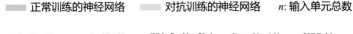

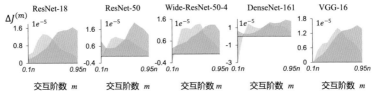

图 5-34　正常训练的网络与对抗训练的网络中多阶博弈交互的攻击效用[159]

图 5-35 比较了正常训练和对抗训练的网络中博弈交互的解耦度。在对抗训练的网络中，交互（尤其是低阶博弈交互）的解耦度更高，这表明对抗训练的网络中建模了分类性能更强的低阶交互。

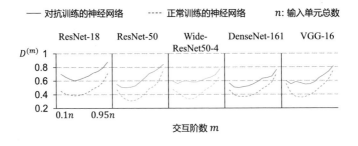

图 5-35　正常训练的网络与对抗训练的网络中博弈交互的解耦度[159]

　　综合上述结论，我们可以解释对抗训练提升模型鲁棒性的内在原因。对抗训练的网络建模了分类性能更强的低阶博弈交互，使对抗攻击难以基于这些低阶博弈交互构建出其他类别的高阶博弈交互，因此提升了高阶博弈交互的鲁棒性，从而提升了网络的鲁棒性。

## 5.4　对神经网络特征质量解构、解释和可视化

　　本节所关注的是对神经网络的表达质量的解构、解释和可视化。具体而言，本节将从两个角度展开：一个角度是期望神经网络学习到可靠的表征，即通过量化神经网络知识表征的一致性，分析神经网络多次训练得到的表征是

否一致，进而反映知识表征的可靠性；另一个角度是量化分析表征的复杂度，即分析网络单次学习的知识表征的复杂度。

### 5.4.1 解释表征一致性

神经网络在训练过程中可能会建模不可靠的表征，这些不可靠的表征会使得神经网络的预测结果缺乏可信度，而可靠的表征往往有助于提高模型的泛化能力。本节所介绍的表征一致性（Knowledge Consistency）技术[160] 作为一项通用的数学工具，能够诊断神经网络中层特征的表征能力。此外，通过应用表征一致性技术，能够进一步提高神经网络的性能，并且从一个新的角度解释现有的深度学习技术，例如网络压缩、知识蒸馏等。

> **表征一致性**
>
> 给定在同一任务中分别独立训练的两个神经网络 $A$ 与 $B$，表征一致性定义了神经网络 $A$ 与 $B$ 之间在知识表达层面的同构效应，即分析这两个神经网络是否对相同或相似的表征进行了建模。由于神经网络 $A$ 与 $B$ 是在相同的任务中训练的，因此可以假设，两个神经网络建模的同构的表征往往对应了更为可靠的中层特征分量，而不同构的知识表征则对应了一些不可靠的中层特征分量。

（1）度量。 两个神经网络之间的表征一致性可由如下方式度量。$h_A$ 和 $h_B$ 分别表示神经网络 $A$ 与神经网络 $B$ 的中层特征，在不失一般性的情况下，可以使用 $h_A$ 对 $h_B$ 进行重建，根据重建的难度可以得到 $h_A$ 与 $h_B$ 之间表征一致性的程度。当 $h_A$ 可以通过线性变换得到 $h_B$ 时，可以认为 $h_A$ 和 $h_B$ 零阶同构，此时，二者之间的表征一致性最高；当 $h_A$ 可以通过 $n$ 次非线性变换得到 $h_B$ 时，可以认为 $h_A$ 和 $h_B$ 为 $n$ 阶同构，若 $n$ 越大，则说明重建的难度越大，两个中层特征之间的表征一致性越低；若 $h_B$ 无法使用 $h_A$ 进行重建，则说明两个中层特征对不一致的知识进行了建模。

如图 5-36 所示，可以通过文献 [160] 中的神经网络，将神经网络的中层特征拆分为（$K+2$）个特征分量，包括为 $0 \sim K$ 阶不同的同构特征分量，以及不同构特征分量。拆分特征的公式：

$$h^* = g_\theta(h) + h^\Delta, \qquad g_\theta(h) = h^{(0)} + h^{(1)} + \cdots + h^{(K)} \tag{5-6}$$

式中，$h^\Delta$ 为不同构的特征分量；$h^{(i)}$ 为 $i$ 阶的同构分量；$h^*$ 为需要重建的目标特征；$g_\theta(h)$ 为图 5-36[160] 中所示的用于分解同构特征分量的神经网络。低阶一致性分量往往表示相对可靠的特征，而不一致分量则表示神经网络中的噪声信号。

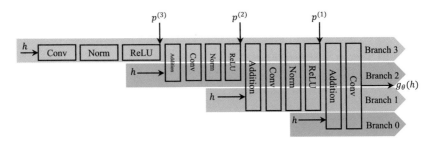

图 5-36 分解不同阶同构特征分量的神经网络[160]

（2）可视化呈现。如图 5-37 所示，对于给定的两个神经网络，表征一致性技术能够提取出两个网络中层特征中表征一致的特征分量与不一致的特征分量，并对其进行可视化。此外，表征一致的特征分量能够进一步拆分为不同阶的特征分量。从可视化的呈现结果可以看出，两个神经网络的不一致特征分量往往是一些高频的噪声，而同构的特征分量往往包含一定的语义信息。

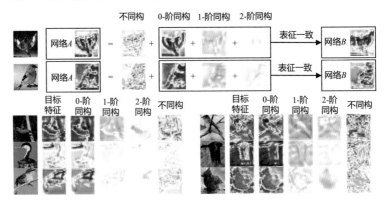

图 5-37 两个神经网络之间的表征一致性[160]

（3）意义。接下来，本节将通过几个实例体现表征一致性能够作为一个通用的数学工具，广泛应用于深度学习的多个方面，对于人工智能的可解释性具有深远的意义。

**实例 5.1.** 表征一致性能够帮助人们发现神经网络中层特征中的不可靠特征（Unreliable Features）和知识盲点（Blind Spots）。将一个深层的高性能神经网络作为标准的知识表达，去分析一个浅层的神经网络的知识表达（浅层神经网络有自己特定的应用价值，比如应用于算力有限的移动端）。当使用浅层网络的中层特征重建深层网络的特征时，不同构特征分量即为浅层神经网络的知识盲点；当使用深层网络的中层特征重建浅层网络的特征时，不同构特征分量为浅层神经网络的不可靠特征分量。浅层神经网络建模的知识盲点与不可靠特征如图 5-38[160] 所示，可以看到，浅层神经网络建模的知识盲点往往包括了鸟的头部或身体的某些部分，而不可靠特征往往对应了图片背景中的一些噪声。

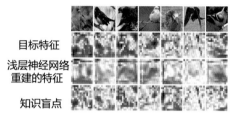
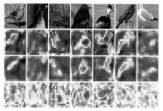

（a）浅层神经网络建模的知识盲点　　　　　　（b）浅层神经网络建模的不可靠特征

图 5-38　浅层神经网络建模的知识盲点与不可靠特征

**实例 5.2.** 当训练数据集较小时，人们往往会采用迁移学习的方式，即对一个在大数据集上预训练好的模型进行微调，例如在计算机视觉领域，人们往往会使用在 ImageNet 数据集[161] 上训练好的网络，然后在较小的数据集上进行微调。ImageNet 数据集中包含了 1000 种不同类别的图片，这使得预训练的神经网络中建模了海量的信息，但其中很多是与当前任务无关的冗余信息。表征一致性技术能够将这些冗余信息去除，从而提高神经网络在微调之后的性能，如表 5-5 所示。

表 5-5　表征一致性技术去除网络建模的冗余信息[160]

| 分类时使用的特征 | VGG-16 conv4-3 | | | VGG-16 conv5-2 | | |
|---|---|---|---|---|---|---|
| | VOC-animal | Mix-CUB | Mix-Dogs | VOC-animal | Mix-CUB | Mix-Dogs |
| 网络 $A$ 特征 | 51.55 | 44.44 | 15.15 | 51.55 | 44.44 | 15.15 |
| 网络 $B$ 特征 | 50.80 | 45.93 | 15.19 | 50.80 | 45.93 | 15.19 |
| $h^{(0)} + h^{(1)} + h^{(2)}$ | **59.38** | **47.50** | **16.53** | **60.18** | **46.65** | **16.70** |
| 分类时使用的特征 | ResNet-18 | | | ResNet-34 | | |
| | VOC-animal | Mix-CUB | Mix-Dogs | VOC-animal | Mix-CUB | Mix-Dogs |
| 网络 $A$ 特征 | 37.65 | 31.93 | 14.20 | 39.42 | 30.91 | 12.96 |
| 网络 $B$ 特征 | 37.22 | 32.02 | 14.28 | 35.95 | 27.74 | 12.46 |
| $x^{(0)} + x^{(1)} + x^{(2)}$ | **53.52** | **38.02** | **16.17** | **49.98** | **33.98** | **14.21** |

**实例 5.3.** 表征一致性技术还能够评测神经网络训练过程的稳定性。对于

同一个任务，在不同的初始化条件下重复训练得到的多个神经网络，如果彼此之间建模的知识表征一致性高，则说明它们能够对相似的知识建模，从而训练过程是稳定的。如表 5-6 所示，当训练样本较少时，浅层神经网络的训练更为稳定。

表 5-6　表征一致性能够评测网络训练的稳定性[160]

| 不同特征分量的方差 | conv4 @ AlexNet | conv5 @ AlexNet | conv4-3 @ VGG-16 | conv5-3 @ VGG-16 | last conv @ ResNet-34 |
|---|---|---|---|---|---|
| $Var(h^{(0)})$ | 105.80 | 424.67 | 1.06 | 0.88 | 0.66 |
| $Var(h^{(1)})$ | 10.51 | 73.73 | 0.07 | 0.03 | 0.10 |
| $Var(h^{(2)})$ | 1.92 | 43.69 | 0.02 | 0.004 | 0.03 |
| $Var(h^{(\Delta)})$ | 11.14 | 71.37 | 0.16 | 0.22 | 2.75 |

**实例 5.4.** 此外，表征一致性还能够用于解释现有深度学习技术，例如神经网络压缩、网络蒸馏技术等。在网络压缩中，不一致的特征分量往往对应了压缩过程中被舍弃掉的信息，如图 5-39(a) 所示，舍弃的知识量越少，神经网络的分类性能越高。对于网络蒸馏技术，不一致的特征分量往往对应了蒸馏过程中被舍弃的不可靠知识表征，如图 5-39(b) 所示，随着蒸馏次数的增加，不可靠的特征分量逐渐减少，网络的性能逐渐提升。

### 5.4.2 解释复杂度

神经网络中层特征是由复杂的逐层变换得到的，而神经网络内部变换的复杂性使得人们难以分析它的表达能力，本节所介绍的"复杂度"（Complexity）从神经网络特征质量的分析与解构出发，为分析神经网络的表达能力提供了一个全新的角度。这里将讨论神经网络复杂度的两个方面：

（1）特征的复杂度。神经网络从每个输入样本中抽取的特征是混杂的，包含非常丰富的信息，其中一些是简单的，另一些是复杂的；

（2）模型的复杂度。神经网络为不同的样本建立了不同的变换模型，而这些变换的多样性决定了模型的复杂度。对特征复杂度和模型复杂度的分析可以帮助人们解释神经网络的表达能力，例如，简单特征与复杂特征对任务的贡献是否一样，任务的复杂度和模型的复杂度有何关系，是否存在最优的模型复杂度，等等。

基于这两个方面，任洁等人[162]提出了两种衡量复杂度的指标，分别称为**特征复杂度**（Feature Complexity）和**变换复杂度**（Transformation Complex-

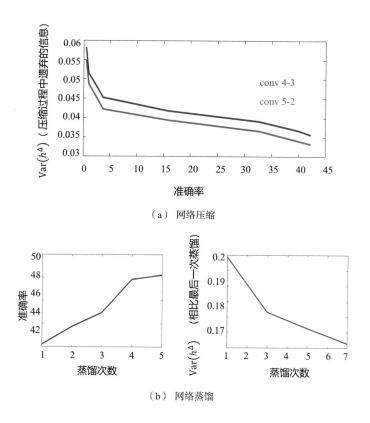

（a）网络压缩

（b）网络蒸馏

图 5-39 表征一致性解释网络压缩与网络蒸馏[160]

ity），这两种复杂度指标皆可为人们理解神经网络提供新的角度。

下面将详细介绍两种复杂度指标——特征复杂度与变换复杂度的含义与算法思路。

**1. 深度神经网络特征复杂度**

对于给定的一个样本，神经网络所抽取到的特征是混杂的。例如，在一个图像分类任务中，如果给定一张"鸟"的图片，神经网络所抽取到的特征可能包含了方方面面，例如包括鸟的颜色特征、鸟的羽毛纹理特征、鸟的形状特征、鸟的特定部位（如喙）特征，等等。而这些特征通常有不同的复杂度，例如鸟的颜色特征就可以认为是一种较为简单的特征，而相比之下，鸟喙的特征则是一种较为复杂的特征。

对于简单的特征，通常只需要一个比较浅的神经网络就可以得到；而对于复杂的特征，则需要更深的网络才能得到。换句话说，神经网络特征的复杂度取决于其信息处理所需要的层数。基于这个思路，我们便可以把神经网络对输入样本提取到的特征拆分成不同复杂度的分量，从而进一步分析神经网络中的特征，这也就是特征复杂度的基本思想。

根据这一思想，我们可以利用非线性变换的层数定义神经网络中层特征的复杂度，并进一步从其中拆分出不同复杂度阶次的特征分量。具体而言，我们可以如下定义神经网络特征复杂度，以及对不同复杂度分量的拆分。

---

**特征复杂度**

给定一个训练好的神经网络 $f$，输入 $\boldsymbol{x}$，中层特征 $f(\boldsymbol{x})$。正如式 (5-7) 描述的那样，网络中原始的中层特征 $f(\boldsymbol{x})$ 可以拆分为：用单层神经网络（只包含一个非线性层）能够拟合的分量 $c^{(1)}(\boldsymbol{x})$，用两层神经网络能够拟合的分量 $c^{(2)}(\boldsymbol{x})$，用三层神经网络能够拟合的分量 $c^{(3)}(\boldsymbol{x})$，依此类推：

$$f(\boldsymbol{x}) = c^{(1)}(\boldsymbol{x}) + c^{(2)}(\boldsymbol{x}) + \cdots + c^{(L)}(\boldsymbol{x}) + \Delta\boldsymbol{f}. \tag{5-7}$$

此处，我们将 $c^{(l)}(\boldsymbol{x})$ 称为特征 $f(\boldsymbol{x})$ 的 $l$ 阶复杂度分量（$l = 1, 2, \cdots, L$），而 $\sum_{l'=1}^{L} c^{(l')}(\boldsymbol{x})$ 是对原始特征 $f(\boldsymbol{x})$ 的一个重建。

---

利用特征复杂度的定义，神经网络中层特征 $f(\boldsymbol{x})$ 能够被清晰地拆分为不同复杂度阶次的分量之和。

**实例 5.5.** 在图 5-40 中，输入图片经过神经网络（图中左侧绿色的部分）可以得到中层特征 $f(\boldsymbol{x})$，$f(\boldsymbol{x})$ 是由复杂度不同的特征分量组成的，其中低复杂度的分量 $c^{\text{low}}$ 可以由一个较浅的神经网络拟合得到（左侧蓝色方块），中等复杂度的分量 $c^{\text{mid}}$ 则需要一个较深的网络（中间蓝色方块），而高阶复杂度的分量 $c^{\text{high}}$ 需要一个更深的网络才能拟合（右侧蓝色方块），此外，中层特征 $f(\boldsymbol{x})$ 中还包含复杂度更高的分量 $\Delta\boldsymbol{f}$。

（1）可视化呈现。通过对原始特征的分解，人们可以更细致地分析不同复杂度特征分量的性质，例如它们是否代表有意义的特征触发，这些触发对于分类是否可靠，以及这些触发中是否包含了噪声。更为直观地，我们可以对分解后的特征分量进行可视化，如图 5-41 所示。可以发现，复杂度较低的分量中包含的往往是和输入物体形状相关的触发，而复杂度较高的分量中包含了更多的噪声。

（2）意义。对于不同复杂度特征的量化是非常重要的，它能够进一步解决许多问题，例如：不同复杂度的特征分量对应的可靠性是如何变化的？它们是否都对分类起了重要的作用？对于高复杂度的分量，是否会给网络带来过

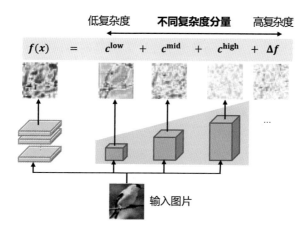

图 5-40　将原始特征分解为复杂度不同的特征分量[162]

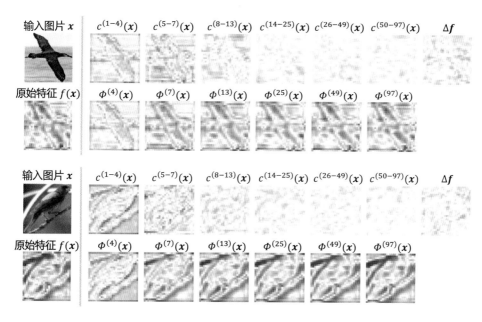

图 5-41　对分解后的特征分量进行可视化[162]

拟合的现象？总而言之，人们可以利用特征复杂度这一概念对神经网络中层特征进行拆解，进而分析不同复杂度特征分量的性质，细致地分析网络中层特征的表达能力。

### 2. 深度神经网络变换复杂度

不同于特征复杂度，变换复杂度衡量了模型的复杂度，它量化了一个神经网络为全体输入样本所建模的变换的多样性，下面将简要介绍如何定义这种变换，如何量化变换复杂度，以及它的意义与价值。

我们考虑最常见的激活函数为 ReLU 的神经网络，它可以等价地理解为一个分段线性函数，其中每个区间都对应了一个线性函数，换句话说，神经网络为不同区间内的样本建模了不同的变换（transformation）。例如，在一个图像分类任务中，神经网络为"狗"的输入图片建模了一种变换，而"猫"的输入图片可能在另一个区间内，那么它就对应了另一种变换。这种变换的多样性往往可以体现模型的复杂度——如果神经网络为全体输入样本所建模的变换种类数量越多，那么这个模型也就越复杂；反之，这个模型也就越简单。在这个意义下，线性模型是最简单的模型，因为无论输入样本是什么，始终都对应了同一个变换。这就是变换复杂度的基本思想，通过衡量神经网络所建模的变换的多样性，来分析模型的复杂度。

> **变换复杂度**
>
> 给定一个训练好的神经网络 $f$，以及所有输入样本 $\boldsymbol{X} = \{\boldsymbol{x}\}$，变换复杂度表示神经网络 $f$ 为所有样本 $\boldsymbol{X}$ 所建模变换的多样性。

接下来，对于激活函数为 ReLU 的神经网络，我们将形式化地定义"变换复杂度"的量化方法。对于一个给定的输入样本 $\boldsymbol{x}$，其输出 $\boldsymbol{y}$ 可以由如下前向传播公式得到：

$$\boldsymbol{y} = g(\boldsymbol{W}_{L+1} \ldots \boldsymbol{\sigma}_2(\boldsymbol{W}_2 \boldsymbol{\sigma}_1(\boldsymbol{W}_1 \boldsymbol{x} + b_1) + b_2) \cdots + b_{L+1}), \tag{5-8}$$

式中，$g$ 表示神经网络输出前的最后一层（例如 softmax 层）；$\boldsymbol{W}_l$ 和 $b_l$ 分别表示第 $l$ 层的权重（weight）和偏差（bias）；$\boldsymbol{\sigma}$ 表示 ReLU 层的操作。更一般地，在神经网络中，ReLU 层、Max-Pooling 层和 Dropout 层的操作都可以看作矩阵乘法，可以将它们归结为门控层（gating layer），用 0 和 1 代表每个位置的开关状态。对于 ReLU 操作，0 代表这个位置的触发值小于或等于 0，1 则表示触发值大于 0。所以，$\boldsymbol{\sigma}_l = \mathrm{diag}(\sigma_l^1, \sigma_l^2, \cdots, \sigma_l^D)$，其中 $\sigma_l^d \in \{0, 1\}$ 表示第 $l$ 个门控层第 $d$ 维上的门开关状态。

进一步，我们可以把式 (5-8) 等效地写成 $y = g(\boldsymbol{W}\boldsymbol{x} + b)$，其中 $\boldsymbol{W} = \boldsymbol{W}_{L+1}\boldsymbol{\sigma}_L\boldsymbol{W}_L \cdots \boldsymbol{\sigma}_2\boldsymbol{W}_2\boldsymbol{\sigma}_1\boldsymbol{W}_1$。对于不同的输入 $\boldsymbol{x}$，网络中门控层的开关状态 $\boldsymbol{\sigma}_1, \cdots, \boldsymbol{\sigma}_L$ 是不同的，使得每个样本对应不同的 $\boldsymbol{W}$ 和 $b$。因此，不同的门开关状态使得神经网络为不同的样本定义了不同的"变换"。

（1）度量。根据上述分析，我们可以通过门开关状态的多样性来衡量变换的多样性，从而表示神经网络中层建模的变换复杂度。设 $\boldsymbol{\Sigma}_l = \{\boldsymbol{\sigma}_l\}$

为全体样本在神经网络第 $l$ 个门控层的门开关状态对应的随机变量，$\mathbf{\Sigma} = [\mathbf{\Sigma}_1, \mathbf{\Sigma}_2, \cdots, \mathbf{\Sigma}_L]$ 记作整个神经网络中门开关状态对应的随机变量。由此，我们可以通过衡量门开关状态 $\mathbf{\Sigma}$ 的熵 $H(\mathbf{\Sigma})$ 来衡量变换的复杂度，$H(\mathbf{\Sigma})$ 越大，说明神经网络为输入样本建模的变换种类越多，神经网络的变换复杂度越高。

**实例 5.6.** 通过上述的度量指标，我们计算神经网络中不同层到网络输出之间的变换复杂度，通过图 5-42(a) 可以看出，神经网络中由底层特征到输出的变换复杂度较高，而高层特征到输出所建模的变换复杂度则较低，这与我们的直觉也是相符的。

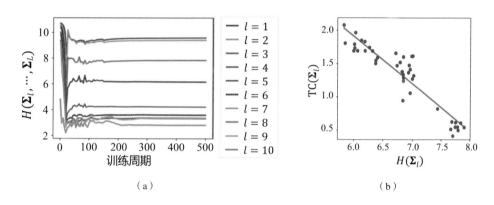

（a）　　　　　　　　　　　　　　（b）

**图 5-42**　神经网络不同层特征到输出所建模的变换复杂度与变换解耦之间的关系[162]

**（2）意义。** 对于变换复杂度的量化也可以帮助人们分析一系列问题，例如：神经网络在训练过程中的变换复杂度是如何变化的？对于同一任务，如果用不同的网络训练，是否会得到相同变换复杂度的模型？变换复杂度与特征表达的解耦程度有什么关联？为了完成某一任务，是否存在一个最优的复杂度，如何控制模型的变换复杂度？不同复杂度网络中特征的对抗鲁棒性分别是怎样的？这些问题都可以利用变换复杂度这一概念进行解答，从而帮助人们更好地理解神经网络的表达能力。

**实例 5.7.** 下面，我们以变换复杂度与"变换解耦"（Transformation Disentanglement）之间的关系为例，说明基于变换复杂度对神经网络表达能力的评价。变换解耦衡量了在不同维度上的变换是否是独立的。通常，我们可以用 $\mathrm{TC}(\mathbf{\Sigma}_l) = \mathrm{KL}(p(\boldsymbol{\sigma}_l) \| \prod_d p(\sigma_l^d))$ 指标分析变换的解耦性，这个值越小，说明变换解耦程度越高。由此定义，我们可以得到变换复杂度与变换解耦之间的关系，如果假设神经网络中每个神经元的触发率是一定的，那么变换复杂度与变换解耦呈正相关：

$$H(\mathbf{\Sigma}_l) + \text{TC}(\mathbf{\Sigma}_l) = C_l, \quad C_l = -\mathbb{E}_{\boldsymbol{\sigma}_l}\left[\log\prod_d p(\sigma_l^d)\right]. \tag{5-9}$$

这说明，给定神经网络中的某一层，如果该层的变换复杂度越高，那么这一层特征在不同维度上的变换也越独立，图 5-42（b）从实验上验证了这一点。

综上所述，两类复杂度指标能够帮助人们清晰地分析：神经网络中层特征的复杂度、神经网络为不同样本建模的变换复杂度。通过对神经网络特征复杂度的分析，可以帮助人们清晰地量化简单特征与复杂特征的重要性、可靠性和过拟合程度等。此外，通过对神经网络变换复杂度的分析与优化，可以提升模型的泛化能力、对抗鲁棒性等。总之，它们都反映了神经网络信息处理中的真实复杂度，为神经网络表达能力的分析提供了新的角度。

## 5.5 对表达结构的解释

### 5.5.1 代理模型解释

为了理解神经网络的决策逻辑，可以通过学习一个可解释的代理模型来模拟神经网络的输出，并解释神经网络的决策。代理模型一般需要满足两个条件：（1）代理模型能够模拟原始神经网络的决策，给出和神经网络相同的输出，一个经典的策略是通过知识蒸馏（Knowledge Distillation）的方法学习代理模型；（2）与原始的神经网络相比，代理模型需要具有更强的可解释性，能够使人直观地了解它的决策逻辑。常用的代理模型有加法模型和决策树模型。

文献 [163] 提出了一种基于代理模型的解释算法，在给定一个要解释的原始神经网络和一组语义概念的条件下，能够从语义层面解释神经网络的输出，计算出"每种语义概念对网络输出的贡献度"。图 5-43 展示的是代理模型对一张鸟类图像的解释结果，其中头部、脖颈和身躯都表示一种特定的、预定义的语义概念，后面的百分比表示这一语义概念对网络输出的贡献度。本节将围绕这一方法，介绍基于代理模型的模型解释方法。

正如前文所介绍的，我们要将一个待解释的原始神经网络（称为"目标网络"）蒸馏到一个"解释网络"中，从而用解释网络去解释目标网络。我们用 $\hat{y}$ 表示目标网络的输出，$\tilde{y}$ 表示解释网络的输出。这里的解释网络实质上是基于各种语义概念的加法模型，例如"鸟的头部 + 鸟的脖颈 + 鸟的身体 +…"。其中，每个语义概念对应一个语义子模块，表示输入图像中是否存在这个语义概念。此外，由于不同的语义概念的重要性是不同的，例如当我们判断图像

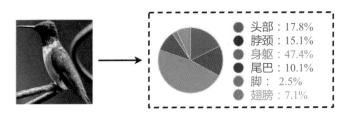

图 5-43　代理模型对一张鸟类图像的解释结果[163]

中是否是鸟时，是否有鸟头、翅膀，比是否有鸟的脖颈更重要。因此，我们还需要估计每个语义概念的重要性在任务中的重要性 $\alpha$。于是，给定一张输入图像 $\boldsymbol{I}$，解释网络的输出可以拆分到每种语义概念上（如图 5-44 所示）：

$$\tilde{y} = \alpha_1(\boldsymbol{I}) \cdot y_1 + \alpha_2(\boldsymbol{I}) \cdot y_2 + \cdots + \alpha_n(\boldsymbol{I}) \cdot y_n + b, \quad y_i = f_i(\boldsymbol{x}), \quad (5\text{-}10)$$

式中，$y_i$ 表示第 $i$ 个语义子模块的输出；$\alpha_i(\boldsymbol{I})$ 表示第 $i$ 个语义概念对输出的权重（重要性）；$b$ 是残差项。我们可以将 $\alpha_i(\boldsymbol{I}) \cdot y_i$ 看作第 $i$ 个语义概念对最终网络输出的贡献度。也就是说，基于这个加法模型，目标网络的输出可以拆分为不同语义概念的贡献度之和。

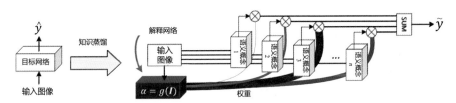

图 5-44　代理模型的解释过程[163]

我们希望解释网络能够体现目标网络中的决策逻辑，那么就需要保证 $\tilde{y} \approx \hat{y}$。因此，解释网络可以通过下面的损失函数来优化：

$$L = \left\| \hat{y} - \sum_{i=1}^{n} \alpha_i \cdot y_i - b \right\|^2. \quad (5\text{-}11)$$

需要注意的是，解释网络中的语义子模块是预先定义好的，不需要训练。因此，我们只需要学习权重模块 $\alpha$ 和偏差项 $b$。

图 5-45 给出了上述代理模型（解释网络）在动物图像分类及人脸属性预测任务中的解释结果。在人脸属性预测中，对于"有吸引力"这一属性而言，"年轻"（Young）、"不臃肿"等特征最为重要。

借助代理模型，我们能够在不影响原始神经网络性能的前提下，理解神经网络是基于哪些特征做出判断的。例如，我们可以解释在神经网络的预测

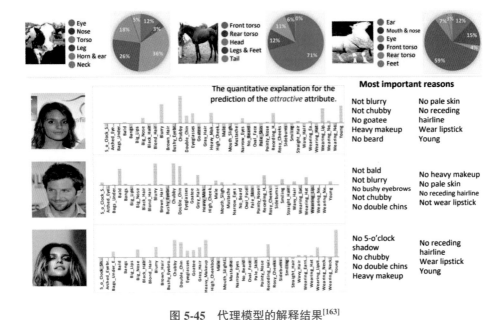

图 5-45 代理模型的解释结果[163]

中，动物图像中最重要的部位是哪个、文本中最重要的单词是哪些。这些解释使我们对神经网络的了解更进一步，同时也增强了人们对神经网络的信任，有助于神经网络在更多敏感性领域（例如医学诊断等）中应用。

然而，基于代理模型的解释方法也存在一些问题。例如，代理模型能否客观、准确地反映原始模型所建模的知识，这一点仍然存疑。尽管代理模型能够在输出层面拟合原始模型的输出结果，但在内部知识表达的层面，仍无法确保准确地体现原始模型的知识表达。换句话说，尽管代理模型和原始模型能够得到相似的输出结果，其内部的知识表达也可能是不同的。因此，代理模型能否客观反映原始模型的知识表达和决策逻辑，仍需要理论层面的进一步探索和验证，这也是基于代理模型的解释方法的一大局限性。

### 5.5.2 对自然语言网络中语言结构的提取和解释

在自然语言理解中，基于神经网络学习来理解语言的形式和人类理解语言的形式有着巨大的差别。人类对自然语言的语句进行理解时，可以清晰地指出各个语法单元之间的语法关系，比如 A 修饰 B、AB 构成的名词性短语从属于从句 C 等，并进而依据这些语法关系总结出整个句子的语法树结构。这样可解释的结构信息切实反映了语言理解的质量。在语言教学中，通过学员画出的语法树来分析他们对语句的理解是否有误，是普遍采用的教学方法。

在诸如 BERT、GPT 等模型中，语句被切分成一个个的亚词（Subword）单元，然后依次输入模型中，进而对每个亚词单元生成中间层表征（Hidden Representation）。这些表征依然是一个个序列化排列的向量，向量之间并不能反映出各个亚词单元之间的语法关系。有研究表明[164]，这些序列化排列的向量内部隐含了语法结构的信息，但是这些信息并不具备可解释性，难以被人们理解。

可解释的语言模型正是为了解决这一问题而生的。通过设计特别的语言模型结构，或是在 BERT 等模型的基础上微调模型结构，同时保持训练损失函数及训练方式不变，即可使得模型在输出中层表征之外，还能输出额外的组成部分，以反映中层表征之间的语法关系。同传统意义上的语法解析器（Syntactic Parser）不同，由于这类模型在输出语法树的同时又不需要专家标注的语法树数据集，因而这一系列工作也被归入语法归纳（Grammar Induction）的范畴，被称为无监督语法解析（Unsupervised Syntactic Parsing）。

句法距离（Syntactic Distance）是一种行之有效的神经网络组件，用以融合到诸如 LSTM、Transformer 等各类型语言模型中，使其具备语法层面的可解释性。

假设我们需要提取一段长度为 $N$ 的句子的语法树，并且只考虑二叉树形式的语法树①。由于在二叉树中，非叶子节点的数目始终等于叶子节点的数目（即句子长度 $N$）减 1，我们只需要敲定 $N-1$ 个节点的位置。进一步地，从序列化的句子转变到二叉树的过程，可以视为对句子中的单词不断进行相邻单词的两两合并，直至最后一个。当最终只剩下一个单词时，我们只需要溯源合并的轨迹，即可得到一个二叉语法树。因此，确定 $N-1$ 次相邻单词合并的顺序，也就可以唯一确定二叉树的结构。注意到 $N-1$ 次合并的位置与该长度为 $N$ 的句子中 $N-1$ 个单词的空隙是一一对应的（图 5-46），因此，在句法距离法中，我们在 $N-1$ 个位置上使用神经网络读取上下文信息并输出 $N-1$ 个实数来与之一一对应。相应地，合并的顺序即可由这些实数依大小排序得到。

如图 5-46 所示，例句中有三个单词，因此对应有两个句法距离（图中灰色椭圆），在左边的图中，由于左边的句法距离小于右边的，因而 enjoys playing 最先被合并，其合并之后的组分与 tennis 合并，形成了左子树。在右边的图中，两个句法距离的大小互换，因而也影响了合并的顺序，进而影响了树结构。

---

① 由于这里关注的是可解释性，对语法树的具体形式要求没有传统语法解析器那样严格，因而只考虑二叉树。此外，对于非二叉树形式的语法树，总是有办法通过一定的规则将其转换为二叉树。详见文献 [165, 166]。

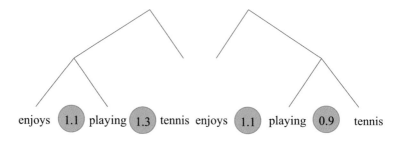

图 5-46　句法距离对树结构的影响

如此一来，我们将预测离散的、不规则的树结构的问题，转化为了预测规则的 $N-1$ 个浮点型实数互相之间相对大小的排序问题。而对于后者的学习可以便捷地并行化实现，并使用反向传播训练。

以 LSTM 为例，解析-阅读-预测网络（Parsing-Reading-Predict Network，PRPN）[167] 即是一种基于 LSTM 与注意力机制的可解释语言模型。它通过引入句法距离，为每个单词动态地确定一个注意力范围。

如图 5-47 所示，该语言模型根据上文预测下一个单词时，首先，一个输出为单个节点的多层卷积神经网络被引入模型中，直接在输入单词的词嵌入（Word Embedding）上做卷积运算，并得到句法距离 $d_i$，$i \in [1, 2, \cdots, N]$。接着，用 $d_N$ 与前面的每个 $d_i$ 进行"软比较"，即将 $d_N$ 与 $d_j$ 的差通过 sigmoid$(\cdot)$ 函数进行比较，若 $d_N$ 大，则 $\alpha_j^N$ 为 1，反之为 0。进一步地，我们自右向左对 $\alpha_j^N$ 进行连乘操作，得到 $g_j^N$。将 $g_j^N$ 作为掩模乘到原有注意力机制的注意范围（Attention range）上之后，即可为每个预测的单词动态调整注意范围。

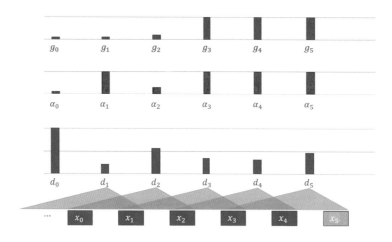

图 5-47　句法距离对注意力机制的调制

在训练完成后，只需要提取出相应的句法距离 $d_i$，即可依据上文提到的合并法得到可解释的语法树。图 5-48 为 PRPN 模型在测试时从无结构文本中推断得到的语法树。

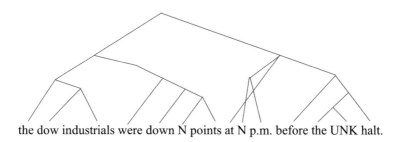

the dow industrials were down N points at N p.m. before the UNK halt.

**图 5-48　PRPN 模型在测试时从无结构文本中推断得到的语法树**

句法距离法也可以被应用到 Transformer 等模型中，相关工作详见文献 [168]。

## 5.6　可解释的神经网络

前面的章节介绍了许多对神经网络的事后解释方法，目前，尚不存在一套统一的事后解释框架，现有的研究彼此之间是割裂的，不同理论体系间缺乏严谨的对应关系。深度神经网络的复杂结构，使得对其的事后解释无法从根本上保证是正确可信的，且无法从本质上改变神经网络的"黑盒"属性。不同于对神经网络的事后解释，"可解释的神经网络"是以可解释性为学习目标的神经网络，旨在从端到端的训练中直接学习可解释的表征，从而从根本上解决深度神经网络不可解释的问题。

本节将围绕"可解释的神经网络"展开，介绍胶囊网络[169]、Beta-变分自编码器[170]、可解释的卷积神经网络[120]、可解释的组成卷积神经网络[171] 等四个具有代表性的可解释的神经网络。其中，胶囊网络提出将神经元替换为胶囊，每个胶囊建模了一个特定类型的目标（或部分目标），包括其姿态、形变、尺度等信息。$\beta$-变分自编码器学习可分离的隐层特征，提升了生成模型的可解释性。可解释的卷积神经网络和可解释的组成卷积神经网络都提出了通用的方法，将传统的卷积层修改为可解释的卷积层。

### 5.6.1　胶囊网络

卷积神经网络（Convolutional Neural Network，CNN）的巨大成功得益于其卷积层的参数共享及滑动窗口机制，这使得每个卷积核都是一个独立的、可学习的局部特征滤波器。一方面，滑动窗口机制在一定程度上提供了平移不变性。另一方面，其池化操作只保留一个池内最重要的信息，不仅使得高层神经元的感受野增大了，同时在一定程度上提供了平移不变性和旋转不变性。但是，Geoffrey E. Hinton 指出，正是池化操作使得神经元丢弃了目标在局部区域内的精确位置信息，丢弃了目标与目标（或部分与部分）间的相对位置信息等重要的空间信息。例如，一幅人脸艺术画，五官扭曲、错位。人类很容易分辨出这不是一个正常的人脸。但对于传统的 CNN 来说，它识别到了眼睛、鼻子、嘴巴等底层特征，传递到高层特征，就组成了"人脸"的高层特征，最终预测其为人脸图像。

人眼观察到的景象传递到大脑是一幅二维平面图，但人脑能够根据这幅二维图像反推出物体的位置信息、大小信息和空间几何信息等。正因如此，人类可以举一反三——只需提供某类物体的少量样本，人脑便可学会识别大量的同类物体，即使它们大小、位置和角度等都不同。而对于传统的 CNN 来说，这却是一个棘手的难题。因为传统的 CNN 本质上没有对物体的位置、姿势等重要信息建模，而是通过池化操作粗暴地丢弃位置、姿势等信息来实现"伪"平移不变性和旋转不变性。

受人脑对周围世界解析方式的启发，Geoffrey E. Hinton 等人设计了一种名为胶囊（capsule）的特殊神经元来代替传统的 CNN 的神经元，构造了一种新的卷积神经网络结构——胶囊网络（Capsule Networks）[169]，如图 5-49 所示。胶囊网络显式地对物体的位置、姿势等信息建模，因此使得神经网络具备平移和旋转的等变性（equivariance）。本节首先介绍胶囊网络的整体结构，然后讨论胶囊网络和传统神经网络的区别。

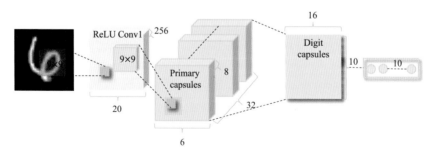

图 5-49　胶囊网络结构图[169]

### 1. 胶囊及其信息传递

一个胶囊包含了一组神经元。每个胶囊输出的是活动矢量（activity vector），而不是标量（scalar）。这个活动矢量的长度表示该胶囊的激活强度，活动矢量的不同维度控制着不同的特征，例如手写体数据的大小、笔触厚度和宽度等字体特征。

那么低层胶囊与高层胶囊之间的信息是如何传递的呢？我们都知道，传统神经网络将低层神经元的输出特征加权求和再传入高层神经元。这里的加权求和操作对于高层神经元是无差别进行的。也就是说，低层神经元输出的特征会无差别地传入不同的高层神经元。而胶囊网络的信息传递可以被看作一个分析树（parse tree）结构，其每个节点都对应一个活跃的胶囊，而每个胶囊都会选择一个高层的胶囊作为它在树上的父节点。

在具体实现上，通过一个叫作"动态路由"（dynamic routing）的机制加权低层胶囊的输出向量，这里的权重决定了某个低层胶囊将输出到哪个更高层的胶囊上。即"动态路由"机制决定了较低层胶囊的输出的活动矢量只能被传送到与之匹配的高层胶囊。例如，如果较低层胶囊编码的是眼睛、鼻子、嘴巴的特征，则这些胶囊将被传递到编码"面部"的高层胶囊；如果较低层胶囊编码的是手指、手心和手背的特征，则这些胶囊将被传递到编码"手"的高层胶囊。

### 2. 与传统神经网络的区别

胶囊网络与传统神经网络的区别主要包含以下三个方面。第一，普通神经元的输出是标量，而胶囊的输出是活动矢量；第二，普通神经元只编码了目标本身的静态信息，而胶囊编码了目标的位置、姿势等重要的空间信息；第三，普通神经元输出的特征加权求和后无差别地传递到高层神经元，而低层胶囊输出的活动矢量只能被传送到与之匹配的高层胶囊。这种低层胶囊与高层胶囊的强相关性，决定了胶囊网络编码的特征可解释性更强。

## 5.6.2 $\beta$-变分自编码器

我们知道，标准的自编码器（Autoencoder，AE）是由一对相连的编码器和解码器组成的。其中，编码器将输入压缩成一个低维矢量，解码器将该表示转换回原始输入。此机制保证了学到的低维表示在有限的编码中尽可能多地保留原始输入的重要信息，而丢弃相对不重要的部分。标准的自编码器的问题在于，其编码器输出的低维表示所在的潜在空间可能是不连续的。这会导致在测试时，当解码器接收到从未见过的编码器输出时，无法做出正确的处理。因此，变分自编码器（Variational Autoencoder，VAE）出现了。与标准的自编码器的不同在于，变分自编码器的输出不再是一个低维矢量，而是一个分布，包含两个矢量——平均矢量和标准偏差矢量。解码器将从这个分布里采样来解码。

然而，VAE 学习到的隐藏层分布空间中的数据是耦合的，如图 5-50 所示。换句话说，学习到的隐藏层特征的各个维度是相互关联的。例如，当我们给人脸图像加入"化妆"这一特征时，模型生成的人脸会倾向于更像女性。因为模型从大量数据中习得了女性有更大概率会化妆，即"化妆"和"女性"这两个特征之间是有关联的。但是，谁说男性不能化妆？男性可以化妆，只是大数据显示女性相比男性更容易化妆。因此，类似"化妆"和"女性"这样的关联是不应该存在的。为此，需要将隐藏层特征的各个维度解耦。

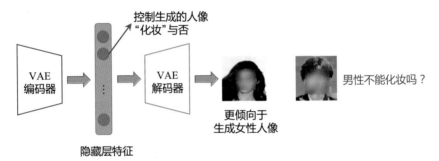

图 5-50　VAE 学习到的隐藏层分布空间中的数据是耦合的

相比 VAE，$\beta$-变分自编码器（$\beta$-Autoencoder，$\beta$-VAE）将 VAE 的潜变量空间解耦（disentanglement）[170]，即将隐藏层特征 $z$ 映射到一个可分解的分布。因此，隐藏层特征的每个维度都表示具体的、不相干的意义，从而保证了学到的表征包含可解释的语义信息。例如，人脸图像输入编码器，得到的隐藏层特征的每个维度表示是否微笑、是否戴眼镜、脸朝左朝右等分离的信息。因此，可以人为操纵这个隐藏层特征来改变生成的人脸的特点。这样可分离的、可解释的表示，对于提高后续任务的性能，例如分类、生成和零样本学习等，有着重要的意义。

**目标函数**

给定一组观察样本 $x$，假设已知隐藏层特征 $z$ 的先验分布特征 $p(z)$，$\beta$-VAE 的学习目标有三个：最大化生成真实数据的概率 $p(x)$；推断后验分布 $p(z|\boldsymbol{x})$；使生成的隐藏层特征 $z$ 可以学习到可分离的信息。当 $z$ 的维度很高时，$p(x)$

的计算是困难的。因此，基于变分推断的思想，引入一个估计分布 $q(z|x)$ 来近似真实分布 $p(z|x)$。经过一系列的变换，目标函数可以写成如下形式：

$$L = -\mathbb{E}_{q(z|x)}[\log p(x|z)] + \beta D_{\mathrm{KL}}(q(z|x)\|p(z)). \tag{5-12}$$

上式包含两项，第一项是对生成的 $x$ 的期望，第二项是估计的 $q(z|x)$ 和先验 $p(z)$ 的 KL 散度。这里的超参数 $\beta$ 的目的是让 KL 散度更小，$\beta$ 越大，则后验分布 $p(z|x)$ 中隐含的独立性越能提升。但是，KL 散度过分减小会导致模型的重建能力降低。因此选择合适的 $\beta$ 值可以平衡模型的表示能力和可解释能力。

### 5.6.3 可解释的卷积神经网络

可解释的卷积神经网络（Interpretable CNN，ICNN）不是一种新的神经网络架构，而是通过在传统的 CNN 的高层卷积层上加上一个特殊设计的滤波器损失函数（Filter Loss Function），从而规范滤波器的表示，以提高其可解释性[120]。

对于视觉任务而言，神经网络的可解释性包含解释建模的视觉语义，以及解释中层特征的表达能力。本节只关注解释建模的视觉语义，包括颜色、纹理、部分和目标等。其中，颜色和纹理可以统称为纹理，是没有明确结构的，例如天空、草地等。而部分和目标可以统称为部分，是有明确结构的，例如车轮、人脸等。神经网络编码具有明确结构的视觉语义信息，对于提升需要用到形状信息的任务（如目标检测等）具有重要的意义。因此，可解释的 CNN 提出了一种方法，让神经网络自动地学习具有明确结构的目标部分（object part）信息。

人类大脑的信息是混沌的，但人的认知却是符号化的。因此，让神经网络模拟人脑，通过自我反省、自我约束，从混乱的知识表示中提取符号化的特征表达是可解释的 CNN 的设计灵感来源。那么，如何定义神经网络的自省机制呢？通过实验验证，让输入图像的视觉语义和中层特征的视觉语义的互信息增大的过程，就是神经网络知识表达自省的过程。

具体而言，可解释的 CNN 设计了一种特殊的滤波器损失函数，确保一个滤波器只和某一类输入图像的某种视觉语义的互信息尽可能的大，即每个滤波器只由特定类别的特定部分激活，进而保证了每个滤波器只学习特定的、可区分的目标部分的特征。这是一种通用的提升传统的 CNN 的可解释性的方法，不需要额外引入新的数据标签，与传统的 CNN 的训练步骤完全一致，因此可以被广泛地应用于不同的 CNN 结构。本节将首先介绍新引入的滤波器损失函数，然后介绍可解释的卷积神经网络的应用场景。

### 1. 滤波器损失函数

从数学层面来说，本节引入的滤波器损失函数保证了滤波器的特征图 $X$ 与目标部分的位置 $\Omega$ 之间具有较高的互信息 $\mathrm{MI}(X;\Omega)$，即目标部分位置（part locations）可以大致确定特征图上的激活位置。因此，对于一个特定的高层卷积层，加在单个滤波器 $f$ 上的损失函数定义如下：

$$\mathrm{Loss}_f = -\,\mathrm{MI}(X;\Omega) = -\sum_{\mu \in \Omega} p(\mu) \sum_x p(x|\mu) \log \frac{p(x|\mu)}{p(\mu)}. \tag{5-13}$$

式中，$X = \{x | x = f(I) \in \mathbb{R}^{n \times n}, I \in \boldsymbol{I}\}$ 表示不同图像 $I$ 上，滤波器 $f$ 的一组输出特征（经过 ReLU 运算）；$\Omega = \{\mu_1, \mu_2, \cdots, \mu_{n^2}\} \cup \{\mu^-\}$ 表示目标部分可能出现的位置的集合；$\mu^-$ 表示一个虚拟位置，用于当前图像不属于滤波器 $f$ 学习的目标类别的场景，例如当前过滤器的目标是学习狗的眼睛，而当前图像属于猫的类别；$p(\mu)$ 表示目标部分出现在位置 $\mu = [i, j], 1 \leqslant i, j \leqslant n$ 的概率；条件概率 $p(x|\mu)$ 衡量了特征图 $x$ 和部分位置 $\mu$ 的匹配程度。式 (5-13) 可以分解为如下形式：

$$\mathrm{Loss}_f = -H(\Omega) + H(\{\mu^-, \Omega^+\}|X) + \sum_x p(\Omega^+, x)H(\Omega^+|X = x). \tag{5-14}$$

式中，$\Omega^+ = \{\mu_1, \mu_2, \cdots, \mu_{n^2}\}$。

式 (5-14) 包含三项，第一项是部分位置的先验熵，是一个常量。因此，该损失函数等价于最小化两个条件熵：$H(\{\mu^-, \Omega^+\}|X)$ 和 $H(\Omega^+|X = x)$。从物理意义上说，最小化 $H(\{\mu^-, \Omega^+\}|X)$ 保证了每个滤波器必须对单个目标类别进行编码，而不是表示多个类别；而最小化 $H(\Omega^+|X = x)$ 保证了该滤波器必须由不同图像的单个特定部分激活，而不是由每个输入图像中的不同目标区域同时触发。举例来说，如果一个滤波器只对类别狗的眼睛部分进行编码，那么该滤波器只会被狗类别的图像激活，而不会被猫类别的图像激活。同时，输入不同的同属于狗类别的图像，该滤波器只会被眼睛部分的区域激活，而对其他区域保持沉默。

### 2. 应用场景

本节介绍的滤波器损失函数具有广泛的应用性，基于其可以将不同结构的 CNN 修改为可解释的 CNN。图 5-51 可视化了可解释的 CNN 滤波器和传统的 CNN 滤波器。每个滤波器展示其在四个样本上的激活区域。可解释的滤波器总是一致地被相同的视觉语义激活，例如左上角的滤波器，在四张不同的熊猫样本上，都被"脸"这个视觉语义激活。而传统的 CNN 滤波器的激活没有清晰的视觉语义。

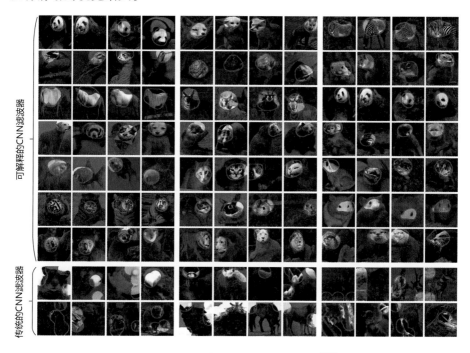

图 5-51　可视化不同的 CNN 滤波器[120]

## 5.6.4 可解释的组成卷积神经网络

与可解释的卷积神经网络初衷一致，可解释的组成卷积神经网络（Interpretable Compositional，CNN）[171] 也是为了提出一种通用的方法将传统的 CNN 修改为可解释的 CNN。但两者的技术和挑战完全不同。

前文提到，解释神经网络建模的视觉语义，包括没有明确结构的纹理和有明确结构的目标部分（object part）。而可解释的 CNN 只解释了建模的具有特定形状的目标部分的视觉语义。本节介绍的可解释的组成 CNN 将对视觉语义的建模进一步拓展到没有特定形状的区域信息，如草地、天空等。

前人工作[172] 表明，卷积神经网络通常使用一组滤波器来共同表示特定的目标部分或图像区域。基于此，可解释的组成卷积神经网络将特定高层卷积层中的滤波器划分为不同的组，并设计滤波器损失函数，来促使同一组中的滤波器总是由同一目标部分或同一图像区域激活，而不同组中的滤波器由不同的目标部分或图像区域激活。

本节首先介绍新引入的滤波器损失函数，然后讨论与可解释的卷积神经网络的异同，最后介绍可解释的组成卷积神经网络的应用场景。

**1. 滤波器损失函数**

本节介绍的滤波器损失函数，其目的是同时优化神经网络参数和滤波器分组，来保证模型在训练的过程中除提升模型精度外，还保证同一组中的滤波器所编码的视觉语义尽可能相似，而不同组中的滤波器编码的视觉语义尽可能不同。因此，对于特定高层卷积层的全部滤波器 $\Omega = \{1, 2, \cdots, d\}$，首先将其划分成 $K$ 组滤波器组 $A_1, A_2, \cdots, A_K$，$A_1 \cup A_2 \cup \cdots \cup A_K = \Omega$；$A_i \cap A_j = \emptyset$。$\boldsymbol{A} = \{A_1, A_2, \cdots, A_K\}$ 表示滤波器的分组。则滤波器损失函数定义如下：

$$\text{Loss}(\theta, \boldsymbol{A}) = -\sum_{k=1}^{K} \frac{S_k^{\text{within}}}{S_k^{\text{all}}} = -\sum_{k=1}^{K} \frac{\sum_{i,j \in A_k} s_{ij}}{\sum_{i \in A_k, j \in \Omega} s_{ij}}. \tag{5-15}$$

式中，$s_{ij} \in \mathbb{R} \geqslant 0$ 衡量了第 $i$ 个和第 $j$ 个滤波器所编码的视觉模式之间的相似度，$\theta$ 表示卷积神经网络的参数。因此，$S_k^{\text{within}} = \sum_{i,j \in A_k} s_{ij}$ 表示同一滤波器组内的滤波器的视觉模式的相似度，而 $S_k^{\text{all}} = \sum_{i \in A_k, j \in \Omega} s_{ij}$ 表示不同滤波器组间的视觉模式的相似度。这个损失函数目标是提升 $S_k^{\text{within}}$ 来保证滤波器组内相似度高；而降低 $S_k^{\text{all}}$ 来保证滤波器组间相似度低。$s_{ij}$ 定义为核函数的形式，$s_{ij} = \mathcal{K}(X_i, X_j)$。$X_i = \{x | x = f_i(I) \in \mathbb{R}^{n \times n}, I \in \boldsymbol{I}\}$ 表示不同图像 $I$ 上，第 $i$ 个滤波器 $f_i$ 的一组输出特征（经过 ReLU 运算）。

当固定网络参数 $\theta$ 时，式 (5-15) 在形式上同谱聚类的目标函数本质上是一致的。因此，在实际优化滤波器分组 $\boldsymbol{A}$ 的过程中，可采用谱聚类的优化算法。

图 5-52 可视化了可解释的组成 CNN 滤波器。以编码人脸视觉语义为例，可解释的组成 CNN 保证了每个滤波器只编码特定的人脸视觉语义，例如左上

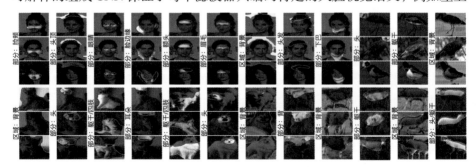

**图 5-52** 可视化可解释的组成 CNN 滤波器[171]

角的脸颊。而不同的滤波器编码了不同的视觉语义，且语义之间呈现出"组成性"。例如，不同滤波器编码了人脸的不同部分，包括脸颊、眼睛、额头和眉毛等。

### 2. 与可解释的卷积神经网络的区别

下面从所使用的技术和面临的挑战两个角度讨论可解释的卷积神经网络与可解释的组成卷积神经网络的区别。

从可解释性实现的技术上来看：可解释的卷积神经网络滤波器损失函数定义为互信息的形式，且所有滤波器都是强制单峰激活的，以增强其可解释性。而可解释的组成卷积神经网络使用核函数定义可解释性损失函数，这种损失函数形式上接近于谱聚类的目标函数，因此更容易优化。

从面临的挑战来看：可解释的神经网络的核心挑战是以无监督的方式对语义进行建模。如图 5-53 所示，可解释的卷积神经网络只能表示球形部分（源于其单峰激活的特性），这限制了其适用性和解释力。相比之下，可解释的组成卷积神经网络既可以表示具有特定形状的目标部分，又可以表示不具有特定结构的图像区域。这对于建模语义本质而言是一个重要的突破。

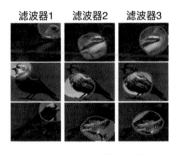

（a）可解释的 CNN：只能表示球形区域内的部分

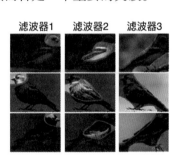

（b）可解释的组成 CNN：同时表示部分或不规则区域

图 5-53 可解释的 CNN 和可解释的组成 CNN 比较[171]

正如本章内容揭示的，随着模型复杂度的增加，在准确性提升的同时，模型的可解释性却逐步下降。众所周知，深度神经网络在许多任务上取得了前所未有的进展，这是传统的机器学习方法无法比拟的。然而，深度神经网络缺乏可解释性，这影响了人类对其预测结果的信任。因此，我们才要重点研究可解释性方法来提升像深度神经网络这样的复杂机器学习模型的可解释性，从而在保证模型高准确率的同时，也具备良好的可解释性。

# 5.7 小结

本章分别从"对神经网络的事后解释"和"可解释的神经网络"两个角度介绍了一系列的可解释性研究。本章介绍了 5 类不同的"对神经网络的事后解释"的研究方向,包括神经网络特征可视化、输入单元重要性归因、博弈交互解释性理论、对神经网络特征质量解构、解释和可视化及对表达结构的解释。同时,本章介绍了 4 种经典的本身具有可解释性的神经网络。通过对本章的阅读,读者可了解前沿的、经典的面向深度神经网络的可解释性方法。

# 第三部分 + 行业应用

+

第 6 章

# 生物医疗应用中的
# 可解释人工智能

刘琦 周少华 啜国晖 李涵

本章介绍可解释模型在生物学研究和医疗诊断中的重要应用前景。
首先重点介绍可解释性 AI 在基因编辑系统优化设计中的应用案例。然
后以可解释胸片诊断和深度通用学习两个实际案例,说明在医学影像分
析中,可解释 AI 模型对于提高可信度透明度、满足伦理监管要求、改
善模型的表现效果等方面所起的重要作用,如图 6-1 所示。

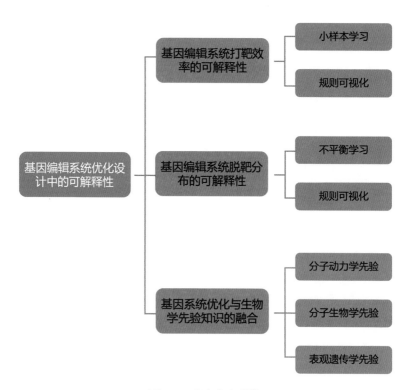

图 6-1　本章内容总览

**基因编辑系统优化设计中的可解释人工智能**

2003 年，人类基因组计划的测序工作全部完成，从此人类进入了后基因组时代，而与人类基因组计划相伴的是高通量测序及其衍生技术的飞速发展。这些技术的出现和推广，使得生物学数据量出现了爆炸性的增长。因此，从海量生物学数据中挖掘出其背后的价值并将之归纳为相应的生物学规律已经成为当前生物学研究的重要议题，且逐渐成为人工智能应用的重要领域。在这其中，可解释 AI 对于将生物学数据向生物学规律转化及验证有着巨大的帮助。

### 6.1.1　基因编辑系统背景介绍

重组 DNA 技术发展于 20 世纪 70 年代，是一项划时代的生物学技术。这项技术使得研究者获得了修改 DNA 分子的能力，使得研究基因和利用基因开发新型医药和生物学技术成为可能[173]。近年来，一种新型基因组工程技术的进步正在逐步推动一次生物研究领域的革新。不同于之前 DNA 修饰需要首先将其从基因组中提取出来的限制，现在结合人类基因组图谱以及功能基因组学研究所产生的一系列成果，研究者可以在几乎所有的生物体的内生环境中直接编辑或调控 DNA 序列的组成和功能，阐明其基因组层面的功能组成并确定其遗传学意义上的因果联系。而这种技术正是以 CRISPR-Cas 基因编辑系统为代表的基因编辑技术。

---

**CRISPR-Cas 基因编辑系统介绍**

功能：基因编辑（Gene Editing）或基因组编辑（Genome Editing），是指一种能够在活体基因组中进行 DNA 插入、删除或修饰的生物工程技术[174]。而 CRISPR-Cas 基因编辑系统是最新的基因编辑技术。

CRISPR-Cas 基因编辑系统来源于细菌的适应性免疫系统，其生物学作用是对目标 DNA 或 RNA 进行切割破坏以保护细菌，其构成是 CRISPR（Clustered Regularly Interspaced Short Palindromic Repeats）序列和 Cas 蛋白，前者识别目标 DNA，后者切割破坏目标。

2012 年，Jinek 等研究者[175]利用人工设计的向导 RNA（Guide RNA）序列替代细菌内生的 CRISPR 序列，成功地将 CRISPR-Cas 系统转化为一种可作用于切割任意目标 DNA 区域的生物工程技术，又被称为"魔力剪刀"。鉴于目前应用最为成熟和广泛的 Cas 蛋白是 Cas9 蛋白，因此本节提到的 Cas 蛋白在不特别说明的情况下均指 Cas9 蛋白。

图 6-2 展示了 CRISPR-Cas 基因编辑系统的基本结构。它包含 4 个元素：

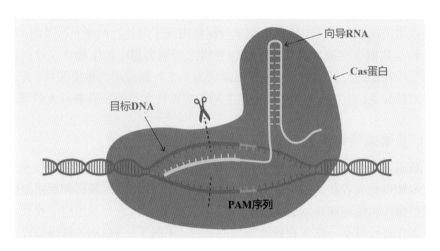

图 6-2　CRISPR-Cas 基因编辑系统的基本结构[176]

- Cas 蛋白，图中的红色部分；
- 目标 DNA，图中的蓝色部分；
- 向导 RNA，图中的黄色部分。注意：这是广义的向导 RNA，它由两个部分组成，其一为左侧和目标 DNA 配对结合的部分，长度为 20bp，作用为识别并结合目标 DNA；其二为前者右侧的序列，起结构支撑作用。由于真正起导航作用的是前面 20bp 长度的序列，因此狭义的向导 RNA 仅指代这部分序列。在本节中如没有特别注明，向导 RNA 均指狭义的向导 RNA；
- PAM（Protospacer Adjacent Motif）序列，又称前间区序列邻近基序，为图中的橙色部分，长度为 3bp，位于目标 DNA 上紧邻着向导 RNA 与目标 DNA 的结合部。它的作用是作为 Cas 蛋白与目标 DNA 结合的起始点，且常具有很强的序列偏好性。如最为常见的 Cas9 蛋白，其 PAM 序列为 NGG 序列（N 代表 ACGT 均可）。也就是说，如果一段 DNA 序列中没有包含 NGG，那么它将很难被 Cas9 蛋白结合，从而无法进行基因编辑。

CRISPR-Cas 被广泛地应用于生物医药开发及临床基因治疗中，包括但不限于：

- 建立临床疾病动物模型，如免疫缺陷小鼠（常用于肿瘤及免疫缺陷疾病研究）[177]；
- 制造表达特定基因的生物工程细胞，如 CAR-T 疗法中的 T 细胞[178]；
- 在临床基因治疗中，对患者的缺陷基因进行修复[179]。

### 6.1.2　基因编辑系统优化设计可解释 AI 模型构建

尽管 CRISPR-Cas 基因编辑系统是一种强大的生物工程工具，它的效率和准确性仍然被多种因素制约，其中，向导 RNA 处于关键性的地位。向导 RNA 与目标 DNA 的结合是基因编辑中最为重要的一步，它的效率直接影响整体的基因编辑效率。而向导 RNA 与非目标 DNA 的结合将导致基因编辑发生在错误的位置，又称脱靶效应（Off-target Effect），直接降低系统的准确性。

因此，对于向导 RNA 的选择是 CRISPR-Cas 系统优化设计中的核心命题，而目前的优化思路就在于预测目标区域中潜在的向导 RNA 序列的效率及其在非目标区域的脱靶频率，然后从其中挑选效率高且脱靶频率低的向导 RNA 作为实际操作对象进行基因编辑。

人工智能应用于 CRISPR-Cas 系统优化设计领域的代表性工作包括 Deep-CRISPR、sgRNA Designer、SSC、sgRNA Scorer 等[180–183]。下面将以 DeepCRISPR 为例进行剖析。

#### 1. DeepCRISPR 模型预测任务

（1）给定向导 RNA，预测其在目标区域的效率。可以是分类任务，如效率高、中或低；也可以是回归任务，如发生反应的向导 RNA 数量占该向导 RNA 总数量的比例。

（2）给定向导 RNA 及非目标区域的 DNA 序列，预测其在该区域的反应概率。可以是分类任务，如发生概率高、中或低；也可以是回归任务，如在该区域发生反应的向导 RNA 数量占该向导 RNA 总数量的比例。

#### 2. DeepCRISPR 模型构建

DeepCRISPR 模型整体基于预训练框架（Pre-training & Fine-tuning），利用无标记样本训练的自动编码器作为预训练模型，然后加入标记样本，在预测模型中调整参数，从而得到最终模型，如图 6-3 所示。

图 6-3（b）所示为预训练模型，其架构为基于卷积层的去噪自动编码器，预训练目标为最小化解码器（Decoder）输出与编码器（Encoder）输入之间的

差别，输入数据为全基因组中的所有潜在向导 RNA，共 **6.8 亿条**。这些输入为来自 13 个人类细胞系的含有表观遗传学信息的全基因组向导 RNA 样本信息。每个向导 RNA 样本均包含了其目标 DNA 区域的序列信息，以及目标 DNA 区域的表观遗传学信息。预训练模型的目的在于获得向导 RNA 的抽象表示。该自动编码器使用了去噪算法，在输入层中加入了基于正态分布的噪声数据。相对于一般自动编码器，这种去噪自动编码器能够稳健地应对基于如此巨大的样本量所产生的大量噪声。这种自动编码器的用途在于通过其中的编码器部分获得向导 RNA 样本的抽象表示，且这种训练得到的特征表示也将被应用于之后的预测模型训练中。

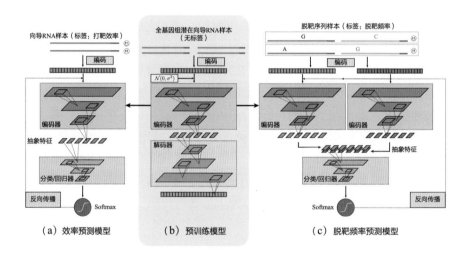

图 6-3　DeepCRISPR 模型框架[180]

图 6-3（a）为效率预测模型，其前端特征提取层的参数值为图 6-3（c）中预训练的编码器参数，接下来使用具有基因编辑效率标签的向导 RNA 样本对模型的整体参数进行微调（Fine-tuning）以得到最终模型。该训练分支使用了约 15000 个来源于多个 CRISPR-Cas 基因编辑实验的向导 RNA 样本，这些样本均由基因编辑效率作为标签。

图 6-3（c）为脱靶频率预测模型，与效率预测模型一样，该模型的前端特征提取层的参数值同样为图 6-3（c）中预训练的编码器参数，然后使用具有脱靶频率为标签的向导 RNA 样本对模型的整体参数进行训练调整，得到最终模型。脱靶频率预测模型使用的训练数据来自两个人类细胞系，共包含 160000 个已标签脱靶位点。

DeepCRISPR 模型使用预训练框架，利用大量无标签向导 RNA 样本学习得到的向导 RNA 信息流型，可以提升后续预测模型的预测性能。

### 3. DeepCRISPR 模型预测结果的解释

图 6-4 展示了 DeepCRISPR 效率预测模型对应的显著图（Saliency Map）[184]。其中，上方的序列图代表了高效率向导 RNA 的序列偏好性，碱基字母越大越在上方，表示偏好性越强；下方的热力图则表示每个位点中序列特征（碱基 ACGT）和表观遗传学特征（CTCF、Dnase、H3K4me3 及 RRBS）的偏好性，红色代表高偏好性，蓝色代表低偏好性。

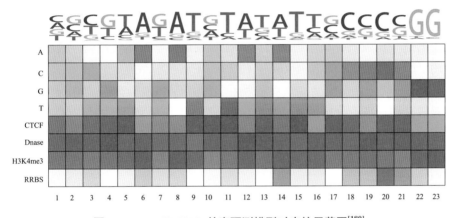

图 6-4  DeepCRISPR 效率预测模型对应的显著图[180]

图 6-4 反映了 DeepCRISPR 效率预测模型利用大量实验数据对于 CRISPR-Cas 基因编辑过程的规律归纳，包括如下规则：① 第 22 号和 23 号位置对鸟嘌呤 G 具有压倒性的偏好；② 第 17 号到 20 号位置更偏好胞嘧啶 C 或鸟嘌呤 G；③ 全部位置均对 Dnase 具有偏好性；④ RRBS 整体表现为非偏好性，且第 18 号到 21 号位置表达出强烈的抗拒性。

这些规则是该模型对于 CRISPR-Cas 基因编辑过程的事后解释：

• 规则 ① 表明 PAM 区域的后两位为 G，这正是向导 RNA 设计的基本原则，即 PAM 区域应符合 NGG 序列模式；

• 规则 ② 反映了向导 RNA 与 DNA 的部分结合区域中 C-G 配对和 A-T 配对偏好性的差异。这种差异之所以会出现在第 17 号到 20 号位置，正是由于这些位置是向导 RNA 与目标 DNA 的起始结合位点，需要更加稳定的配对方案，以确保配对过程的平稳进行，这其中 C-G 配对具有 3 个氢键，比 A-T 的 2 个氢键更加稳定。文献 [185, 186] 对这一规则进行了实验验证；

- Dnase 反映了染色质的开放程度，其值越大，则开放程度越高，因此规则③ 反映了 CRISPR-Cas 基因编辑发生在染色质稀疏区域，符合稀疏 DNA 区域更加活跃的一般规律，且文献 [187] 验证了这一规则；
- RRBS 表征了 DNA 被甲基化修饰的程度，其值越大，则甲基化修饰程度越高，所以规则④ 反映了目标 DNA 在与向导 RNA 结合的起始位点附近出现甲基化会阻止基因编辑的发生。其出现的原因在于 DNA 甲基化会使得降低 DNA 的活性，阻止向导 RNA 与目标 DNA 的配对起始。文献 [187] 证实了这一点。

利用这四条规则可以更方便地设计出高效率的向导 RNA，并为这种预测模型的进一步发展提供可行的方向，如表观遗传学特征在预测过程中的重要作用。DeepCRISPR 的案例反映了 CRISPR-Cas 实验数据、可解释性 CRISPR-Cas 效率和脱靶预测模型，以及基因组学和 CRISPR-Cas 结构等相关理论信息的有机互动，三者分别扮演了数据、可解释 AI 和专家信息的角色：

- 专家信息指导了可解释 AI 的输入特征选择和预处理，如表观遗传学信息的引入便是基于 CRISPR-Cas 与 DNA 所在的微环境存在互作的基本规律；
- 基于实验的标签数据实现了可解释 AI 的训练；
- 利用可解释 AI 归纳的信息总结出的数据规律又反向对基于专家信息的生物学解释进行了验证。

从这个案例中可以看到，在生物学研究中，数据、可解释 AI 和专家信息存在相互依存、相互联系的关系，三者不断地螺旋式上升，使得人类能够对复杂的生物学过程实现解析和预测，推动人类在生物学前沿领域的进步。

**表观遗传学**[188]

表观遗传学（Epigenetics）处在生物学和特定的遗传学领域，其研究的是在不改变 DNA 序列的前提下，通过某些机制引起可遗传的基因表达或细胞表现型的变化。表观遗传现象包括 DNA 甲基化、组蛋白修饰（如 H3K4me3）、染色质空间构象（如染色质的稀疏程度）及调控因子（如 CTCF 蛋白）分布等。与经典遗传学以研究基因序列影响生物学功能为核心相比，表观遗传现象主要研究这些构成 DNA 分子邻近微环境的主要因素建立和维持的机制。

## 6.2 医学影像中的可解释性

### 6.2.1 概述

近年来，以深度学习为代表的人工智能技术迅速应用到医学影像分析中，并在很多任务上取得了不俗的表现。依托于此的全新半自动或全自动计算机辅助诊断技术，在一定程度上缓解了相关从业人员的阅片压力，提升了分析准确性，促进了医疗诊断流程的革新和标准化建设。然而，深度学习方法的黑盒特性，缺乏对学习到特定任务知识表征的有效解释，阻碍了其在实际临床场景下的落地进展。因此，医学影像分析的可解释性研究受到了学术界和工业界的广泛关注[189–192]。

**1. 医学影像分析可解释性的必要性**

（1）高可信度透明度需求。医学影像分析的准确性严重影响诊断和后续治疗措施的有效性，关系到患者的生命健康安全。透明、可靠地应用人工智能方法，是实际临床场景下部署模型的关键因素。一个透明、可解释和可理解的医疗影像分析方法，应该在认知负担内向解释方（医生、患者及监管人员等）解释方法诊断决策的完整过程。

（2）伦理和法规要求。鉴于应用人工智能技术进行医学影像分析的特殊性，医学伦理和医疗器械审批法规对其提出了进一步的规范要求。目前，美国食品药品监督管理局（Food and Drug Administration，FDA）考虑到目前人工智能医疗器械的透明度、可解释性和稳健性等现状，重新构想了相关器械的监管方法[193]。近年来，中国对人工智能类医用软件产品的分类界定日益规范。由于人工智能技术可解释性差，在医疗领域的应用处于起步阶段，临床实用风险尚未得到全面深入评价等原因，原则上采用人工智能技术的医用软件若用于辅助诊断，均按照第三类医疗器械管理[194]。此外，对于人工智能医学影像分析方法面临的伦理问题，也寄希望于通过增强可解释性予以缓解。

（3）改善模型在医疗场景下的表现效果。医学影像具有数据量少、完备标注紧缺、多中心等鲜明特点，很多在自然图像上表现良好的模型方法在医疗领域的表现效果差强人意。但医学影像背后通常蕴含着丰富的医学先验知识，例如形状、位置和相关性等信息，这些信息符合普遍的医学认知，具有良好的可解释性。将这些可解释的医学先验知识有针对性地引入模型设计的过程中，可以更好地结构化特征空间和约束方法的学习过程，改善模型在医疗场景下的表现效果。

## 2. 医学影像分析可解释性的研究现状

诚然，近年来，深度学习的可解释性研究涌现出一些优秀的研究工作，但其可解释性面向的用户通常是算法设计人员，且特异于具体的模型结构。区别于此，医学影像分析的可解释性研究更侧重于面向医生、患者和监管人员，在认知负担内解释和使用医学先验知识。如图 6-5 所示，现阶段的主要研究工作集中表现为以下几个方面。

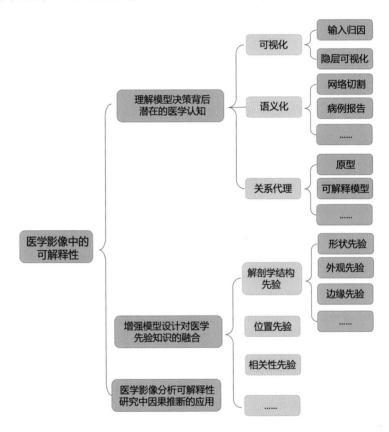

图 6-5 医学影像中的可解释性

（1）理解模型决策背后潜在的医学认知。将模型学习到的知识表征与特定的医学先验知识建立联系，帮助领域专家理解模型的决策过程。解释的表现形式，可以细分为可视化、语义化和关系代理。

- 可视化一般是指输入归因的可视化和模型内部神经元的可视化，通过使用热力激活图、注意力机制、显著性图和输入扰动等方法，在输入与决策输出间建立视觉联系或可视化中间神经元学习到的特征[195-199]。医学影像分析可解释性研究中的主要应用是病灶区域或异常点的可视化，为模型潜在编码的异常区域提供直观可解释的证据。在文献 [195] 中，IG 和 Smooth Grad 方法被用来可视化乳腺 MRI 图像雌激素受体状态分类任务学习到的特征，由于不合理的预处理方案会导致模型从伪影中学习到不相关的特征，可视化可帮助改进预处理方案和训练方法。

- 语义化一般是指将模型内部的神经元特征与语义概念确定对应关系，揭示隐层所表征的语义信息，常见方法如网络切割等[126]。此外，医学影像分析可解释性研究存在一种特殊的语义化解释，即病例报告，通过生成模型用自然语言模拟和描述医生的诊断决策过程，同时输出诊断结果和详细的、可理解的诊断依据，配合注意力机制，可以在自然语言描述和医学影像的视觉要素间建立联系，提供多层面的可解释性[200–202]。在文献 [200] 中，直接在医学影像的视觉要素和报告的文字要素间建立映射，可视化了决策过程；并提出使用知识蒸馏结合后验知识和先验知识，模拟医生判读方式，生成可解释的高质量的医学报告。

- 关系代理是指通过原型或者具备可解释性的模型解释当前模型的决策过程。前者是通过选出数据集中的一些有代表性（适合解释常见数据）和很不具有代表性的样本（适合解释不常见数据）来解释模型。后者是指借助决策树、规则集合和线性模型等具备可解释性的模型，层次化地条件判断或量化贡献来解释模型。在文献 [203] 中，通过对每种疾病学习一组具有代表性的原型，并利用原型指导分类预测，可以提供全局和局部两个层面的可解释性。从全局角度看，各原型间的共性表现出模型决策的关键点；从局部角度看，每个原型对单样本的预测的贡献反映了对该样本的预测过程。

（2）增强模型设计对医学先验知识的融合。指在模型设计的过程中，依据对所处理的具体任务和处理数据的实际情况的思考，将特定的已具备可解释性的医学先验知识引入其中，一方面增强模型的可解释性，另一方面可以改善模型的质量。常见的医学先验知识包括形状先验、外观先验和边缘先验等解剖学结构先验，以及位置先验、相关性先验[204–206] 等。引入医学先验知识的方法包括设计满足特定需求的损失函数，构建辅助任务及结构化特征空间等。在文献 [204] 中，通过建模心脏三维结构变化来区分健康和心脏肥大患者，使用 LVAE 学习两者间的分布差异指导分类，并使用 VAE 生成健康和心脏肥大两类分布的代表性心脏结构，发现后者的心室壁厚度高于前者，成功地将医学形状先验知识融入模型设计中。文献 [205] 认为医学影像多标记分类问题的各标记间蕴含丰富的共现和相互依存关系，并通过图卷积神经网络明确探索多标签胸部 X 射线（CXR）图像分类任务的病理之间的依赖关系，改善多标记分类任务的表现效果。

（3）医学影像分析可解释性研究中因果推理的应用。传统的人工智能医学影像分析技术是建立在关联推理的基础上，挖掘症状和病因间的强相关关系。在症状和病因的种类很丰富的情况下，易出现因果混淆的问题[207]。区别于此，因果推理更符合真实场景下医生的诊断思维，同时因果推理方便抽取条件结果的规则集合，解释性更强。此外，通过因果关系的视角看待医学影像分析标注稀缺和数据异质性等挑战，可以更透明地做出（和审查）有关数据收集、注释程序和学习策略的决策。医学影像和注释之间的因果关系不仅对预测模型的性能产生深远的影响，而且甚至可能决定首先应该考虑哪些学习策略[208]。目前，因果推理在医学影像分析领域的应用比较少，包括疑难罕见病诊断、推断病因[209]和医学影像知识图谱的相关工作等。在文献 [207] 中，作者从因果诊断（根据患者提供的证据，医生试图确定哪些疾病是症状的最佳解释）的反方向出发，假设性干预某些前提条件，验证某些结果是否会发生，通过反事实推断的方法在诊断罕见病或极罕见疾病的诊断上展现出优秀的效果。

综上，目前的医学影像中模型的可解释性研究更侧重于对已知医学先验知识的理解和应用。下面通过两个具体的应用更直观地加以说明。

### 6.2.2 可解释性胸片诊断

在肺部相关疾病的检查中，基于 X 光影像的诊断是最常用、最有效的诊断方法。X 光影像主要包括胸部 X 射线（Chest X-ray，CXR）和电子计算机断层摄影影像（Computed Tomography, CT）两种，它们是基于人体不同组织对 X 光射线的吸收和透过率不同的原理，实现对人体内部组织的成像，从而获得肺部及肺部疾病，如炎症、肿块和结核等不同病灶的影像信息。同时，X 光影像易于储存，因此常被用于疾病诊治过程中的复查对比。

其中，CXR 因其具有辐射低、成像快、成本低和普及度广的优点，成为肺部疾病筛查最常用的方法。但与此同时，临床医师要面临着大量 CXR 的阅片工作的难题，如图 6-6 所示。

目前，人们借鉴深度学习网络在自然图像分析任务中应用的成功经验，将深度学习网络直接应用于 CXR 的疾病分析任务。其中，比较有代表性的两项工作分别是：Wang 等人公开了带有 14 类疾病标签的 CXR 数据集 ChestX-14[210]，

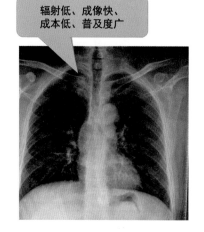

图 6-6　CXR 特点及医师面临的难题

并使用经典的 CNN 实现 CXR 疾病分类。该方法使用的是 DenseNet-121[211] 网络框架，将影像先降采样到 256 × 256 分辨率，然后送进网络直接进行分类。该方法因其提供的数据集数据量大、标注明确，成为计算机 CXR 影像处理领域的经典方法。Aeger 等人发布了带有是否患有肺炎两类标签的深圳医院 CXR 数据集[212]，并使用 CNN 对数据集中 CXR 进行了二分类。本方法也是先将影像降采样到 256 × 256 分辨率，然后直接送入 DenseNet-121 网络中进行二分类。虽然该论文公开的数据集数据量较小（662 例），标注种类少，但是因其影像是原始的分辨率（大约为 3000 × 3000）且影像质量较高，同样也成为计算机 CXR 影像处理领域的经典方法。

### 1. 骨抑制的重要性

虽然通过深度学习网络直接生成分析结果的 CXR 处理方法已经取得了较高的精度，但是人们并不清楚深度学习模型的判断依据和机理。这些模型在没有达到超高精度前，临床医生不会直接将它们应用于临床诊断，所以临床意义十分有限。在与影像科临床医师交流后得知，在临床诊断中，医师更希望使用双能吸收测定法（Dual Energy X-ray Absorptiometry，DE）[213] 得到的 CXR 骨抑制影像作为诊断的辅助影像。因为双能吸收测定法可以将 CXR 分解成不同的组成部分（如骨、肺和软组织），并通过骨成分移除的方式减少骨对其他内部结构的遮挡，提供更加清晰的临床诊断依据[213]。但是，此类测定方法辐射大、成本高，大部分医院并不将该方法作为常用的肺部疾病的诊断方法。所以，通过神经网络实现对 CXR 的成分分解和骨成分抑制，以代替双能吸收测定法，为医师提供更清晰的肺内部结构，以供医师进行临床诊断，有着重要的意义。该思路不仅可以进一步提高网络疾病分类的准确率，还可以为医师提供骨抑制后的 CXR 作为临床诊断依据，在一定程度上提高了 CXR 的疾病分类的可解释性，如图 6-7 所示。

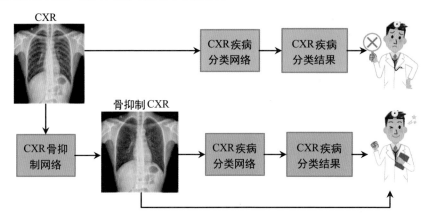

图 6-7　骨抑制后的 CXR 为医师提供更清晰的肺内部结构

对于 CXR 影像降低肋骨遮挡来提高 CXR 肺部疾病诊断准确率这一思路，有两类常见方法：一类是有监督的方法，即以双能吸收测定法得到的无骨 CXR 为目标训练网络；另一类是无监督的方法，主要利用人为的标注找到骨的位置，然后建立骨架模型，最后从原图中将骨去除。其中，使用无骨 CXR 训练网络来进行骨抑制的代表方法如下。

Gusarev 等人提出了两种网络结构进行 CXR 骨抑制 AE like models[214]。这两种网络与其他直接对骨特征分析提取的思路完全不同，他们是将 CXR 中的骨影像当成 CXR 影像中的噪声，然后对影像去噪。Yang 等人提出了多尺度级联卷积网络（Cascade of multiscale ConvNets，CamsNet）[215]。在 CamsNet 网络中，影像被放在了梯度域上，使用多级卷积神经网络进行处理，每级卷积神经网络中的影像的分辨率被不断提高，最终生成一个高分辨率的骨抑制影像。在 CamsNet 的基础上，Chen 等人又提出了小波域（Wavelet）上的级联卷积神经网络 Wavelet-CCN[216]，该方法仍使用双能吸收测定法得到的无骨 CXR 作为训练数据训练卷积神经网络，将多尺度小波分解和级联框架结合，逐步细化预测精度，提高 CXR 的分辨率。

Berg 等人提出了基于人工骨轮廓标注的 CXR 骨抑制方法[217]，该方法首先利用人工描绘的骨骼轮廓实现了 CXR 中骨头的自动分割，然后将分割的骨头从 CXR 中减去，得到骨抑制的影像。进而，Berg 等人在上一研究工作的基础上提出了一种新的骨分割方法。他们仍然先标注出骨的位置，然后将标出的骨影像转移到了梯度域上并把影像拉成水平[218]，这样一来，骨的边缘在垂直方向上的梯度图就会较大，骨的具体位置也会很明显，他们依据这些边缘确定骨的分割结果，再进行下一步的操作。Frangi 等人直接利用海森矩阵对 CXR 进行骨抑制[219]，Hogeweg 等人仅对锁骨进行骨抑制[220]，都得到了比较好的效果。

如今，CXR 骨抑制方法由基于骨位置标注的物理模型向基于双能无骨 CXR 影像训练的人工智能网络发展，这些方法虽然可以获得骨抑制的 CXR 结果，但是也存在各自的弊端。

基于双能无骨 CXR 影像训练的人工智能网络可以比骨位置标注的物理模型取得更好的骨抑制效果，但是存在以下几个问题：一是只有少数医院有双能 X 光仪，无骨 CXR 数据少；二是训练时使用的是普通 CXR 和该 CXR 对应的双能无骨 CXR，难以迁移到非双能 CXR 数据集上；三是双能无骨 CXR 是使用不同强度的 X 光线拍摄两次后处理得到的，两次射线拍摄存在时间间隔，病人呼吸、心跳、移动等都会对拍摄结果造成影响，双能吸收测定法得到的无骨 CXR 本身也并不是严格准确的。

基于骨位置标注的物理模型不需要双能吸收测定法得到的无骨 CXR，但是也存在几个问题：一是每张图都需要人为给定骨完整位置或骨的中心线位置，这样一来，每张 CXR 的骨抑制操作都需要人工标注，实际应用的难度很大；二是这些方法通常基于传统信号处理的方法（如信号分离）或者骨结构在梯度域上更明显等特征进行骨抑制，这种方法会受到 CXR 的质量影响，精度不高。

### 2. 融入解剖结构的骨抑制可解释性胸片诊断

针对上述问题，Li 等人提出借助非配对计算机断层摄影影像（Computed Tomography，CT）中的三维解剖学空间信息实现 CXR 的分解，以摆脱网络对双能吸收测定法无骨 CXR 影像的依赖[221, 222]。他们的核心思想是将非配对 CT 中的三维解剖学空间信息通过投影生成二维数字重建放射影像（Digitally Reconstructured Radiograph，DRR）的方式嵌入网络自编码器的隐空间中。因为 CT 成像时也使用 X 光射线，所以二维的 DRR 与 CXR 有相似之处，使用 DRR 将 CT 清晰可见解剖结构信息引入网络中，可以为二维 CXR 的成分拆解，提供充分而有效的空间信息。为了达到更好的性能，他们基于 CycleGAN[223] 提出了二维成分分解网络 DecGAN，在对二维 CXR 进行分解时，保证隐空间的分解结果能够保留原有 CXR 的真实结构。如图 6-8 所示，三维的 CT 先通过 DeepDRR[224] 中的投影方式投影到二维的 DRR 影像中，在三维的 CT 中选择不同的成分进行投影，可以得到不同成分的 DRR。例如，在三维 CT 中去除骨后进行投影，可以得到无骨的二维 DRR。通过这种方式，将 CT 三维结构知识引入二维 CXR 中去，基于 CycleGAN[223] 和 U-net[225] 以实现 CT 的三维空间知识的融合，以及 CXR 各个成分的分解，最后通过骨成分移除的方法得到 CXR 的骨抑制影像。

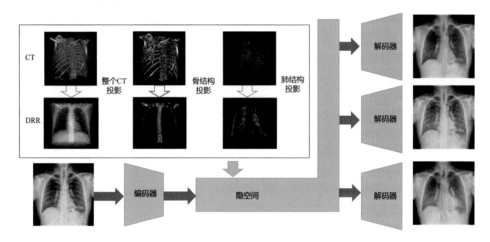

图 6-8　利用 CT 提供的先验三维分解知识将 CXR 分解

### 6.2.3　具有自适应性的通用模型学习

因为不同器官的位置、组织结构特点和疾病诊断需求的差异，实际获取的医疗影像数据在模态、尺度与维度等方面都存在较大差异。比如以心脏功能与疾病诊断为例，可能的数据模态包含心电图、超声心动图和 CT 图像等。这些数据涵盖了 1 维、2.5 维和 3 维等不同维度，且有具体不同的时空分辨率。即使对于同一模态，不同器官、不同采集设备、不同采集人员及不同医疗机构之间，也会存在不同程度的数据差异。传统的针对每类数据和任务分别建立一种强监督学习模型的建模方式，显然很难适应医疗影像中数据及任务千差万别的特点。为此，学习具有通用性的模型成为医疗影像分析中的一个重要研究领域，即如何在上述数据模态、维度、时空分辨率、任务有差异的条件下，构建具有自适应能力的统一表征模型。由于自适应能力是针对差异性设计的，所以模型中的自适应性是一种具有可解释性的表达。

### 1. 深度通用学习

机器学习是一种从数据中学习模型的技术。模型的常见表达：

$$Y = F(X; W), \tag{6-1}$$

式中，$< X; Y >$ 分别是目标任务 $K$ 的输入和输出。在深度学习中，$F(.; W)$ 是一个深度神经网络，其参数 $W$ 包括网络的层数和每层的连接形式及权重。在学习单一任务 $K :< X, Y >$ 时，单一深度神经网络 $F$ 的性能甚至可以达到"超人"的水平。可是，当使用单一深度神经网络学习来自不同域的异质多任务 $\{K_t :< X_t, Y_t >; t = 1, 2, \cdots, T\}$ 时，其性能存在局限性，因为单一网络只能把输入表达到一个特征空间，难以同时匹配不同任务的语义需求。

在此，我们提出了一种深度通用学习的新理论，来处理不同域的异质多任务。考虑到不同任务之间既有差异性又有共同性，我们提出一种构建"共性化 + 差异化"的互补式表征方式的新机制，具体的数学表达：

$$Y_t = F(X_t; W_0, W_t), \tag{6-2}$$

式中，共性特征表达 $W_0$ 用于共享知识和共享计算；差异特征表达 $W_t$ 用于捕获个性任务 $K_t$ 的差异性。图 6-9 展示了深度通用学习模型的简单示意图。

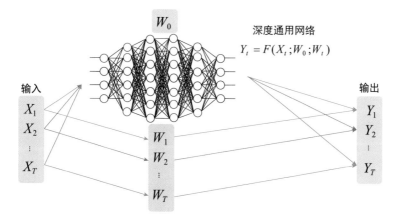

图 6-9　深度通用学习的简单示意图

### 2. 训练算法

在训练深度通用网络进行梯度反向传播（Back Propagation）时，一方面，所有数据产生的梯度得以反传更新共性参数 $W_0$，用于描述所有域的共同之处，因而由此训练得到的模型更鲁棒；另一方面，只有属于任务 $K_t$ 的数据产生的梯度得以反传更新差异参数 $W_t$，用于刻画单域的特别之处，因而模型更精准。

### 3. 网络架构：混合专家和适配器

当面对来自不同任务的训练数据时，通用模型需要在采集方式、多中心、影像模态和器官部位等多个维度，全面深入地学习和理解输入的影像数据。在训练过程中，通用模型不仅要把握不同子分布数据的特点，而且需要从分布差异中揭示数据之间的关联。模型需要在了解数据间差异与相似的基础上，利用这些知识促进自身学习，以期更好的性能表现。基于此，我们提出适配器型通用模型和混合专家型通用模型（图 6-10），来处理众多的医疗影像任务。

（1）适配器型通用模型。主要思想是为不同的临床任务设置专门的子网络，即适配器（Adaptor）。具体结构如图 6-10 所示，将一般视觉任务采用的残差卷积模块的第一个卷积层转化为适配器模块，每个任务的适配器都为一个轻量级的卷积。来自任务 $t$ 的数据 $x_t$，将由对应的适配器网络 $A_t(.)$ 单独处理，用以学习该任务独有的知识，即 $y_t = A_t(x_t)$。而后续的残差卷积网络结构为多个任务的数据共享，以把握不同任务数据之间的相似性，如边缘、角点等。

（2）混合专家型通用模型。本类模型借鉴了自然语言处理中表现优秀的混合专家（Mixture-of-Experts，MoEs）思想。如图 6-10 所示，一般视觉任务采用的残差卷积神经网络模块，对于所有不同的输入数据，每次计算过程均采用了重复的网络权重，但模型学习的知识并非对于每例数据都是有用的。模型面对的医疗影像数据在多个维度上的分布差异明显，导致了更为显著的负面效应。所以，对属于不同子分布的数据，应当采用不同的网络权重，即不同的专家网络进行计算，这便是混合专家的核心思想。

两种架构设计聚焦于通用模型的"通用"性（Universality），一是通过公共的残差卷积神经网络，学习差异化数据之间的共有特征和关联信息；二是通过引入额外子网络，把握数据在不同维度、不同任务中的差异。从这一层面来看，混合专家型通用模型与适配器型通用模型的出发点是一致的，均要从数据中学习通用知识和特定知识两部分。但是对于特定知识的定义、具体的实现方式，存在着明显差异。具体来说，适配器型通用模型将特定知识定义为"任务特定"（Task-specific），针对不同的任务，均需要一个特定的适配器承担该任务独有的学习任务；混合专家型通用模型将特定任务定义为"分布特定"（Distribution-specific），对于不同分布，由不同的子网络组合，即不同的专家组进行协作。

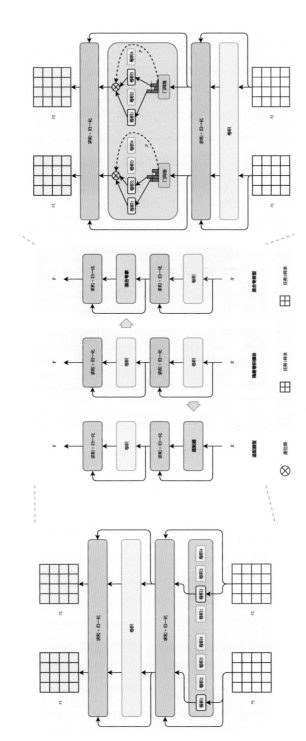

图 6-10　适配器型通用模型和混合专家型通用模型的架构设计示意图

#### 4. 深度通用网络模型实例及性能

在文献 [226] 中，为多域、多器官分割设计的通用 U-Net 使用 1% 的参数量达到 5 个单独模型（用于分割 CT 肝、CT 胰腺、MR 左心房、MR 前列腺和MR 脑海马体）的同等性能，同时该通用模型很容易迁移到 CT 脾脏分割。

在文献 [227] 中，用于特征点检测的单个通用网络能同时从头部、手和胸部三个部位的 X 光影像中检测不同的特征点，如图 6-11 所示。各图左上角的数字为该图特征点检测结果与金标准的平均真实空间误差距离（Mean Radial Error）。该 2D 通用网络也使用可分离卷积适配器来描述特征点局部特征，并辅以三个单部位的全局特征网络，其达到的检测性能超越三个单独专用网络，但是整个通用网络的参数量是远小于三个单独网络的总参数量的。

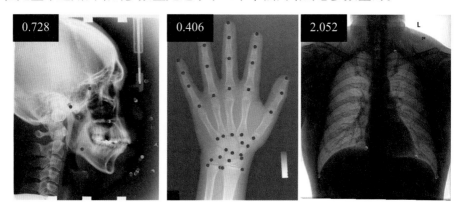

图 6-11　三个不同的特征点检测任务

在文献 [228] 中，用于 MRI 稀疏重建的单个通用网络能够同时完成重建脑部和膝盖两个不同解剖部位的 MRI 影像。给通用网络以主流的 MRI 稀疏重建为基础模型，使用基于解剖部位的实例规范化（Instance Normalization）作为适配器，并利用模型蒸馏（Model Distillation）吸收更多的解剖知识。同样地，通用模型达到的重建性能超越两个单独专用网络。在 4 倍系数采样时的脑部重建任务上，通用模型的 PSNR 指标比单独专用网络提高 2.3dB；在 4 倍系数采样时的膝盖重建任务上，通用模型的 PSNR 指标比单独专用网络提高 0.96dB。在保持基础模型参数不变的同时，调整适配器参数可以把通用模型迁移至心脏、腹部和前列腺三个不同解剖部位，同样达到超过单独专用网络的性能的效果。另外，如果把脑部的适配器用于测试重建心脏数据，则重建性能显著变差，PSNR 指标减少了 1.4dB，这充分证明了自适应适配器的重要性。

# 6.3 小结

　　由本章讲述的案例可以看到，可解释 AI 在生物学和医学影像的研究中有着广泛的应用前景和巨大的应用价值。利用可解释 AI，研究者可以在数据和专家信息之间建立有效的联系，使得数据、可解释 AI 和专家信息三者不断地呈螺旋式上升，实现对复杂的生物学过程和医学影像辅助临床决策中的解析和预测。最终，推动这些前沿领域的进步，并促进临床医学、药物开发等下游领域的发展。

第 7 章

# 金融应用中的可解释人工智能

陈一昕　王小雅　张艺辉　易超　孔昆

　　金融是人工智能应用的重要领域，可解释性对确保人工智能金融应用的安全性与合理性具有深远影响。本章会重点介绍人工智能在金融行业的特殊性、行业监管要求的紧迫性，可解释 AI 在金融领域的应用案例，以及金融可解释 AI 的未来发展方向，如图 7-1 所示。

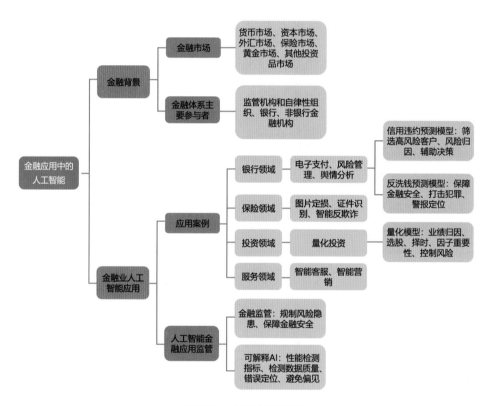

图 7-1　本章内容总览

# 7.1 简介

在金融领域，挖掘传统金融数据与另类数据的价值、深化人工智能在金融行业的应用正逐渐成为行业共识。金融行业在国民经济中具有巨大的影响力，金融业务场景对可解释 AI 的需求也十分强烈。健全的安全监测预警机制可以确保人工智能金融应用于安全可控范围内，而在这个过程中，金融可解释 AI（Financial Interpretable AI）具有深远影响。

## 7.1.1 金融行业背景介绍

"金融市场，是指以金融资产为交易对象，以金融资产的供给方和需求方为交易主体形成的交易机制及其关系的总和。广义上来讲，金融市场是实现货币借贷和资金融通、办理各种票据和有价证券交易活动的市场，包括由一切金融工具和资金供求者所形成的供求关系。"[229] 从狭义上来说，金融市场一般限定在以票据和有价证券为金融工具的融资活动，是资金供货及有价证券的买卖市场。金融市场具备资金筹集、资源配置、调节经济和反映经济等功能，是资金的"蓄水池"、资源配置的"调节器"、国民经济的"晴雨表"。

## 7.1.2 金融市场介绍

### 1. 金融市场及参与者

根据不同的分类标准，可以把金融市场分成不同的类别。最常见的分类方式是按照交易标的物划分，可以分为货币市场、资本市场、外汇市场、保险市场、黄金市场及其他投资品市场，人们常说的股票市场、债券市场、基金市场、金融衍生品市场都属于资本市场。其他的分类方式也有很多种：按金融工具的发行和流通特性划分，金融市场可分为初级市场、次级市场和场外交易市场；按交易中介存在与否划分，金融市场可分为直接金融市场和间接金融市场；按交易方式可分为现货市场、期货市场和期权市场。

从全球来看，金融体系的主要参与者包括政府部门、工商企业、金融机构和个人。金融机构作为金融市场的重要参与者，起着十分重要的作用。我国金融机构体系是以中央银行为核心、政策性银行与商业性银行相分离、国有商业银行为主体、多种金融机构并存的现代金融体系，已经形成了严格分工、相互协作的格局。

我国金融机构体系大致分类如下：

（1）监管机构和自律性组织。国家或政府金融管理当局和有关自律性组织机构，如中央银行、银保监会和证监会等；

（2）银行。包括政策性银行与商业银行。其中，商业银行可以分为国有独资商业银行、股份制商业银行、城市合作银行及住房储蓄银行，如中国银行、工商银行等；

（3）非银行金融机构。主要包括国有及股份制的保险公司、城市合作社及农村信用合作社、信托投资公司、证券公司、证券交易中心、投资基金管理公司、证券登记公司、财务公司及其他非银行金融机构。

（4）境内开办的外资、侨资、中外合资金融机构。包括外资、侨资或中外合资的银行、财务公司及保险机构等在我国境内设立的业务分支机构及驻华代表处。

### 2. 金融科技应用及监管

随着科技的不断发展，金融与科技相融合已经成为全球趋势。不少政府、机构和企业都相信科技将会改变金融市场的现有格局，不断加大对金融科技领域的投资。毕马威（KPMG）于 2021 年 2 月发布了 2020 年下半年的《金融科技动向》，这篇报告提到 2020 年全球金融科技投资达 1053 亿美元，共包括 2861 宗交易。其中 2020 年下半年，涵盖并购、私募基金和风险投资的全球金融科技投资额超过 2020 年上半年金融科技投资总额的一倍，这足以证明数字化创新的推动对于全球金融服务业企业的重要性正在不断增加。

在金融行业中，人工智能的主要应用场景广泛覆盖了金融行业的各个领域。具体来说，在银行领域，计算机视觉技术可以应用于电子支付、刷脸取款和安保监控，机器学习可以应用于建立客户画像和风险管理，自然语言处理可以应用于搜索引擎和舆情分析。在保险领域，图像处理可以应用于图片定损、证件识别和人脸识别，机器学习可以应用于智能核保、智能反欺诈和推荐保险方案，知识图谱可以应用于生成用户画像和行业风险客户预测。在投资领域，深度学习、知识图谱和机器学习都可以应用于量化投资。而在服务领域，自然语言处理可以应用于智能客服，机器学习可以应用于智能营销。

各国的政府和监管机构在不断推动金融科技发展的同时，都积极制定发展规范。中国人民银行《金融科技（FinTech）发展规划（2019－2021）》明确提出，要求"健全人工智能金融应用安全监测预警机制，研究制定人工智能金融应用监管规则，强化智能化金融工具安全认证，确保把人工智能金融应用规制在安全可控范围内。"中国人民银行也在加快出台人工智能金融应用监管基本规则，建立智能算法评价备案机制，强化标准符合与安全管理，提高算法的可靠性和可解释性，提升驾驭人工智能复杂系统的能力，为智慧金融健康发展保驾护航。荷兰中央银行于 2019 年 7 月发布了《金融行业人工智能应用一般原则》，提出稳健、问责、公平、道德伦理、专业和透明等六方面技术应用原则。新加坡及中国香港金融监管部门均要求使用金融科技的机构对其技术标准和使用方式进行审慎的内部管理，并对其用户履行充分的告知和解释义务，确保金融产品消费者的知情权。

事实上，在涉及智能领域的金融应用方面，自然语言处理、知识图谱、机器学习、深度学习和图像处理等技术能够提供比人工经验更高效、强大的信息处理能力，这种优势使得这些技术成为各大机构着重发力的关键点。但是，在资管、营销、支付等金融体系中，人工智能本身的"黑盒"属性可能会给金融市场带来潜在的风险。

表 7-1 总结了金融行业的市场、参与者、金融科技应用及监管要求等相关概念，从中我们可以看到，如何在充分应用人工智能的技术优势的同时，剔除潜在风险、符合强监管要求，成为金融人工智能应用面临的重大课题。

表 7-1　可解释 AI 面向各金融行业对象

| 面向对象 | 建模准备 | 建模过程 | 建模应用 |
| --- | --- | --- | --- |
| 面向监管者 | 特征（定义、分布、衍生、选择）可解释 | 算法（回归、决策树、图统计学、集成学习、深度学习）可解释、参数可解释、模型无关可解释、基于样本可解释 | 模型仓库管理、监控管理、账号和日志管理 |
| 面向应用用户 | 应用服务对象决策依据、公平性 | 程序样本来源隐私权、知情权 | |
| 面向算法用户 | 决策可解释性、算法可追溯性 | 风险可控制性 | 数据使用偏见预警 |
| 面向开发者 | 模型假设是否满足 | 模型逻辑是否自洽 | 模型代码是否符合正常预设 |
| 面向全社会 | 作为学科必备可解释性 | 进行审慎监督 | |

## 7.1.3　可解释 AI 面向各金融行业对象的必要性

虽然现在机器学习已经为金融行业带来了巨大变革，但金融机构面对人工智能依然有其特有的顾虑。早期的人工智能应用是以结果为导向的，推理过程被放在了"黑盒"里。如果缺乏对模型结果预测原理的揭示，人们便无法从使用者的角度对流程进行监督与判断，所以不透明带来的只会是不信任，或者是被蒙在鼓里的无条件信任。无论是哪种现状，人工智能的"黑盒"特性都危害了机器学习在金融行业的深化应用。

金融行业的高风险、强监管性质决定了机器学习在金融领域的应用，仍落后于其在游戏、互联网、教育等领域的应用。根据《麻省理工斯隆管理评论》（*MIT Sloan Management Review*）与波士顿顾问集团（The Boston Consulting Group）于 2017 年调查的人工智能在各行业的被采纳程度，金融服务业评估目前人工智能对其产品服务、工作流程的影响程度仅占约 10%，低于行业的平均水平。

IBM 对 5000 余家企业进行的使用人工智能的调查显示，82% 的企业表示想要使用人工智能，但其中三分之二的企业表示目前不愿意使用，模型缺乏可解释性被列为接受人工智能的最大障碍，60% 的高管表示担心人工智能的内部运作过于不透明。这体现了企业对于使用人工智能态度的两极分化，一些人对人工智能抱有不切实际的期望，认为它是万能的魔法，可以回答所有问题，而另一些人则对算法在后台的工作深表怀疑。在金融领域，金融可解释 AI 正试图弥合这种差距，通过增进理解来降低使用者不切实际的期望，并给怀疑者说明澄清金融与人工智能是相辅相成的：人工智能可以为金融赋能，提高效率、改善用户体验、减少信息不对称。金融也为人工智能提供了完美的应用场景，因为金融行业数字化程度高，具有全方位的多应用场景，而人工智能可以为金融服务提供显著的改善效果，所以金融行业发展和应用人工智能的积极性也比较高。

## 1. 面向监管者

金融是现代经济的核心，是实体经济的血脉。对于监管机构来说，保证持牌金融机构在依法合规的前提下发展金融科技，有利于提升金融服务质量和效率，优化金融发展方式，筑牢金融安全防线，进一步增强金融核心竞争力。

金融科技的一大工具就是人工智能算法。对于监管机构而言，在全流程上对人工智能的各方面进行约束是防范金融风险的必要条件，因此监管者对于可解释机器学习有着重大的需求。如果不知道人工智能给出的结果是用什么逻辑推导出来的、是否基于人类的期望和经验，人们无疑在将个人利益或集体利益托付给人工智能进行决策时会产生疑问。可解释 AI 方法可以协助监管者与使用者更好地理解模型以防范风险，例如一个可疑交易排查系统，模型不应仅仅告诉用户哪些交易看起来可疑，而应采用可解释的方法阐明影响预测的最常见原因，如提供何时有何种异常值在标记的交易中占比过高等。

根据中国人民银行在 2021 年 3 月发布的《人工智能算法金融应用评价规

范》（内容概览可参见表 7-1 中面向监管者部分），目前监管者对于可解释性的应用规范，包括人工智能风险的可解释性与人工智能建模的可解释性，提出基本要求。人工智能风险的可解释性包括算法可追溯性与算法内控；人工智能建模的可解释性主要集中于算法建模准备、建模过程、建模应用、评价方法与判定准则等过程。

## 2. 面向应用用户

金融行业机器学习的应用用户可根据其在算法中的角色分为两类。这两类用户分别处于两类不同的应用场景下，所以对算法可解释性的需求也有所不同：

第一类作为应用的服务对象，例如智能投顾的语音聊天机器人的客户，会更加关注可解释 AI 可否说明算法决策依据与算法公平性等问题；

第二类为程序的样本来源。许多金融场景都需要客户数据作为样本数据，如个性化金融产品智能营销需基于用户行为数据，又如保险保费定价需基于客户背景数据。在客户作为大数据的样本来源时，通常都需要可解释 AI 来解决算法隐私权保护、知情权保护等问题。

那么这些解释是否必要呢？金融人工智能模型利用从用户处收集的数据，在为用户提供服务的同时，也旨在提升使用者的金融效率。虽然数据的使用权可以在双方共识的基础上，通过用户同意授权进行建立，但用户是否拥有与此相关的决策机制知情权？一个案例是，寿险业在传统精算方法之外，开始使用大数据与人工智能进行保费定价。两个有相同年龄、性别、健康状况的邻居，是否会因为收入不同而被收取不同的寿险保费？这种可能存在的价格歧视毫无疑问地侵害了消费者的福利，而且使用的还是来自消费者的数据。为了应对这种情况，美国保险法要求公司能够解释为什么拒绝某人的保险，或向其收取相对而言更高的保费，来保证客户拥有公司决策机制的知情权。

## 3. 面向算法用户

此处的算法用户，指的是人工智能算法的直接使用者。对于各类金融场景下人工智能算法的使用者，尤其对于金融机构而言，人工智能模型的可解释性是不可绕开的话题。

为什么解释能力在此显得如此特殊和重要？在金融行业，有众多复杂的非人工智能的金融理论与公式，例如 Ito 积分、衍生品定价公式、美林金融周期等，它们的假设与原理在长期的实践中已经得到了不断的解释和修正，其逻辑也是可以被清晰地表达和理解的。它们被人们广泛接收并使用，原因就在于这些理论自成一套逻辑框架，在满足假设的条件下，理论是可以被验证的。

而目前人工智能所支持的金融工具或理论的最大问题就是还没有经过这个过程。深度学习的人工神经网络结构和参数是通过大量面向结果的数学优化来实现的。模型的决策可解释性、算法的可追溯性、算法对于数据使用的偏见预警、算法的风险可控制性，都是金融可解释 AI 需要直面的问题。

#### 4. 面向开发者

在算法的底层，金融行业所使用的人工智能算法首先需要确保模型假设是否满足，模型逻辑是否自洽，模型代码是否正常符合预设。在满足算法无误的先决条件下，开发者需要更进一步地在开发层面对算法进行不断的调优改进，这需要开发出金融可解释 AI 适用于金融各方需要的配套开发机制，使得算法在成型的过程中，就能够留下后续应用金融解释性改进的余地。

#### 5. 面向全社会

解释性作为一个科学的框架，对于任何一门学科的深入发展都是不可或缺的。金融可解释 AI 的目标，是要对金融人工智能算法所做的任何决策进行因果分析并明确其根本原因（Root Cause），例如管理国家主权基金的程序在做出卖空命令之前，如果可以明确说明卖空命令的主要原因是央行货币政策的收紧，人们就可以对其追根溯源，进行审慎的监督。相反，若机器无法给出明确的解释，人们甚至无法知晓该卖出指令是否是国外黑客的恶意攻击所造成的。

### 7.1.4　金融监管对于可解释性的要求

随着金融数字化转型的全面推进，各政府机构正在建立与之相关的法律进行规范，要求各金融机构对人工智能模型可解释性进行深入的研究与应用。

全球已有若干出台的法律法规来监管金融人工智能应用的场景。欧盟的《通用数据保护条例》（GDPR）要求在使用基于人工智能的系统时要考虑各种因素，它赋予了欧盟公民对任何对他们有影响的算法决定的"人工审查权"。例如：模型是否有足够的透明度，使用户能够了解数据使用的目的，以便做出自动决策？用户是否给予了有意义的同意，如果他们愿意，是否有办法撤回同意？模型是否有足够的解释，来说明算法的一般运作方式，以及说明针对特定用户的具体决定是如何得出的？如果银行拒绝了你的贷款申请，它不能只是告知一个结果，该条例保证银行员工必须能够审查机器用来拒绝贷款申请的过程，或者进行单独的分析，进而对银行客户做出解释。具体而言，这要求算法可以追踪数据的血统，告诉用户被算法使用的信息来自哪里。在此之外，加强可解释性也能有效监督若干可能具有歧视性的敏感数据的应用，例如性别、民族甚至邮政编码等方面的歧视，妇女、少数族裔和低收入者等群体都应不受偏见地获得金融服务，所以对算法有效监督进而减少算法偏见，是一个非常关键的可解释 AI 方向。

金融人工智能是一个不断发展的领域。随着社会共识的加深以及金融人工智能可解释性相关的法律、监管规章的持续完善，可解释性将成为金融人工智能能够长期可持续应用的必要原则之一。

## 7.2　金融可解释 AI 的案例

### 7.2.1　事后可解释模型解释人工智能量化模型

量化是指一种结合基础金融知识，充分利用数学公式和计算机手段对资产进行定价、预测、交易，从而构建有效的投资组合的投资研究方法。一个完整的量化策略需要包含输入、策略处理逻辑与输出三大部分：输入通常为行情数据（Market Data）、基本面数据或异类数据，常见的策略处理逻辑包括选股、择时、仓位管理和止盈止损等，而输出则为推荐的交易或者投资对象与行为。

与主动投资策略不同，量化策略不依赖于个人判断，而是具有纪律性、系统性和概率性等特点。自 18 世纪以来，数学和计算机水平的提升已使它成了十分热门的应用领域。人工智能正在渗透量化交易的每个环节，目标定位于在有效提升利润的同时降低风险。

量化主要分为传统量化投资模型与基于机器学习的量化投资模型。传统量化投资模型及其理论的发展可参见本章延伸阅读，这里主要介绍基于机器学习的量化投资模型。

**基于机器学习的量化投资模型**

基于机器学习的量化投资模型的搭建共分为五个环节，如图 7-2 所示。

- 第一个环节是特征工程。金融数据囊括了海量结构化或非结构化的数据。面对如此复杂的数据源，量化人员需要机器学习这样高效的分析处理技术来挖掘数据源蕴含的信息与价值。
- 第二个环节为搭建量化模型。因为简单的线性模型已然无法适应复杂多变的市场环境，所以当前最常见的量化模型就是非线性多因子预测模型。虽然机器学习模型包含许多智能算法，人工智能工程师仍需给予足够有效、正确的信息，帮助它们学到空间里最优的算法。

- 第三个环节为优化算法。预测并非设计量化交易整体模型时唯一需要考虑的问题，投资组合的优化是由目标函数和约束条件共同组成的，理想的优化器可以同时满足交易员们的多种需求。

- 第四个环节为回测调试。回测是量化团队最为头痛的问题之一，因为单一的历史数据往往难以显示出模型的真实水平；当前出现了一些新兴智能的思路，比如搭建 GAN 模型合成与历史数据相似的"虚拟数据"以增加样本量等。

- 最后一个环节为交易执行。交易者往往需要面对很多在模拟盘中难以预料的问题。比如交易者需将自己的大单分拆成数个小单交易，以免对市场造成冲击，而此时机器学习模型就可以帮助他们进行合理的分拆与执行。

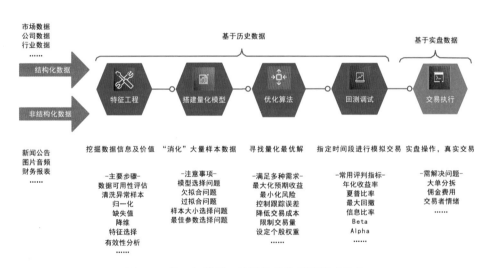

图 7-2　基于机器学习的量化投资模型搭建环节

事实上，全球顶尖的金融机构在基于机器学习的量化投资方面有很多的尝试，形成了各自的投资风格，也促进了全球对冲基金的发展。以 AQR 为代表的学术量化派，运用多种因子策略进行多样化投资从而分散风险，并且持续在学术期刊上发表论文、建立专门的图书馆，以及在线提供各类论文期刊；以 WorldQuant 为代表的因子挖掘派，分工明确、注重挖掘，从海量数据中利用算法充分挖掘有用的因子；以西蒙斯的大奖章为代表的短线技术派，用数学、物理等科学方法来建立量化模型；而像 MSCI（Morgan Stanley Capital International）公司则直接提供一套 Barra 风险因子，用于组合优化和绩效分析；微软近年来也利用自己的优势，构建了开源的人工智能量化回测框架 Qlib。

如图 7-3 所示，当前全球对冲基金数量和管理规模仍在不断增加。量化投资作为对冲基金采取的重要手段，已经成为资管行业的一个风口，但同时也面临着诸多机遇和挑战。最大的挑战之一就是基于复杂模型的量化投资策略在逐渐替代传统线性模型的过程中十分依赖于数据挖掘，且使用的深度学习模型相对黑盒，这就带来了可解释性和策略改进困难的问题。

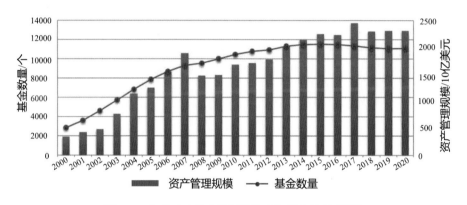

图 7-3　全球对冲基金数量及管理规模变化趋势[230]

事实告诉我们，不加管控地应用新兴技术会对金融体系造成巨大的冲击。2010 年 5 月 6 日，美国股市蒸发了约 1 万亿美元，道琼斯工业股票平均价格指数在一次奇怪的"闪电崩盘"中暴跌近 1000 点，随后又收复大部分失地。后续的一份官方报告指出，此次崩盘的罪魁祸首来自计算机算法交易，当时一家共同基金通过自动执行算法，在 20 min 内卖出了 41 亿美元的标普期货合约，引发了期货市场的流动性危机。

上述事实敲响了金融业技术引进的警钟，当技术不可控时，人们就需要思考是否必须引进它。不可控的黑盒技术可以带来产业革命，却也可能给产业带来灾难。对于强调风险控制的金融从业者来说，这种可能显然大大浇灭了他们使用机器学习进行变革的热情。因为在金融领域，不可控的潜在金融风险会给个人和社会带来无可估量的损失和灾难。

与主观选股不同，量化选股模型搭建的一个核心步骤就是模型设计环节。研究员会利用大量的历史数据构建量化模型，并通过不同的测试检验模型是否有效。当模型测试通过、策略固化下来时，模型就会利用计算机指令严格地执行投资组合的买卖，这样就带来了信息优势，克服了人性弱点和认知偏差。

但是，智能量化选股模型也同样存在一些问题。首先，模型可靠吗？根据有效市场假说，市场有效性可被分成弱式有效、半强式有效和强式有效。在弱式有效市场下，基于历史价格数据信息的判断就已经失效，那么利用另类数据和复杂模型的预测还是否可靠呢？如果只是一个黑盒模型，怎么结合逻辑判断来认定该模型可靠呢？其次，收益来源明确吗？在当前二级市场上，如果不能清楚地知道自己投资组合的收益来源是什么，赚的是什么钱，未来就会有极大的可能亏钱。最后，预测可持续吗？即使模型在历史上可靠也可以赚钱，可是市场千变万化，各种因素都在不断变化，怎么解释模型训练和预测结果能够随着市场变化而变化呢？在什么情况下，模型的预测可能会失效呢？

为了解决这些问题，业界有很多种传统解释方法，其中用得最多的便是业绩归因（Performance Attribution）。业绩归因是指基于基准组合，对投资组合的表现进行评价或者解释，寻找超额收益的来源，如择时、选股、市场、市值、流动性和波动率等。常见的业绩归因模型及其参考文献可见本章的延伸阅读。

上述可解释方法是在回测结束或者具有模拟业绩以后进行的一种事后分析，其主要目的是确定收益的来源，而不是基于模型层面进行解释，这可能会有一定的局限性，比如受多重共线性影响、解释结果无法外推等。

与业绩归因的解释思路不同，人工智能模型的可解释性从模型预测本身出发，而与基金持仓和净值无关。从构建模型回测的角度来看，人工智能模型可解释是一种回测前的可解释，其目的在于将任意时刻进行选股预测的环节进行解释，分析人工智能模型利用数据进行预测时的逻辑依据是什么，从而敢于使用和信任模型的结果。

当前，可解释 AI 的研究方向主要有两种：

- 设计出可解释的人工智能模型，也称透明模型，如 GAMxNN[231]、GAM-INET[232]、EBM[233] 和 NBDT[234] 模型等。
- 通过外部可解释技术对复杂人工智能模型进行解释，也就是事后可解释性技术，比如 LIME[235]、SHAP[236] 等。

下面介绍一个运用事后可解释模型解释人工智能量化模型的案例。

在同样的数据集上面，线性模型的信息挖掘能力不如人工智能模型。因此，利用人工智能模型进行选股是对线性多因子模型的一种改进和尝试。本案例使用了中证 800 股票池中的股票横截面数据构造训练模型并进行选股预测，进而依次利用随机森林拟合和 SHAP、LIME 的方法对选股结果进行可解释性分析。

### 1. 案例背景介绍

（1）数据介绍。本文的选股模型基于 2017 年 1 月 1 日–2021 年 5 月 1 日，股票池范围为中证 800。为了说明可解释的问题，这里选用的数据只包含五个因子：净资产收益率（s_fa_roe）、销售净利率（s_fa_netprofitmargin_ttm）、净主动买入额（moneyflow_pct_volume）、扣除非经常性损益后的市盈率（s_dfa_pettm_deducted）和净负债率（fa_netdebtratio），考察了一只股票的盈利、负债和资金博弈等方面。除了因子数据，模型还包含了股票价格数据及用于投资组合权重的自由流通市值等基本数据。

（2）选股结果。本案例以上述五个因子为 $X$，下一期股票得分（根据期间股票收益率情况进行打分）为 $Y$，进行滑动窗口的模型训练和预测。训练的模型以机器学习模型为基础，自行加入了针对原始因子生成新因子的算法和优化方法，增加非线性的信息挖掘能力，这里命名为 s_model。本文重点在黑盒模型的可解释性，此处假设仅知道模型的输入 $X$，预测输出 $Y$ 及股票得分预测函数接口 $Y = \text{s\_model.predict}(X)$，故不详述模型内部结构。选股回测参数设定包括因子滞后期为 1 天、持仓周期为 1 个月、交易费率为万八、税率为千一、持股数 30 只、涨跌停限制和自由流通市值权重等。其选股回测结果如图 7-4 所示。

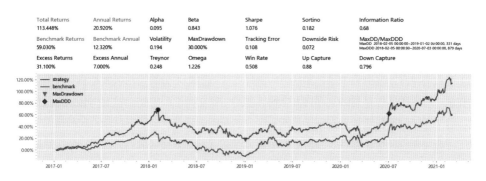

**图 7-4　股票量化评分选股模型回测结果**

针对这一策略，可以对任意一期选股结果进行解释。可以看到，该策略的累计超额在 2018 年之后几乎没有增长。在需要对比不同时间特征的重要性及可解释的情况时，可以选择 2017 年 8 月 1 日和 2019 年 8 月 1 日的预测结果进行可解释性的对比。这里以 2019 年 8 月 1 日的模型及预测结果为例，因子数据 $X$ 和 s_model 预测的得分 $Y$ 如图 7-5 所示。

| date | asset | s_fa_roe | s_fa_netprofitmargin_ttm | moneyflow_pct_volume | s_dfa_pettm_deducted | fa_netdebtratio | score |
|---|---|---|---|---|---|---|---|
| 2019/8/1 | 000002.SZ | 0.7153 | 16.0832 | -0.0762 | 9.5052 | 0.447430637 | 48.28609987 |
| 2019/8/1 | 000006.SZ | 1.7732 | 30.83 | -0.0967 | 10.2209 | -0.045559603 | 61.70040486 |
| 2019/8/1 | 000008.SZ | 0.1604 | 12.8413 | -0.0622 | 30.6188 | 0.04539249 | 43.2388664 |
| 2019/8/1 | 000009.SZ | 4.1632 | 6.4671 | 0.1194 | 103.114 | 0.611838946 | 45.47908232 |
| 2019/8/1 | 000012.SZ | 1.4411 | 4.4018 | -0.0713 | 43.5057 | 0.377007025 | 32.2537112 |
| 2019/8/1 | 000021.SZ | 1.6359 | 3.7357 | -0.0883 | -194.1032 | 0.180780692 | 48.71794872 |
| 2019/8/1 | 000025.SZ | 1.701 | 19.8994 | -0.1267 | 95.0157 | 0.038872465 | 41.94331984 |
| 2019/8/1 | 000027.SZ | 1.4533 | 5.6378 | -0.0195 | 26.949 | 1.166828108 | 36.11336032 |
| 2019/8/1 | 000028.SZ | 11.5226 | 3.127 | -0.1313 | 14.6911 | -0.296293162 | 59.05533063 |
| 2019/8/1 | 000031.SZ | 9.7369 | 17.0492 | 0.0966 | 13.1659 | 1.195164186 | 65.93792173 |
| 2019/8/1 | 000039.SZ | 1.0623 | 4.2812 | -0.1585 | 15.1942 | 0.997485283 | 38.67746289 |
| 2019/8/1 | 000060.SZ | 2.5027 | 4.465 | -0.2425 | 18.1145 | 0.173410315 | 39.62213225 |
| 2019/8/1 | 000061.SZ | 1.028 | 6.1653 | -0.0545 | -104.5786 | 0.789541602 | 44.31848853 |
| 2019/8/1 | 000062.SZ | 2.4931 | 6.1474 | -0.051 | 22.3866 | 0.297609525 | 45.18218623 |
| 2019/8/1 | 000063.SZ | 3.7007 | -0.662 | -0.1585 | -42.4263 | 0.21378429 | 46.80161943 |
| 2019/8/1 | 000066.SZ | 15.2863 | 10.5536 | -1.0636 | 97.2628 | 0.176890101 | 41.53846154 |
| 2019/8/1 | 000069.SZ | 1.9895 | 23.1522 | -0.2403 | 6.0844 | 0.904736665 | 46.72064777 |
| 2019/8/1 | 000078.SZ | 7.7948 | 1.9023 | -0.133 | 153.9628 | 1.25444772 | 27.31443995 |
| 2019/8/1 | 000089.SZ | 1.4753 | 19.0043 | 0.157 | 30.268 | -0.220542982 | 63.96761134 |
| 2019/8/1 | 000090.SZ | 0.7272 | 7.4494 | -0.0759 | 13.0814 | 0.733502401 | 38.92037787 |
| 2019/8/1 | 000100.SZ | 2.5303 | 3.6505 | -0.0612 | 28.5618 | 0.734846122 | 35.4925776 |
| 2019/8/1 | 000156.SZ | 6.1192 | 20.6012 | -0.0142 | 26.364 | -0.339302194 | 71.98380567 |
| 2019/8/1 | 000157.SZ | 2.5903 | 8.1873 | -0.0263 | 23.7089 | 0.721001226 | 44.83130904 |
| 2019/8/1 | 000158.SZ | 3.0758 | 1.9093 | -0.0292 | -79.7702 | 0.460581105 | 51.28205128 |
| 2019/8/1 | 000301.SZ | 2.4191 | 4.9986 | -0.0254 | 20.4947 | 0.233406595 | 47.66531714 |

图 7-5　2019 年 8 月 1 日因子数据 $X$ 和 s_model 预测的得分 $Y$

## 2. 可解释性分析

选用事后可解释方法对模型进行解释的最大好处是该方法可以解释任意模型，往往可以比较方便地将各类模型预测放在同一层面进行对比。下面利用了随机森林拟合[237]、SHAP[236] 和 LIME[235] 三种方法，对选股预测结果进行可解释性分析。

**（1）随机森林拟合[237]。** 随机森林是由决策树组成的，而决策树被认为是可解释的模型，所以可以直观地表示各个特征在决策或回归中起到的作用。这里直接使用随机森林对 2019 年 8 月 1 日选股评分模型的输入 $X$ 和预测输出 $Y$ 进行拟合。从图 7-6 可以看到，拟合 $R^2$ 达到了 0.86，这说明随机森林可以用于解释原模型 s_model。

这个随机森林是由五棵决策树组成的，每棵树的深度为 5。以第一棵树为例，可以得到对于整个样本 $X$，特征重要性如图 7-7 所示，其中净资产收益率（s_fa_roe）最为重要，其次是净负债率（fa_netdebtratio）、净主动买入额（moneyflow_pct_volume）。

如果需要进一步剖析，可以将 5 棵决策树的决策结构绘制出来，能够更清楚地看到模型是如何根据因子大小进行决策的。随机森林模型也给出了每步决策后叶子节点中样本的数量、MSE（均方误差）和预测值范围，如图 7-8 所示。例如，在第一个节点进行决策时，经过模型训练，最终以净资产收益率（s_fa_roe）小于或等于 2.132 为判定条件，符合条件的样本将继续流入左节点，否则流入右节点。其中 samples 代表该节点判断时训练集的样本数有 455 个，MSE 代表该节点的均方误差为 220.655，value 代表样本的平均得分 $Y$ 为 50.321。

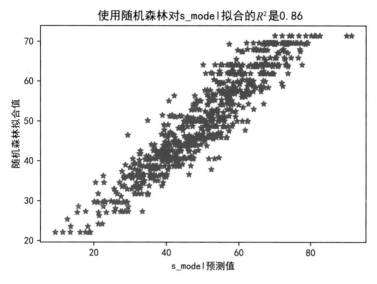

图 7-6　随机森林对 s_model 的拟合结果

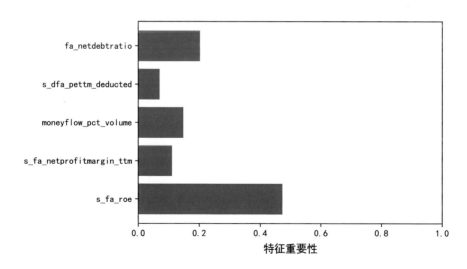

图 7-7　随机森林中第一棵决策树的特征重要性排序

（2）SHAP[236]。SHAP 对于每个预测样本模型都产生一个预测值，SHAP 值就是该样本中每个特征所分配到的数值。利用 SHAP 中的 Kernel Explainer

可以直接对 s_model 进行分析，它最大的优势是能够分析每个股票样本中因子对最终结果的重要性，反映出每个样本中特征的影响力，同时还表现出影响的正负性。

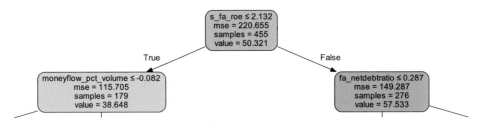

图 7-8    随机森林中第一棵决策树的部分结构

对第一只股票进行预测，其输入的五个因子大小为（0.715, 16.083, −0.076, 9.505, 0.447），此时得到预测得分为 48.286，并且每个特征在总分中起到的作用都在图 7-9 中一目了然。相对整体的 $E(f(X))$ 而言，该样本的净主动买入额、净负债率、净资产收益率具有负向作用，且作用强度依次减弱。

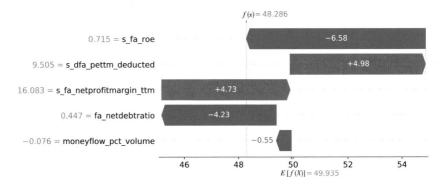

图 7-9    SHAP 对第一只股票预测结果的解释

对所有预测情况进行分析，图 7-10 展示了五个特征对整体的作用效果，颜色代表特征值大小，横轴代表 SHAP 值大小，即特征在预测结果中的作用大小。不难看出，这里各特征值的大小分布较为均衡（颜色分布均衡），SHAP 值分布则从 −10 到 10 范围之中。其中，净负债率和扣除非经常性损益后的市盈率随着颜色从红变蓝，SHAP 值逐渐变大，说明该类因子作用是反向的；而净资产收益率、销售净利率和净主动买入额的作用是正向的，这也比较符合人们的经济逻辑。模型整体颜色的渐变比较有规律，说明挖掘出的主要信息偏线性。绘制所有样本的解释情况（如图 7-11 所示），并以样本相似性排序，可以看到相似样本中各特征起到作用的分布情况。

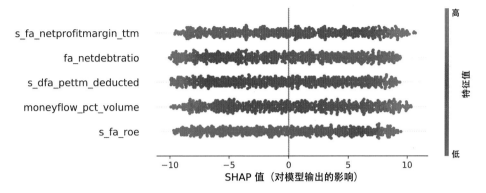

图 7-10　各特征值及其 SHAP 值整体分布情况

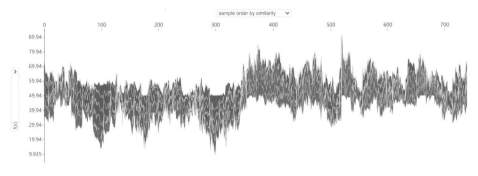

图 7-11　所有股票预测的解释情况

（3）LIME[235]。LIME 方法会使用训练的局部代理模型对单个样本进行解释。它会在样本附近扰动，生成新的样本点并得到黑盒模型的预测值，再使用新的数据集训练出可解释的模型，从而解释原始模型。

以第一只股票样本为例，使用 LIME 中的 LimeTabularExplainer 函数对 s_model 进行解释，设定 mode 为 regression，同时可以适当调整 kernel_width 控制新样本扰动，这里设定为 3。从图 7-12 中可以看到，对于第一个样本点的预测是一个范围，其平均值为 43.94。和 SHAP 一样，LIME 的结果同样显示净负债率和扣除非经常性损益后的市盈率起到了负向作用，其余三个因子为正向作用，且各因素的特征重要性程度相近。这里可以将正负向程度理解

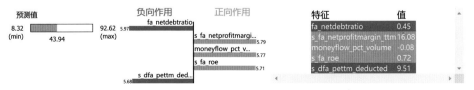

图 7-12　LIME 对第一只股票预测结果的解释

为回归系数，最终预测得分由正负向程度和因子值大小共同决定。

从以上介绍可以看到，三种事后可解释方法各有特点，都能对股票预测的结果给出人类能够理解的可解释性方案：

- 随机森林拟合可以直接看到树模型的内部结构，并得出各特征总体的重要程度，但是没有直接对原始模型进行分析，且依赖于拟合结果。
- SHAP 可以对单一样本中特征的作用强度进行分析，对预测值偏离预测均值的原因进行分析的效果较好，但需要进一步解释相同特征在不同样本中作用不同的逻辑。
- LIME 利用新样本点进行拟合训练，对单一样本的特征重要程度给出了分析，该方法在对分类模型分析时能够给出更多的信息，但是 LIME 的预测分析也具有一定随机性，并且依赖于新样本点的生成。

人们对于人工智能选股模型的可解释性仍在不断尝试之中，事后可解释和透明模型同样能够推进量化行业的发展：

- 对于投资经理而言，他们更希望了解模型的适应性和真实的内部结构，使用 SHAP 和随机森林拟合显然十分有用。
- 对于监管机构而言，他们想知道模型可解释性的主要原因之一是控制风险，使用 SHAP 和 LIME 都能够提供因子重要性层面的解释。
- 而对于投资者而言，他们更想了解模型是否可靠，以及盈利是否可持续而不需要知道原始模型的结构，因此直观的随机森林图和 SHAP 分布图都是很好的解释方式。

表 7-2　三种事后可解释方法对比总结

| 可解释 AI 方法 | 用途 | 投资经理 | 投资者 | 监管机构 |
|---|---|---|---|---|
| 随机森林拟合 | 各特征总体重要程度 | ✓ | ✓ | |
| SHAP | 单一样本中特征作用强度 | ✓ | ✓ | ✓ |
| LIME | 利用新样本点分析单一样本重要程度 | | | ✓ |

虽然基于人工智能的量化模型正在逐步成为全球金融行业的主流交易方式，其在中国的发展仍在起步阶段。因为具有难以被解释的特性，人们对于机器学习的能力依然信心不足。但我们相信，随着可解释 AI 被更多工程师所关注和研究，人工智能独有的强大运算力、优秀预测力、严谨运行力和完美执行力终有一天会成为量化交易员们最得力的助手。

### 7.2.2　高风险客户信用违约预测

资源配置是金融市场最主要的功能之一，通过将资源从低效率利用的部门转移到高效率利用的部门，可以实现全社会资源的合理配置和有效利用。信贷业务就是实现资源合理调配的一个重要环节，它在国民经济运转中扮演着不可或缺的角色。

利率市场化改革促使金融机构采取差异化的定价策略，对商业银行的定价能力和风险管理能力提出了更高的要求。对于以往信用良好、具有稳定现金流入、预计偿债能力较强的客户，因为他们接下来发生违约的概率较小，贷款机构可以用较低的利率来吸引这些优质客户贷款。而另一种类型的客户，他们可能存在不良的信用记录，或者长期没有稳定收入，可以预见他们的偿债能力与意愿并不高，违约风险较大。

对于贷款机构而言，如果有能力从高风险客户人群中筛选出潜在违约概率较小的优质客户，那么用同样的资金成本将会取得更为可观的利润。要想较好地从信贷业务中取得收益，一个客户违约风险预测系统是现在数字化转型环境下贷款机构必须具备的重要条件。

在数字化转型的浪潮下，技术底蕴较强的贷款公司已经可以自主研发出一套违约风险管理模型，而技术能力相对欠缺的公司，即使是委托第三方合作公司，也应该具备这种风险管理能力。开发者在风险模型推广应用的过程中往往会不可避免地遇到一个问题，如何向公司管理层和金融市场的监管层解释模型决策背后的原理？

对于绝大多数公司而言，在做出决策时，都需要有充分的论据作为支撑，尤其是信用违约（Credit Default）预测这种直接关系到企业核心利益的业务，更需要提供足够的可解释性，以保障整个系统的安全可控性。对于一个黑盒模型而言，使用者无法理解其输出结果与输入信息之间的推理关系，只能基于对模型本身足够的信任，被动地接受模型的一切输出。这种黑盒属性会给整个系统埋下不可知的风险，一旦模型遭到泄露，攻击者就有可能破解模型，针对模型漏洞发动恶意攻击，而本身不理解模型的使用者甚至可能在遭受攻击后浑然不觉。一家具有社会责任感的公司一定是把保障客户利益放在第一位的，绝不会轻易选择部署连自己都不了解的系统，把自身和客户的利益置于未知的风险当中。可解释 AI 模型的应用有助于帮助使用者了解模型在得到最终结论前是怎样进行推理的，或者对模型结果做出进一步的解释说明，这些可解释性功能能够辅助使用者做出正确的决策，增强使用者对模型的理解和信任。

对于监管者而言，必须从宏观审慎的角度出发，将整个金融系统中的未知风险限制在一个可掌控的程度内。正如资管新规对资管产品的多层嵌套颁出禁令，监管层不希望看到过于复杂、难以把控的设计，这会影响到监管层对业务本身蕴藏风险的判断力，增加金融体系的系统性风险。美国次贷危机（Subprime Mortgage Crisis）就与很难看懂的复杂产品结构设计有关，这要求新兴的金融科技朝着安全可控的方向可持续发展。

模型可解释性除了有助于对金融系统风险的管理，当发生异常事件后，它还有助于针对监管者提出的问责对事件进行回顾，做出合理解释。以信贷业务为例，如果存在中间黑盒模型环节，当发生一连串错误预测时，贷款机构大概率会无从下手，无法定位到整个业务流程中到底是哪一个环节出现了纰漏。无法对事故责任进行准确的认定，也无法进行有效的改进。而有了可解释 AI 模型，就能够让整个系统更加明朗，因为它可以从模型角度给出答复，判断是模型的推理逻辑出现了问题，还是客户信息的采集出现了偏差，又或者是发生了技术性的系统故障，等等。在得知问题发生的根源之后，相关人员便可做出相应改进。

下面介绍一个可解释 AI 在信贷违约风险预测应用中的实际案例，这里将利用 Lending Club 官网公开的业务数据，构建一个性能良好的信用违约风险预测模型，再使用 SHAP 方法对模型的可解释性进行分析。

**1. 案例背景介绍**

Lending Club 的公开数据涵盖了 2019 年以前的大量贷款业务信息，涵盖了用户基本信息、用户信用相关信息（例如 FICO Score 等）、贷后信息记录等一共 150 多个字段。这里初步选择使用 2018 年的数据集，一共大约 50 万个样本。

**（1）特征工程（Feature Engineering）。**

- 筛选高风险客户，剔除无用特征。这里的研究对象是面临高贷款利率的高风险客户。根据客户评级字段"grade"筛选，只保留评级较差的 E 级用户样本，并且剔除评级字段以及与之映射的贷款利率字段。符合要求的样本量大约为 2 万条。由于这个数据集是在信贷放款后提供的，涵盖一些贷后信息，而执行信用评估工作的出资方在做投资决策时，这些信息属于未来信息，所以在建模时必须首先剔除。除此之外，继续剔除 id、url 等无用字段，最终剩余 85 个特征。
- 数据类型转换。识别数据中的日期类型，并从文本类型转化为日期类型。将一些代表数字的字符串文本类型，如"36 个月""60 个月"等，处理成数字类型。

- 空值填充。剔除完全为空的字段。文本类型字段的空值用空白文本填充。对于一些数值字段，如上次不良记录距今时长，空值代表没有不良记录，应该用所有样本中的最大值填充；而对于一些数值字段，例如工作年限，空值代表没有工作或者刚开始工作，应该用所有样本的最小值填充。
- 处理多重共线性。一些高度相关的特征会对模型预测造成影响，因此剔除了皮尔森相关系数大于 0.9 的数值特征和克雷莫相关系数大于 0.9 的离散特征，高度相关的两个特征中只要剔除一个即可。
- 标签。依据每个信贷业务的贷款状态（loan_status）字段给该样本打标。根据字段释义，"Fully paid" 代表贷款已经完全按时偿还完毕，"Current" 代表统计数据时该贷款还在正常还款进程中，这两者都属于优质的贷款状态。"In grace period" 代表该贷款有短暂逾期但仍属于宽限期内，可依据机构的风险偏好进行打标，这里也作为正样本处理。所以，这三个取值代表状态优良的贷款，其余取值代表不良贷款，这是一个典型的二分类问题。

（2）模型训练与结果。将特征工程处理后得到的数据集按照 9:3:4 的比例划分为训练集、验证集和测试集，使用集成学习模型 CatBoost 进行训练。对于分类问题，衡量结果好坏的指标有很多种，例如准确率、精确率和召回率，等等。而对于信贷违约预测问题，最重要的是要尽量避免出现假阳性的判断，这会导致错误的放贷决策，血本无归。而假阴性是相对可以容忍的，这只会令银行少赚利息，不至于连本钱都亏光。因此在训练模型时，提升模型的精确率（Precision）指标是重点目标。

> **注**
>
> 精确率 = 将正类预测为正类/所有预测为正类
>
> $$\text{Precision} = \text{TP}/(\text{TP} + \text{FP}).$$

根据模型在验证集上的表现，调节 learning_rate、iterations、early_stopping_rounds 等模型训练参数。经过调试，最终模型达到了 93.2% 的精确率和 67.8% 的准确率，预测结果混淆矩阵如图 7-13 所示。如果不利用模型进一步筛选，直接放贷，则对应的精确率和准确率都是 90.9%，意味着放出的贷款有 9.1% 会坏账。而经过机器学习预测模型，优化贷款决策，这个数字被降低到了 6.8%，有效降低了信用违约的发生概率。正如刚才解释的，假阴性是可以容忍的，因此虽然模型整体的准确率不高，但并不影响这是一个能给信贷业务提升效益的好模型。

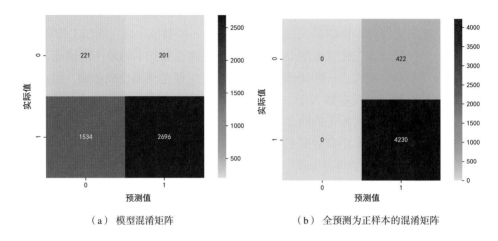

（a）模型混淆矩阵　　　　（b）全预测为正样本的混淆矩阵

图 7-13　预测结果混淆矩阵

### 2. 可解释性分析

（1）SHAP。 SHAP 是基于合作博弈论的 Shapley 值理论构建的一个加性的解释模型，能够表现出每个特征各自的贡献。通俗意义上，可简单表示：

$$y_i = y_{\text{base}} + f(x_{i_1}) + f(x_{i_2}) + \cdots + f(x_{i_k}) \tag{7-1}$$

式中，$y_i$ 是第 $i$ 个样本的预测值；$y_{\text{base}}$ 是预测的基准值，一般就是全部样本的预测结果平均值；$f(x_{i_j})$ 表示第 $i$ 个样本的第 $j$ 个特征对预测结果的贡献。这个贡献被称作 SHAP 值，它是 SHAP 方法的核心，是可解释性分析的基础。

SHAP 属于一种建模后可解释性方法，这类方法将需要解释的人工智能系统整体视作一个黑盒模型，通过一些模型无关（Model Agnostic）的模型代理方法，例如使用线性、树形、核方法等各种解释器进行代理，聚焦于输入特征与输出结果，推断人工智能系统的决策规则。它可以应用在任何机器学习模型中，而无须考虑模型内部的构造细节。

（2）局部可解释性（Local Interpretability）。 将 SHAP 方法应用于单个样本，可以让使用者清楚地理解模型是怎样根据输入特征对该样本做出最终判断的。以图 7-14 中的一个客户样本为例，红色的特征会给预测值带来正向的贡献，增大判断为正样本优质客户的概率；蓝色的特征则会给预测值带来负向的贡献，增大判断为负样本违约客户的概率。

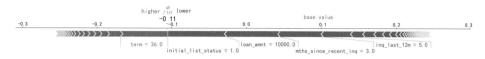

**图 7-14　单样本局部可解释性图**

在图 7-14 中，$f(x)$ 远小于所有样本预测结果的平均值，即预测的基准值（base value），这意味着 CatBoost 高风险客户信用违约预测模型认为该客户很有可能会违约。理由是，虽然贷款期限只有 36 个月，但是贷款的初始状态不佳，贷款金额较大，为 10000 美元，并且该客户三个月之前曾咨询过贷款事项，模型正是主要依据这几个数据形成最终判断的。

依此类推，SHAP 方法可以对每个样本都生成类似具体细致的分析，这样的分析结果提供的信息量远大于一个冰冷冷的违约预测判断，能够协助使用者更好地做出最终决策。

（3）全局可解释性（Global Interpretability）。SHAP 方法可以对待测模型进行分析，计算出每个样本的每个特征对预测的贡献值，即 SHAP 值。将每个特征的 SHAP 值分布情况与用不同颜色代表的特征值大小关联起来，并且将特征按照重要性从大到小依次排列，可以得到图 7-15。

从图 7-15 中可以看出，对于整个违约预测模型而言，最重要的就是贷款金额（loan_amnt）、贷款期限（term）、上次咨询距今时长（mths_since_recent_inq）、近一年咨询次数（inq_last_12m）、循环贷款利用率（revol_util）等特征。以贷款金额（loan_amnt）特征为例，可以看到贷款金额的 SHAP 值大量聚集在平均值以下，属于右偏分布。从贷款金额特征分布散点图的颜色可以看出，蓝色的小额贷款对模型预测结果带来正向的影响，红色的大额贷款对模型预测结果带来负向的影响。由于正标签代表优质贷款，负标签代表不良贷款，图中的颜色分布表明，贷款金额越高，违约风险就越大，这与我们的认知是一致的。通过对特征的整体分布情况进行可解释性分析，可以有效地加强使用者对模型的理解，增强对模型的信心。

（4）部分依赖图（PDP）。全局可解释性用不同的颜色，让使用者直观地感受到每个特征取值对模型预测结果的影响；在此基础上，部分依赖图给出了更加量化的结果，并且进一步揭示了特征之间的交互效应。

仍然以贷款金额特征（loan_amnt）为例，图 7-16 精确地给出了每个样本的贷款金额特征取值与 SHAP 值之间的关系。图中横坐标代表每个样本的贷款金额，纵坐标代表该样本的贷款金额特征对模型预测结果的边际贡献，即 SHAP 值。贷款金额越小，对模型预测的正向影响越大；换言之，贷款金额越

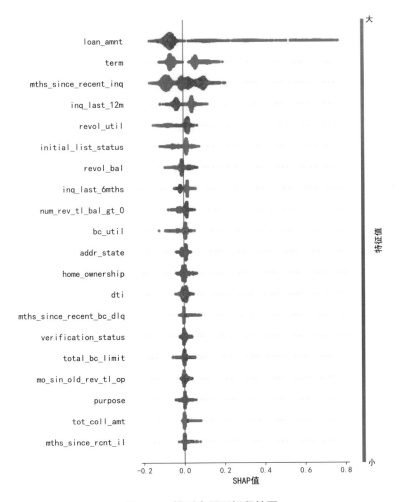

图 7-15　模型全局可解释性图

低，则违约风险越小。而当违约金额达到约 6000 美元时，贷款金额的继续提高对违约风险的影响便不会太大，此时的违约风险可能由一些其他特征主导。这幅图与全局可解释性想表达的含义类似，全局可解释性突出表示样本分布密度，并且用颜色大致区分特征值大小，而本图具体给出了特征值的数量，相比单纯用颜色深浅进行区分提供了更具体的量化信息。

　　除了基础的部分依赖图，还可以通过可视化两个特征之间的部分依赖关系，增加对特征交互（Feature Interaction）的理解。在贷款金额部分依赖图的基础上，为每个散点根据剩余循环贷款信用额度进行染色，颜色越红，则剩余额度越大。从图 7-17 中可以读出至少三点结论：第一，当贷款金额较低（低于6000 美元）时，红蓝样本分布比较均匀，这时循环贷款余额对贷款金额 SHAP

值的影响不大，影响违约风险的主要因素还是贷款金额；第二，当贷款金额大于 6000 美元时，红色散点整体高于蓝色散点，且所有样本的 SHAP 值呈现出水平分布的特征，这表明当贷款金额达到一定金额后，贷款金额本身已经不是影响违约风险的主要因素，在相同的贷款金额条件下，循环贷款剩余额度越高，预测的违约风险越低；第三，图像左侧的红色点比例较少，这表明申请贷款金额少的人，通常其他循环贷款额度也不高，这两个金额之间存在正相关的关系，反映了贷款人本身贷款资质较差的情形。

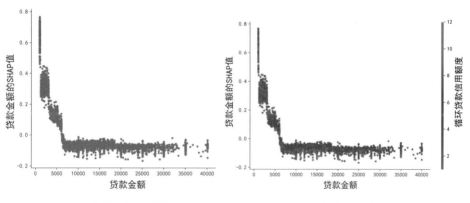

图 7-16　单特征部分依赖图　　　　图 7-17　特征交互的部分依赖图

通过以上 SHAP 可解释性方法，原本黑盒的信用违约预测模型被从多个维度进行解构，使用者对整个模型的判据、对每次预测的因果、对特征之间的交互作用都有了更加深刻的理解，因而增强了使用者对违约预测系统的信心，使模型起到了有效辅助决策的作用。如果说模型性能与透明性之间天然存在一个权衡，则 SHAP 可解释性方法在不影响原模型输出的前提下提供了模型后的可解释性，在权衡的天平中提高了整体的效用。所以 SHAP 是帮助人工智能系统扎根金融领域的强有力工具，值得广泛借鉴。

### 7.2.3　对金融人工智能模型可解释性的监管

人工智能模型在金融领域有越来越多的落地场景，如智能风控、智能投研、智能营销、智能客服、智能保险和智能监管，等等。人工智能的加入使得传统的金融行业产生了两种发展趋势：第一，因人工智能模型非常擅于从大数据的复杂关系中找到人类难以得知的规则或规律，所以在很大程度上有助于在金融类应用场景中找到"最优解"；第二，因人工智能技术的黑盒特性与不确定性，其带来的风险需要被更加严格地把控，这也成了政府金融监管所面临的难题之一。

金融风险是客观存在于金融领域的，金融机构应学会如何控制、防范和化解金融风险，而金融监管机构应履行职能，降低风险隐患，保障金融安全，维持金融业健康运行。

为防控传统的金融风险，各金融机构与监管机构都引入或开发了许多金融风险管理模型（Risk Management Model），如反洗钱模型、合规模型、反欺诈模型、审计模型，等等。而越来越多的研究也显示，欺诈和网络安全、合规、贷款及风险管理已占据了金融行业人工智能产品的绝大部分，所以人工智能在金融监管中的应用场景可谓是金融机构智能化转型的重点项目。人工智能赋能金融风控不仅可以使得原本烦琐的流程简化，节约成本，也可帮助人们更有效地甄别、防范和化解各类金融风险。但是，这类智能金融风险模型虽然可帮助金融机构提升工作效率与表现，有助于机构进行金融风险管控，却依然存在着一些不同类型的风险——模型风险。不仅是智能风险模型，模型风险普遍存在于所有人工智能模型中，如智能营销模型、智能投研模型等，它无法像传统的金融风险一样用既定已完善的方法进行管控，这时金融人工智能模型的可解释性便化身成为模型风险的防范与检测标准之一。

随着人工智能对金融领域的不断渗透，各国金融监管机构都在出台金融机构对于人工智能使用的规范条款。如前文提到的中国人民银行在 2021 年发布的《人工智能算法应用评价规范》（*Evaluation specification of artificial intelligence algorithm in financial application*）、美国多监管机构在 2021 年联合发布的《关于金融机构使用人工智能（包括机器学习）的信息和评论请求》（*Request for Information and Comment on Financial Institutions' Use of Artificial Intelligence, Including Machine Learning*），等等。

下面将通过金融监管部门对于我国某银行智能反洗钱模型进行监管的案例，介绍可解释人工智能对于金融监管的重要性与必要性。

## 案例背景介绍

- 洗钱行为

  洗钱（Money Laundering）是一种将非法所得合法化的行为，过程通常包含三个阶段：处置阶段（Layering）、培植阶段（Placement）与融合阶段（Integration）。处置阶段也可称为分账阶段，即通过多层次复杂的转账交易，使非法所得钱财脱离其来源；培植阶段是通过存款、电汇或其他途径，把不法钱财放入一个金融机构；融合阶段是以合法的转账交易作掩护，隐瞒不法钱财的真实身份。

- 反洗钱工程

  随着经济的快速发展，我国反洗钱形势正日益严峻：反洗钱不单是打击贩毒、腐败等犯罪活动的利器，而且对保障国家金融安全、降低银行经营风险、深化银行体制改革等都有着重要意义。传统的反洗钱规则引擎是一种将业务规则和业务逻辑抽取出来，使用预定义的语义模块编写业务决策的软件组件，而基于机器学习的智能模型引擎通过风险评估、交易筛查、交易监控等具体风控场景的应用，比传统规则引擎的检测效率和有效性水平更高。

- 案例银行反洗钱模型

  此银行采用的是混合引擎结构模式的反洗钱风险监测系统，如图 7-18 所示。将所有的用户交易行为通过传统规则引擎与智能模型引擎结合的方式判定为中低风险或高风险。这种模式的系统同时采用机器学习等新技术，最大限度地模拟人工判断，又在核心引擎之外基于流程逻辑与人工智能实现了更加丰富的智能模块，通过充分挖掘银行内部数据与外部信息的价值，打破数据孤岛，使反洗钱系统的有效性上升到新的层次，彻底改变了传统反洗钱的工作模式。

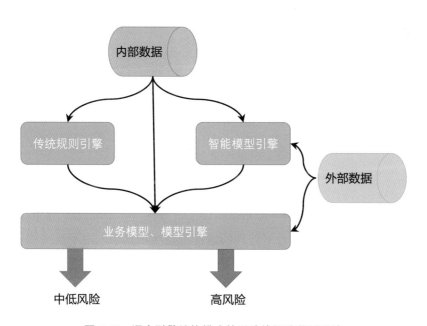

图 7-18　混合引擎结构模式的反洗钱风险监测系统

这种混合引擎模式使其本身的系统原理、风控方法的可解释性大幅降低，尤其是在使用了深度学习、自然语言处理等技术后，所实现的判断和预测模型变得不容易解释。所以，金融监管机构的技术委员会以其对新技术的认知与支持为基础，通过其对新技术模型的检测能力，要求此银行通过可解释 AI 技术对本反洗钱检测系统的原理与运行细节进行说明，以获得此智能模型引擎使用的许可与支持。针对此智能反洗钱检测模型，金融监管部门对银行提出了四方面的要求。

### 1. 提供监测模型性能的实时标签

如果无法及时得到风险预测模型的判定结果，只当真的造成后果时才知道当时的模型判定出现了失误的话，对于风险模型的性能的改进便会出现过于滞后的情况。同样地，对于反洗钱风险预测模型，如果缺少模型可解释性的支持，对于交易或账户是否存在洗钱风险，银行工作人员和政府能得到的便只有规则引擎和智能模型引擎联合输出的预测结果，或者 AUC、准确率和召回率等无法评估模型实时性能的常见指标。所以，监管部门要求此银行提供一个可以对机器学习模型实时运作详情进行评估的工具，来进行实时性能评估，如目标客户或交易的哪些行为特征会使模型对其洗钱概率的预测概率上升或下降，而不只是通过模型过去的结果反映其表现。而且，因为金融市场的变化快且多样，智能模型引擎中目标变量与自变量之间的关系也会随着事件和背景的变化而变化，这种情况可以称为"模型漂移"；所以当监测到模型漂移时，监管部门要求银行可以找到导致模型漂移的具体特征，以及这些特征对于人工智能模型的重要性，以便工程师们对此反洗钱模型进行快速调试，使其随时处于最理想、安全的状态。上述两种情况都可以用 LIME、SHAP 等可解释的人工智能框架实现。

### 2. 提供数据质量的检测结果

现代化模型的工作流程通常为多环节的，数据处理作为其中较为烦琐的一环，同样包含许多步骤。银行对于海量数据的处理效果是极为重视的，数据不一致、数据错误等问题对于模型的性能会造成难以估量的影响，同时使用内部数据与外部数据也使得数据处理的过程变得更加复杂。由于反洗钱业务的复杂性，其预测模型所需要的数据有多种类型：结构化数据（Structured Data）包括交易数据和客户信息数据等，非结构化数据（Unstructured Data）包括监控影像资料、录音资料、凭证影像资料，以及内控制度、文档资料等。因此，监管部门要求银行运用自动智能的方法对数据进行实时检查，具有识别看似合格、实则不合常理的异常值的能力。所以，银行不仅需要为模型专门定制异常值检查系统，对模型从输入到输出的所有环节进行可解释性监测，将问题数据排查出来并解释其出现了何种问题，而且需要一个为模型输出结果进行可解释说明的工具，根据反洗钱业务背景阐述其合理性与有效性。

### 3. 错误警报的精准定位

因为机器学习模型的黑盒特征，开发人员难以对其进行调试，而此时模型的可解释性就发挥了极大的作用：可解释 AI 可以帮助开发人员分析出反洗钱警报发生的根本原因，比如交易为非法在线支付、可疑账户存在资金异动、客户身份不明，等等。在发生错误警报时，可解释 AI 可以对出现问题的特征属性进行定位，再由数据科学家对这些问题进行调试。

### 4. 人工智能模型中的偏见

因为机器学习模型会对导入的训练数据进行学习，所以很容易将偏见或带有歧视的训练数据进行放大或者传播，甚至自己生成一类新的偏见。在严格监管的环境下，模型偏见问题可能会导致非常严重的问题，所以监管机构要求银行做到第一时间发现并解决模型的偏见，对模型属性（attributes）进行实时的提取和分析推断，及时消除人工智能模型的潜在偏见，如性别偏见、婚姻状况偏见和地区偏见等。

通过此实例可以看出，目前监管部门对金融领域人工智能使用的管控日趋严格，专业性与有效性也在不断提高。在各国政府都对人工智能高度重视的大环境下，若金融机构想真正实现智能化转型，可解释 AI 便是不可或缺的技术条件之一。

## 7.3　金融可解释 AI 的发展方向

从前文的案例可以看到，人工智能的应用已经开始给金融行业带来了翻天覆地的变革，金融活动的众多参与者都能从中获得好处。人工智能要想更加广泛地落地，必然要依靠可解释的机器学习提供有竞争力的差异化产品，以驱动真正的商业价值。帮助人们理解和信任人工智能，可解释 AI 任重而道远。展望未来，金融可解释 AI 技术主要有以下几个重要的发展方向，如图 7-19 所示。

### 7.3.1　安全性

作为掌控国民经济命脉的金融行业，人工智能系统的安全问题是关系到国家长治久安的重要课题，这是可解释 AI 能够在金融行业率先应用落地的原

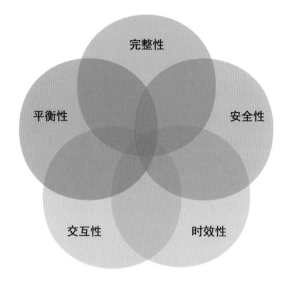

图 7-19　金融可解释 AI 未来发展方向

因之一。在使用可解释 AI 方法的同时，保障使用者的信息安全是最基本的要求。而随着可解释 AI 技术的发展，一些模型无关的可解释 AI 工具能够从外部破解给定的系统。对于一些涉密的人工智能系统，即使只提供输入和输出，模型的机密信息依然存在被窃取的可能，这种模型泄露的情况是非常危险的，会给不怀好意的恶意攻击者带来可乘之机，需要引起重视，严加防范。Luca 等人提出了一种可解释 AI 的安全研究范式[238]。

除此之外，可解释性方法也需要朝着更加鲁棒的方向发展。有人做过测试，只要在自己的五官位置贴上打印好的五官图片，一些安全性较差的人工智能系统就被植入的可解释性分类因素误导，形成误判。设想一下，如果一家金融机构就是采用这种人脸识别系统，被不法分子利用，后果将会不堪设想。

### 7.3.2　平衡性

正如机器学习经常面临着偏差与方差之间的权衡问题一样，人工智能系统的性能与它的可解释性之间也存在着微妙的平衡。正如 Dosilovic 等人发现的那样，一个普遍的规律是，伴随着复杂度的提升，模型的可解释性会随之减弱，它的预测性能也会随之提高，反之亦然[239]。这个现象与我们的直观感受应该是一致的，一个足够简单的模型，例如广义线性回归模型，可以非常容易地被使用者理解，但是往往会因为欠拟合问题而导致预测性能一般。

开发可解释性技术时是否一定是可解释性越强就越好呢？未必。金融行业的许多人工智能系统承担了重大的责任，系统性能的好坏在很大程度上影响着业务收入。如果可解释性的增强是以大幅损失金融人工智能系统性能为代价的，那么可解释性方法的应用可能得不偿失。正确的做法是在系统性能与可解释性之间谨慎地做好权衡，在满足各参与方对可解释性需求的条件下，保持系统性能没有较大的降低，达到良好的平衡性。

### 7.3.3　完整性

当前的许多可解释能力还只是立足于局部，从自身着眼的微观层面对模型进行解释。在对模型选用不同的可解释性方法时，实际上是有偏好地选择了一种解释结果。而从当前可解释性的发展状态来看，许多使用者并不能有效保证选择的解释性方法与应用场景是十分契合的。

未来还会出现更多的可解释性方法从不同的角度对模型进行剖析，当它们的成果存在差异时，或许会演化出一种高度智能的可解释形态，可以对各种可解释性方法进行有效的整合。这种理想中的可解释性形态能够以一种宏观的视角博采众长，形成全方位综合考量的可解释性，融会贯通地解答所有关联方从不同角度提出的疑问。

### 7.3.4　交互性

Adadi 等人认为，人机交互是完成可解释 AI 闭环当中的一个重要环节[45]。当人工智能系统向用户提供结果的可解释性时，对模型的解释是否足够令人满意？目前，可解释性主要都是从模型到使用者的单向输出。然而，只有当使用者不断地对模型进行反馈，不断地对模型提出要求时，才能形成一个交互闭环，可解释系统才能得到迭代改进。未来，可解释 AI 可通过文本、视觉或语音等多模态的方式与使用者交互，而不是通过简单的分析表或复杂的仪表板交互。当模型达到足够的智能来精确处理用户的疑问时，它就可以被真正称为一个高度可解释的人工智能系统。

### 7.3.5　时效性

金融行业的许多系统对响应时间有着严格的要求，有些甚至是近实时的。例如在高频交易中时间就意味着金钱，美国的一些交易机构争相高价购买机房中距离芝加哥期货交易所服务器最近的位置，只为了更早地收到报价信息、更快地执行下单。滑点的降低能够给机构带来实实在在的利益，所以交易机构们才会不惜重金争夺。金融行业对时效性的要求可见一斑。

可解释性方法的时效性反映了使用者掌握解释所需要的时间。有学者认为，只要有无限的时间，几乎任何模型都是可以解释的。因此，一个解释应该在有限的、最好是短时间内可以理解，尤其是在对时效性要求较高的智能问答、移动支付和算法交易等场景下，一些需要对输入输出进行反复迭代的模型后可解释性方法就并不适合，需要选择其他合适的可解释性方法。除此之外，这与上一条研究方向也是高度相关的，对解释性的要求越低，理解起来也越快，时效性就越高。

### 7.3.6 深化推广应用

当下，各行各业都在进行轰轰烈烈的数字化转型，在精准营销、风险管理、投资研究、智能客服和移动支付等场景下，先进的人工智能解决方案极大地提高了业务水平。然而，行业参与者可以深切地感受到，许多人工智能应用由于缺乏基本的可解释性，无法被广泛接纳，进而无法发挥出应有的作用，商业价值大打折扣。而可解释性技术就是应对这一问题的良药，当可解释性方法在金融人工智能系统中广泛推广时，使用者将会更好地理解和信任人工智能系统，金融市场的监管者也可以对人工智能系统的原理和所蕴含的风险有更深刻的认识，这些都有利于人工智能系统更好地发挥本身的价值。

目前，可解释 AI 技术在金融行业中的应用率并不高，解释性高的系统会以其显著的差异化的表现赢得市场的青睐。在未来很长一段时间内，金融行业的可解释 AI 技术还存在巨大的发展空间，还有大量的应用场景等待我们进一步挖掘。市场接受度的提高亦会对可解释 AI 的技术迭代形成良性的正反馈，有利于可解释 AI 向四维度持续性发展。

正如 Arrieta 等人所言，可解释 AI 在金融行业的发展仍处于较为早期的阶段，相关行业标准与度量还正在逐步确立起来[44]。未来可解释 AI 技术会如何促进技术迭代，革新金融行业面貌，进化成一个兼具高安全性、完整性、平衡性、交互性与时效性的理想形态，让我们拭目以待！

## 7.4 延伸阅读

### 1. 传统量化投资模型

现代资产组合理论（Modern Portfolio Theory，MPT）可以说是最早的量化投资理论，其开端是著名的均值-方差模型的提出。1952 年，美国经济学家马可维茨（Harry M. Markowit）在论文《资产选择：有效的多样化》[240] 中，首次应用资产组合的均值和方差这两个数学概念，从数学上明确地定义了投资者偏好，从而可以根据给定的风险水平建立投资组合，最大限度地提高预期收益。1959 年，奥斯本（M. F. M Osborne）以布朗运动原理为基础提出了随机漫步理论[241]，认为股票交易中股票价格的变化类似于"布朗运动"，具有随机漫步的特点，其变动路径没有任何规律可循。这一随机规律的提出虽有一定局限性，却激发了量化投资的新视角，催生了基于随机分析的定价理论框架。19 世纪 60 年代，美国学者威廉·夏普（William Sharpe）、林特尔（John Lintner）等人提出了资本资产定价模型（Capital Asset Pricing Model，CAPM）[242]，从无风险利率以及风险溢价（即对所承担系统性风险的补偿）两方面来解释资产预期收益率，从而帮助投资者决定所得到的额外回报是否与当中的风险相匹配。直到 1992 年，尤金·法马（Eugene F. Fama）和肯尼斯·佛伦奇（Kenneth R. French）提出三因子模型[243]，从市场组合风险溢价、规模溢价、市净率溢价三因素研究股票收益率，才真正开启了量化投资的实用之旅。在该模型中，历史数据可用于计算溢价水平，回归算法可用于计算相关系数，最终形成解释历史收益率和预测未来的定价模型。但是从实际投资表现来看，该模型仍然有很大的改进空间。

### 2. 业绩归因模型

常见的业绩归因模型包括 Brinson（1986）模型（图 7-20）[244]、Holbrook（1977）模型[245]、以 CAPM 为基础的相关归因模型[242]、风格因子模型[246] 和 Fama-French 五因子模型[247] 等。

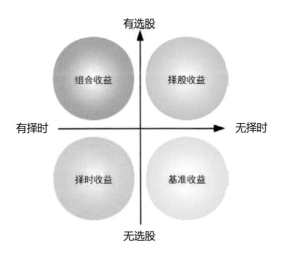

图 7-20　Brinson 业绩归因基本框架

## 7.5 小结

　　本章主要介绍了可解释 AI 在金融行业的应用前景和规范需求。一方面，人工智能广泛应用于金融行业的众多领域；另一方面，人工智能的黑盒属性给金融市场带来风险；因此，金融行业引入人工智能，需要利用技术优势，同时要防范潜在风险，这要求可解释 AI 需要面向金融行业监管者、应用用户、算法用户、开发者和全社会。通过本章讲述的可解释 AI 在量化模型、客户信用违约、金融风险管理中的三个应用案例，可以更加深刻地认识到，金融行业现有人工智能技术存在一定的改进空间。发展兼具安全性、平衡性、完整性、交互性和时效性的可解释 AI 技术，并将其引入金融行业，必将为金融行业注入新的发展活力。

# 第 8 章

# 计算机视觉应用中的
# 可解释人工智能

刘艾杉　刘祥龙　陶大程

人工智能技术在计算机视觉领域得到了广泛的应用，如自动驾驶、视频监控和刷脸支付等。本章阐述可解释 AI 在各种视觉应用中的重要性，并以视觉关系抽取、视觉推理、视觉鲁棒性、视觉问答和知识发现等案例说明可解释性的实际应用，如图 8-1 所示。

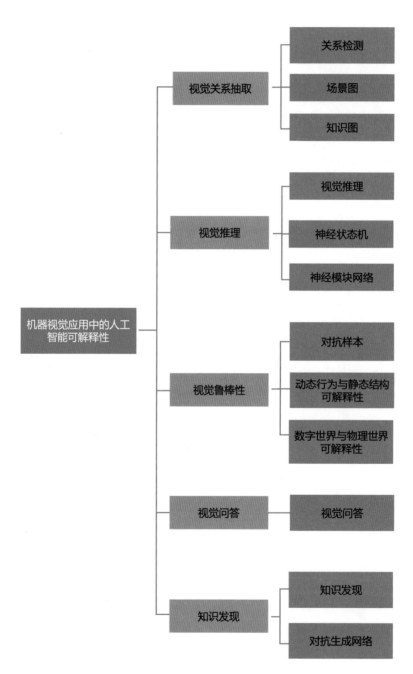

图 8-1　本章内容总览

近年来,深度神经网络极大地促进了人工智能技术的发展和广泛应用。其在机器视觉、自然语言处理等典型任务场景,以及城市管理、金融消费等应用领域,都在发挥着越来越重要的作用。在计算机视觉领域,最新的人脸识别技术的准确率已经达到 99.8%,可以应用到银行开户、支付和取款等场景;自动驾驶技术通过学习摄像头实时产生的图片和视频进行行人探测、道路识别,从而形成驾驶决策;视频监控可以通过行人重识别、降噪、去模糊和去遮挡等技术快速定位检测对象,从而保障人身安全和财产安全。

机器视觉的可解释性是用于解决和理解视觉模型为何做出特定决策的原因,目标是更好地理解和阐明机器视觉模型的运作机理。对视觉模型的使用者或者决策者而言,可解释性有助于提高机器视觉模型和系统的透明度、说服力、有效性及可信赖性。进一步地,针对机器视觉可解释性的研究还有助于算法和系统设计人员更好地诊断、调试和完善机器视觉算法。这里的"解释"对于机器视觉算法和系统的设计人员而言,更多的是关注机器视觉算法内部的运行机制,探查模型的公平性和偏见性等,其展现形式除了直观的可视化展示,更多是专业性强的数学化分析。

## 8.1　背景

### 8.1.1　机器视觉与可解释性

机器视觉是一门涉及图像处理、模式识别、神经生物学等领域的跨学科技术,其基本原理是从图像或视频数据中提取物体的边、角等几何特征,进而构建客观世界的三维模型和运动轨迹,并在此基础上完成识别跟踪、定位导航、人机交互等信息处理任务。机器视觉的进步主要得益于机器学习的发展,以及计算机硬件算力的提升,使其处理视觉数据的能力更强、分析更完整、结果更准确,有效地提高了在真实场景中的可用性。

机器视觉的概念最初在 20 世纪 60 年代被提出,而正式的视觉系统出现于 20 世纪 70 年代,到了 20 世纪 80 年代,David Marr 教授提出了视觉理论[248],进一步促进了有关机器视觉技术的理论、方法和应用的研究,进而推动新兴工业的发展。随着国际交流和技术引入,我国在 20 世纪 80 年代末也逐渐开始出现机器视觉应用,它最早是随着半导体工厂的整线引入而出现的。此后,我国的机器视觉领域也从启蒙阶段开始变成快速发展模式并最终走向成熟阶段。自 2012 年以来,由于卷积神经网络在一定程度上摆脱了数据量和算力的限制,成了新的推动机器视觉技术进步的发力点,标志性事件是

Hinton 及其学生 Alex Krizhevsky 设计的卷积神经网络 AlexNet 获得了 2012 年 ImageNet 竞赛的冠军[249]。此后，基于卷积神经网络的深度学习技术进入了高速发展期，代表性的工作包括 VGG[250]、GoogLeNet[251] 和 ResNet[99] 等。目前，机器视觉技术已经应用到智慧医疗、智能交通、智慧安防、智慧城市和智能制造等各个行业，成为当今社会发展不可或缺的一项重要技术。

> **视觉模型**
>
> 在机场、高铁站和地铁站等场所，视觉模型通过检测 X 光图像中是否存在危险品，如刀具、打火机和液体等，来判断行李是否安全，减轻安检人员的工作压力。

如图 8-2 所示，相关企业公司已经研发出 X 光安检图像智能识别系统。在真实场景下，可准确识别多达 50 多类常见的刀具、枪支、烟花爆竹、压力容器罐等违禁品，包括疫情期间使用频率较高的酒精喷雾等。视觉模型在给出危险判断的同时，也会给出危险品所在的位置和类别。通过危险品检测系统，视觉模型能够为行李是否安全给出有依据的判断，让工作人员发现行李中存在的危险品，大幅度提升违禁品检出率的同时，减轻了值机员的工作强度，相关系统已经在国内的一些火车站进行了试点部署。

图 8-2　视觉模型检测 X 光图像中是否存在危险品

虽然以深度学习为代表的机器视觉技术在应用层面已经取得了非常大的成就且仍然极具潜力，但是深度模型的不可解释性等隐忧，仍然使人们无法完全相信模型。换言之，人们无法理解模型为什么能做出这样的预测，模型也没有解释其给出的预测结果。

当某个时刻，被应用的机器视觉系统出现了错误的判断，人类清楚地知道这一结果是错误的，然而没有办法修正错误，这导致人类无法再信任系统，因为完全不知道它会不会在某个更关键的时刻给出错误的答案。Christian Szegedy 等人在 2013 年提出的对抗样本（Adversarial Examples）深刻地揭示了深度模型的可信赖性问题，通过在数据中故意添加精心设计的微小干扰所形成的输入样本，能导致模型以高置信度给出一个错误的输出[152]。在 2019

年，*Nature* 指出这样的样本是广泛存在的，除了对抗样本，甚至在自然界中也存在这样的客观现象，如雨、雾、霾等。面对如此挑战，各种以提升模型可解释性的方法不断被提出（参见本书第 5 章和其他章节）。随着深度模型的可解释性的逐步提升，它在机器视觉方面的应用将迎来新一次的爆发。

## 8.1.2 可解释性与机器视觉发展

本节进一步介绍可解释性与机器视觉未来发展的重要关系。

### 1. 可解释性是视觉模型的安全基础和可靠标准

随着机器视觉技术的发展，越来越多的有识之士认识到保证视觉模型的安全性和可靠性具有重要意义，而制定相关标准是达成这一目的的重要途径。近年来，国内外均出台了众多人工智能模型的技术标准，从多个方面保障模型的可靠性。在国际上，由中、加、德、法、俄、英、美等 26 个成员国和 12 个观察成员组成的 JTC1/SC42 标准组已经开展了一系列标准的制定工作，其中 WG3 标准就专注于模型可信赖性；国际互联网协会（ISOC）、新美国安全中心（CNAS）等机构发布了多项报告，强调人工智能的安全性、可信赖性和可解释性，着重指出了人工智能的脆弱性、不可预测性、难解释性等风险和挑战；美国国防部高级研究计划局（DARPA）于 2017 年制定并开始实施可解释人工智能计划，目标是使最终用户能够更好地理解、信任和有效地管理人工智能系统。在国内，《新一代人工智能发展规划》《新一代人工智能治理原则——发展负责任的人工智能》《促进新一代人工智能产业发展三年行动计划（2018–2020 年）》《国家安全战略（2021–2025）》等政策文件相继提出，对于人工智能的安全、可靠、可信和可控等进行关注。国内第一个团体标准 T/CESA 10362019《信息技术　人工智能机器学习模型及系统的质量要素和测试方法》，则是从质量要素的角度对视觉模型提出了相关的规范准则。而提高可解释性就是实现包括视觉模型在内的智能模型应用的必由之路。

可解释性与智能模型应用安全发展和可靠应用有着不可分割的紧密联系，可解释性通过构筑安全可信人工智能相关标准，开展人工智能模型应用安全评测，实现人工智能模型场景相关优化，最终帮助人工智能算法和模型更好地落地应用。在未来，借助可解释 AI 理论，将极大地增进人机互信，进一步夯实人工智能应用安全的根基，建设可信人工智能发展的康庄大道。

然而，当前的人工智能模型，包括机器视觉相关的模型标准，仍然不能从模型运行机理的角度给出可靠性保障。例如，一些标准中提到模型的可靠性要求，但是未能指出可靠性标准的具体体现，是模型在部署后运行稳定算可靠，还是模型在训练中结果稳定算可靠，还是二者兼而有之？因此，发展可解释理论，是推动机器视觉模型可靠、可信、可控的重要途径，是相关视觉模型可靠标准可行性的关键保障。

**2. 可解释性是视觉模型的评测依据**

机器视觉模型的评测已经吸引了学术界和产业界的目光，对模型开展全方位的评测评估能够帮助应用落地。当前的相关评测方式方法主要面向任务场景和最终结果，无法分析、理解和评测模型的内部情况，导致模型应用始终存在隐患，在一些安全攸关的场景中，例如安检、金融等行业，即使只发生一起关键错误，也会导致产生重大的危害和恶劣的社会影响。因此，从理论层面评测模型的内在运行机理、行为逻辑和决策依据，给出模型可信性依据，保障模型运行安全下界，是当前的重要发展方向。

目前，已经有一些平台从可解释的角度出发评测模型，例如，重明平台[252]提供了从模型的神经元噪声敏感度和网络的脆弱路径角度开展评测的能力，建立更全面的认识和评估；RealSafe 平台[253] 基于可视化概率模型表示复杂推理过程，建模过程更加符合人类的决策习惯，帮助加深模型可解释理解能力。除此之外，也有一些模型鲁棒性评测相关的工具包从加强可解释性的角度开展了一些工作，如 AdvBox [254]、ART 工具包[255] 等。简而言之，可解释性在模型评测评估方面有不可替代的重要意义，必将大放异彩。

## 8.2 视觉关系抽取

### 8.2.1 基本概念

视觉关系，例如"人骑马""人推车"等，在图像理解中是非常有效的语义元素，同时也是连接计算机视觉与自然语言的桥梁。近年来，很多图文问答以及图像描述的研究工作希望使机器能够理解图像和语言之间的语义联系，然而大多数工作仅仅是粗糙的场景级别的理解，只有建模和信息抽取图像中的实体关系，才更有利于理解图像传递的信息。

**定义 8.1**（视觉关系抽取）. 目的是给出图像中一对主语物体和宾语物体的准确定位和物体对应的类别标签，并对它们之间的谓语关系做出判断。

视觉关系抽取（Visual Relationship Detection，VRD）又叫视觉关系检测。其目的是通过一个结构化的三元组描述两两对象之间的关系，该三元组的形式可以为 < 主语-谓语-宾语 >。如图 8-3 所示，为了确定三元组中的主语、谓语和宾语成分，视觉关系检测任务要求给出图像中主语物体和宾语物体的准确定位和物体对应的类别标签，并对它们之间的谓语关系做出判断。

输入　　　　　　　　　　　　输出

人 - 骑 - 摩托车　　　人 - **戴** - 头盔　　　摩托车 - **有** - 车轮

图 8-3　视觉关系检测任务示意图

如图 8-3 所示，视觉关系检测在单一对象检测的基础上，通过提供几个结构化的、综合的三元组准确定位一对对象，并确定它们之间的谓词关系。在右侧的三张输出图片中，标明了人、摩托车、头盔以及车轮之间的关系。

视觉关系检测作为一种中层任务，填补了底层图像识别任务（如目标检测）与高层图像理解任务（如图像字幕描述、视觉问答、视觉推理、场景图生成）之间的空白。在视觉关系检测任务示意图中，视觉关系检测在单一对象检测的基础上，通过提供几个结构化的、综合的三元组准确定位一对对象，并确定它们之间的谓词关系。

## 8.2.2 视觉关系检测中可解释性的重要性

在过去的十年里，深度学习技术在解决各种任务的应用方面稳步增长，这可以归功于 ImageNet、MS-COCO 等庞大数据集的存在。这些数据驱动了模型的训练，并在计算机视觉的各项任务中取得了巨大的成果。视觉关系检测任务也不例外，将两个对象间的视觉关系表示为 < 主语-谓语-宾语 >，假设有 $N$ 种类别的物体和 $K$ 种谓语，即 $K$ 个关系，这样的 < 主语-谓语-宾语 > 组合数大概有 $O(N^2K)$ 种。一类直观的方法是直接将 < 主语-谓语-宾语 > 这种关系对作为学习目标。但是在真实的世界中，各种物体不是等概率出现的，有些组合在数据集中可能根本没有对应的样本，因此这类方法在较大的数据集上就会表现不佳。

另一类方法对物体和谓语分别进行检测，不分主语和宾语类别，只根据谓语关系进行类别划分。但同样的，在每类谓语关系中，各类物体的分布也是不均匀的。这是视觉关系检测的难点之一。除此之外，数据集的关系标注不完整也是视觉关系检测任务具有挑战性的原因之一。第一，一张图像一般存在多个物体，然而只有部分子集被标注出来；第二，具有视觉关系的一对物体可能没有被标注任何关系类别；第三，一对物体通常只被标注了一种视觉关系，然而它们常常不止有一种关系。有的方法将未标注的视觉关系看作负样本，并且将视觉关系检测任务当成多标签分类问题解决，或者因为每对物体都只被标注了一种关系，将视觉关系检测任务当成多类别分类问题解决，这些都忽略了视觉关系的共存现象，不利于视觉关系检测的可靠性和可解释性。

因此，探寻可解释性对视觉关系检测任务有重要意义，为了更直观、更结构化地描述图像特征和对象关系，研究人员提出了场景图（Scene Graph）[256]。

**定义 8.2（场景图）.** 场景图显式地建模对象及其属性和与其他对象的关系，捕获视觉场景的详细语义。场景图通过用节点表示场景中的对象，用连接它们的边表示动态图形结构中各个对象之间的关系，可以得到给定场景在图像中的丰富表示。

如图 8-4 所示，在场景图中，对象及它们的属性和关系是用图形的方式表示的。创建节点的目标检测，使用创建的节点生成图，迭代更新关系和节点特征以获得所需的场景图。

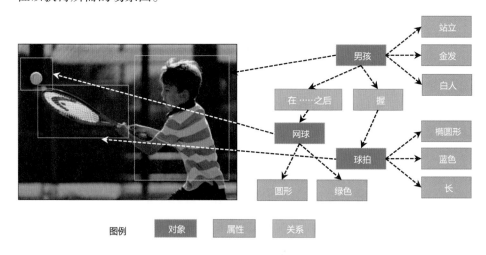

图 8-4　场景图示意图

### 8.2.3 可解释视觉关系抽取

场景图是强大的解析图像的表示形式，可将图像编码为抽象的语义元素（即对象及其相互作用），从而有助于视觉理解和可解释的推理。

**常识知识图**

　　常识知识图是丰富的存储库，它编码世界是如何构成的，以及一般概念是如何相互作用的。常识知识图节点表示一个实体或谓词类，这是一个独立于图像的一般概念，边缘表示关于世界上两个概念相互作用的一般事实。类似地，一个场景图的边缘表示在场景中谓词实例中实体实例的参与（例如主语或谓语）。而常识性的边缘表示关于世界上两个概念相互作用的一般事实。

　　一种新的可解释性方法将场景图视为常识知识图的图像条件化实例[257]。基于这种新观点，这种方法将场景图生成重新表述为场景图与常识知识图之间桥梁的推论，其中场景图中的每个实体或谓词实例都必须链接到其在常识中的对应实体或谓词类。如图 8-5 所示，通过场景图和常识知识图的语义表示，可以逐步展示物体之间的视觉关系的抽取过程。

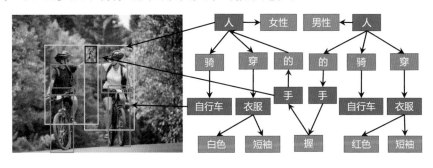

图 8-5　常识知识图示意图

　　如图 8-6 所示，该框架允许同时利用场景中的丰富结构和常识，图桥网络 GB-Net 连续推断出边和节点，迭代地传播两个图之间以及每个图内的信息，同时在每次迭代中逐步完善它们的桥梁。更具体地说，当给定了图像，首先初始化潜在的实体和谓词节点，然后通过叫作桥的边，将其链接到常识知识图中相应的类节点，对每个节点进行分类。这在实例级别的视觉知识和通用的常识知识之间建立了连接。

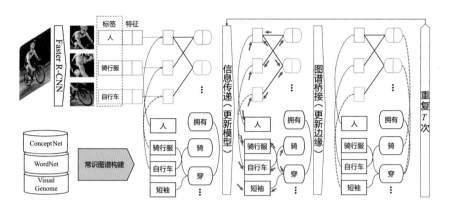

图 8-6    知识图和场景图的桥接网络示意图

# 8.3 视觉推理

## 8.3.1 基本概念

机器视觉在各个领域都得到了广泛的应用，最初的应用任务主要集中于直接从图像或者视频中获取视觉信息，例如对图像中的物体类别进行识别。但是，随着机器视觉的发展，在实际应用中需要对图像内容进行更深入的感知、理解和推理。因此，研究人员开始关注对图像关系或类比的视觉推理，例如，图像中物体的关系以及更深层次的属性内涵等。视觉推理（Visual Reasoning）就是分析视觉信息并能够根据其解决问题的过程。本节将介绍基于场景图实现神经模块网络（Neural Module Networks，NMN）进行视觉推理的方法。

## 8.3.2 可解释视觉推理示例

### 1. 可解释性神经状态机

最初，研究人员[258]引入神经状态机，寻求弥合神经和符号观点之间的鸿沟，并整合它们的互补优势，以完成视觉推理的任务。首先，给定一个图像，首先预测一个表示其底层语义的概率图，作为一个结构化的世界模型；然后，在图上执行顺序推理，迭代地遍历它的节点，回答一个给定的问题或绘制一个新的推理。与大多数用于与原始感官数据密切交互的神经体系结构不同，该模型在抽象的潜在空间中运行，通过将视觉和语言形式转换为基于语义概念的表示，从而实现增强的透明度和模块化。

如图 8-7 所示，模型包括两个阶段：建模和推理（Modeling and Inference）。从图像开始，首先生成一个概率场景图，捕获其语义知识。节点与对象相对应，并由其属性的结构化表示组成，而边缘则描述其空间和语义关系。一旦有了场景图，便将其视为状态机，并在其上模拟迭代计算，旨在回答问题或得出推论。将给定的自然语言问题转换为一系列软指令，然后一次性将它们输入机器中，执行顺序推理，并注意遍历其状态并计算答案。

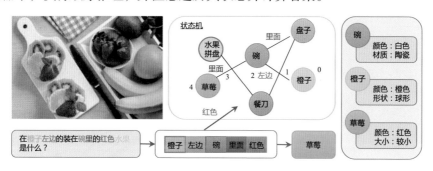

图 8-7　神经状态机模型推理过程

### 2. 可解释视觉推理

视觉推理（Visual Reasoning）与视觉问答的形式类似，但输入的问题更难，且会涉及物体之间的多跳关系，如"桌子旁边的椅子上的盘子是什么颜色"，这就要求模型具有推理能力。视觉推理任务最早由李飞飞等人在 2017 年提出，他们提出的 CLEVR 是目前使用最多的数据集。神经模块网络（NMN）是解决视觉推理任务的一类有效方法，它定义了很多小的神经模块，每个模块负责特定的功能，如定位物体、转移注意力等，然后将输入的问题解析为模块的组合，从而得到一个由模块组成的程序，执行程序即可得到问题的答案。NMN 充分利用了语言的可组合性，并且大大增加了模型的透明度。已有的 NMN 方法都是直接操作图片本身的像素级特征，该论文认为人脑的推理过程是建立在符号、概念等基础上的，仅利用像素级信息很难进行精确的推理。另外，已有的 NMN 方法需要仔细设计每个模块的内部实现细节，这是很需要技巧的，不容易扩展到新的领域。研究人员进一步提出了基于场景图实现 NMN 进行视觉推理的方法，其中的节点对应图片中的物体，它的边对应物体之间的关系[259]。研究人员认为物体检测和场景推理任务应该分离开来，推理任务直接建立在检测出来的物体上，而不是像以往的方法那样建立在像素级别上。如图 8-8 所示，基于场景图设计了以下四种基本操作，作为元模块（Meta Module）。

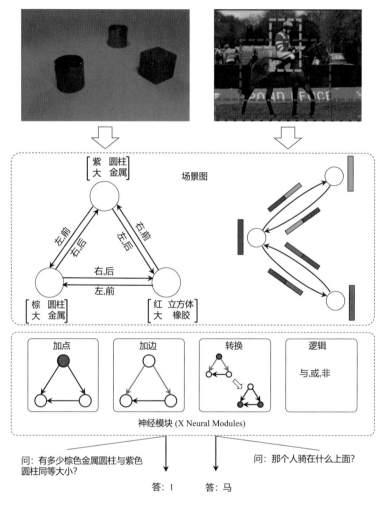

图 8-8 神经模块网络示意图

AttendNode 输出一个在所有节点上的注意力向量，用来找到特定的物体节点；AttendEdge 输出一个在所有边上的注意力矩阵，用来找到特定的关系；Transfer 将注意力从一个节点转移到其他节点上，转移的路径由边上的注意力权重决定；Logic 操作注意力向量，即与或非。只需要组合这四种元模块，即可得到更加复杂的模块，以便在 CLEVR 等数据集上使用，这大大简化了模块内部实现的设计。另外，所有的元模块都完全基于注意力机制，意味着在执行由模块组成的程序时，所有中间过程都可以可视化，这大大增强了模型的可解释性。如图 8-9 所示，对于输入的图片和问题，使用外部解析器，将图片解析成场景图，将问题解析成模块组成的程序，然后在场景图上执行程序，从而得到预测的答案。

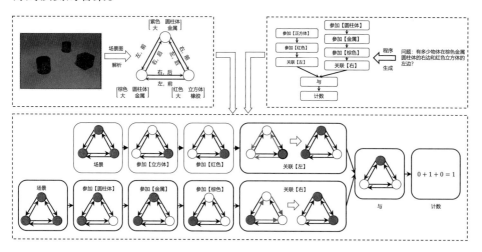

**图 8-9**　神经模块网络推理流程

## 8.4　视觉鲁棒性

**对抗样本-图像**

　　在机器视觉场景中，对抗样本通常可以被理解为一种人类视觉难以感知却可以攻击并误导深度学习预测的微小噪声，其定义如下[152]：

$$f_\Theta(x_{\mathrm{adv}}) \neq y \quad \mathrm{s.t.} \quad \|x - x_{\mathrm{adv}}\| \leqslant \epsilon. \tag{8-1}$$

式中，$x$ 是原始的数据样本；$x_{\mathrm{adv}}$ 是含有对抗噪声的对抗样本；$y$ 是原始样本 $x$ 的类别标签；$\|\cdot\|$ 衡量 $x$ 和 $x_{\mathrm{adv}}$ 的差别距离足够小，但是神经网络 $f_\Theta$ 错误分类了对抗样本 $x_{\mathrm{adv}}$。

　　如图 5-31 所示，深度神经网络将原始图片识别为金鱼，但当加入了微小的人眼无法感知的对抗噪声后，神经网络就以极高的置信度将其识别为了狼。

　　以深度学习为代表的人工智能技术在计算机视觉上已经取得了广泛的应用。然而，对抗样本这种攻击性噪声的出现，暴露出深度学习在稳定性、安全性等方面存在安全隐患。这凸显出研究人员对于神经网络模型结构、行为理解的不足。因此，突破对模型机理的理解，加深对图像识别中深度学习模型在对抗场景下脆弱性机理的研究，对于提升模型的鲁棒性、可用性和效果具有重要的意义。本节将从深度学习的安全可靠性角度入手，结合对抗样本，探索和解释模型的对抗鲁棒性及脆弱性。

### 8.4.1 动态与静态可解释性分析

　　神经网络模型脆弱的原因在学术界依然众说纷纭。自对抗攻击的概念被提出以来，不断有人提出自己的解释，又不断有研究者推翻前人的说辞。2015年，Ian Goodfellow 等人提出神经网络难以应对对抗样本，主要源于神经网络在高维空间中的线性部分。对于一个较深的网络，权重往往具有极高的维度，即便对输入做一个不起眼的扰动，只要扰动方向合适，网络最后的输出值将天差地别。上述解释是一个偏定性的解释，提出了一种神经网络脆弱性由来的可能理论。在此基础上，研究者们不断深入探索神经网络的行为和结构，提出了许多神经网络脆弱性的理论依据，也进行了大量的攻防实验，为他们的理论打下了基础。

　　**1. 基于模型动态行为的可解释性分析**

　　**（1）基于梯度的可解释性分析。** 为了研究神经网络模型的鲁棒性，研究其在训练和推理过程中的动态行为是一种较为直观的思路。神经网络训练的核心方法是梯度下降和反向传播，通过最小化预设的损失函数，找到一个局部最优解。不难想到，既然可以通过梯度的下降的方式将损失函数变小，那么也可以通过梯度的"上升"的方式最大化损失函数。Ian Goodfellow 等人[260]在 2015 年最早提出了快速梯度符号方法（FGSM），利用模型损失函数的梯度找到扰动方向的方法。设 $\theta$ 为模型的参数，$J(\theta, x, y)$ 为神经网络的损失函数，若让原样本 $x$ 往损失函数增大的方向变化，那么得到的置信概率必然会降低，神经网络将难以正确分类对抗样本，公式为

$$\eta = \epsilon \operatorname{sign}(\nabla_x J(\theta, x, y)). \tag{8-2}$$

　　这种方法具有划时代的意义，可以快速地生成对抗样本。自此之后，衍生出了一系列基于梯度优化的对抗攻击方法。例如，Madry 等人[261]基于 FGSM方法进行改进，引入迭代的过程，并且每次将噪声映射到某个特定的空间中，形成了目前最为常用的 PGD 攻击方法等。显然，由于基于梯度的攻击方法在可解释性方面有较严谨的数学论证，且攻击效果拔群，因而成了目前最广泛采用的攻击方法。基于梯度的对抗攻防方案利用了模型动态行为中的核心状态"梯度"，通过梯度方向确定扰动方向。这种攻防方案通用性强，不拘泥于模型的静态结构限制，只要模型能用可微分方式训练、推理，就可以用同样的流程进行对抗生成、对抗训练。在对抗过程中，梯度和损失函数的变化，也让

研究者们清晰地感受到了神经网络的脆弱和鲁棒性都是可解释的。

（2）基于注意力的可解释性分析。除了梯度值和损失函数值，研究者们还尝试使用更直观的指标和方法为对抗样本和模型鲁棒性提供解释。例如，可以关注模型的注意力图（Attention Map），观察模型对样本的关注区域；同时，对于对抗样本，也能通过注意力图观察对抗样本如何影响了模型的注意力，使得模型无法准确地给出结果。对于卷积神经网络，类激活热力图（CAM）能够较好地体现模型所关注的点[128]。如果一张图片被模型分为某个类，CAM能够指出模型分类的依据，例如，因为看到了猫的身体，所以将图片分类为猫。如图 8-10 所示，一项最新的研究表明[262]，为汽车贴上具有攻击性的花纹，从而欺骗常见的汽车检测器，实现物理世界攻击。可以观察到，相比模型注意力非常集中的普通花纹汽车，具有对抗花纹的汽车不受模型关注，模型的注意力集中在图像的边缘区域，且较为发散，因而未能给出正确判断。除了观察注意力图，直接观察卷积神经网络最后一层的特征图也是一种利用注意力机制的方案。虽然对抗样本的噪声在自然像素空间下很小，难以察觉，但是在特征图空间中，可以观察到大量的噪声信息[263]。

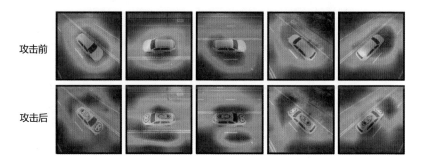

图 8-10　使用模型注意力分析攻击机器视觉模型

这些研究表明了为什么无法干扰人眼的扰动能够严重影响神经网络的识别：对抗攻击通过构造巧妙的噪声，分散了模型的注意力，让模型在特征图层面产生较大的认知误差，从而改变模型的判断。基于注意力机制的对抗攻防方案通过更加直观的表述——注意力图，整合了模型动态行为中的梯度、数值等各种信息，制定攻击和防御方案。这种方案同样不依赖模型静态结构，通过读取运行时的中间层信息，得出直观的结论。注意力图的直观展示效果，也让研究者们对可解释性有了更清晰的了解。

### 2. 基于模型静态结构的可解释性分析

（1）**基于神经元的可解释性分析。** 前文提到的研究者从模型的动态行为分析对抗样本，为模型脆弱性提供解释。同时，还有一部分学者认为，对抗样本之所以能起到作用，是因为它们对模型结构中特定的神经元或者传播路径造成了重要的影响。早期的研究认为，对抗攻击是对神经网络的神经元起到了促进或抑制作用，通过抑制正确类别的神经元，并促进攻击目标类别的神经元，从而使得对抗样本成功干扰神经网络分类[264]。进一步地，通过研究神经元的激活值变化，可以发现神经元的语义强弱与其易被攻击性有较强的相关性。如图 8-11 所示，许多神经元都能够观察到图像中特定的语义信息，但在对抗样本中却被扰乱。此类语义等级较高的神经元更容易被攻击，也就使得深度神经网络表现出对抗脆弱性[265]。有研究表明[266]，神经网络在对抗样本面前展示出的脆弱性主要是由于网络模型中的神经单元对于噪声过于敏感（sensitive）。

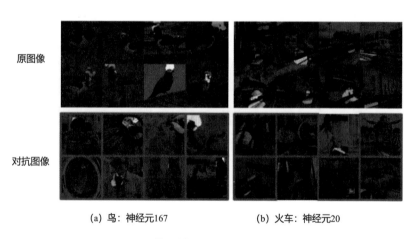

原图像

对抗图像

(a) 鸟: 神经元167　　　　　(b) 火车: 神经元20

**图 8-11　基于神经元的模型脆弱性解释**

（2）**基于隐藏层的可解释性分析。** 除了神经元，来自 Facebook 的研究人员[267] 还从隐藏层的角度探究了神经网络的对抗脆弱性。他们认为，深度神经网络表现出对抗脆弱性的原因是由于模型的各个隐藏层之间的表征连续性太差，当输入样本中包含微小的噪声时，随着隐藏层的传播，错误将被放大，即"错误放大效应"[268, 269]。因此，为了提升模型的对抗防御能力，研究人员将相邻隐藏层视作函数映射，并将它们的李氏常量限制在 1 以内，从而有效地降低了模型的对抗脆弱性。这些实验都从模型的静态结构入手，通过分析神经网络结构中的共性，一方面为深度学习中的对抗脆弱性提供合理解释，另一方面也在为神经网络在许多场景下的有效性提供有力假设。这些假设将模型的行为与其静态结构挂钩，"解剖"神经网络，进一步清晰地阐释了对抗脆弱性的机理。

### 8.4.2　数字世界与物理世界模型安全可解释性

#### 1. 数字世界模型安全可解释性

对抗样本从其应用场景和研究角度可以分为两类——数字世界与物理世界。在数字世界中，研究者更关注对抗样本产生的原因以及如何防御对抗样本。

在数字世界中，业界有大量的研究提出各种对抗攻击方法去解释模型的脆弱性机理。例如，单像素攻击（one-pixel attack）在非常极限的条件下，仅仅修改一个像素值，就能够欺骗图像分类器[270]。后续的研究也对其做出了解释[271]，通过观察传播图（Propagation Maps，PM）可以发现，即使在极深的网络（例如 ResNet）中，一个像素的改变也很容易传播到最后一层，初始局部的扰动也会逐渐扩散为全局扰动，并对预测结果做出改变，如图 8-12 所示。对于数字世界的可解释性，本章不做过多赘述。由于物理世界中的对抗攻击的影响性更大，因此在后面章节中将详细阐述物理世界中的模型安全可解释性。

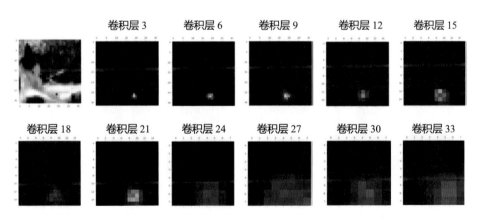

图 8-12　传播图对单像素攻击的可视化分析

#### 2. 物理世界模型安全可解释性——打开"潘多拉魔盒"

如果认为对抗样本仅仅出现在数字世界中，那些被大公司应用在现实场景中，并花费大量时间、人力、财力维护的智能系统就能高枕无忧，那可就大错特错了。研究者的好奇心，促使他们将数字世界生成的对抗样本，利用各种手段使其在物理世界中有效。这仿佛打开"潘多拉魔盒"一般，放出盒中恶魔，让现实世界中的智能系统"不堪一击"。小区门口的人脸识别系统可能会放任一个戴着眼睛的陌生人闯进来，如图 8-13（a）[272] 所示；发展蒸蒸日上的智能驾驶汽车，也可能因为一个小广告而发生故障，造成严重的交通事故，如图 8-13（b）[273] 所示。Kurakin 等人[274] 从 ImageNet 数据集中提取原始图像并生成对抗样本图像。将这些图像打印到纸上，并用手机相机进行拍照、裁剪等物理变换之后，输入分类神经网络中。实验结果表明，经过"打印-拍照-裁剪"等物理过程后，大多数对抗样本图像也能导致分类网络识别错误。换句话说，数字世界生成的对抗样本也会对物理世界中部署的开放系统造成威胁，对抗样本不再是实验室中研究人员的"玩具"，盒中恶魔已经初展手脚，开始窥视日常生活中的各种智能系统。

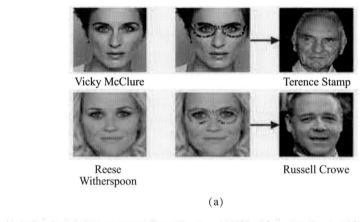

(a)

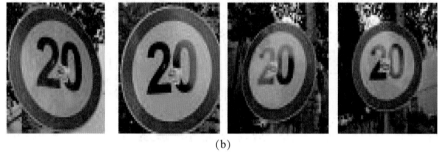

(b)

图 8-13　物理世界对抗攻击示例

在数字世界中，研究者如"神笔马良"般任意操作神经网络模型输入的任意像素，加入奇思妙想，精心构筑对抗样本，攻破一个又一个模型。但现实终归是现实，失去"神笔"的研究者受到物理法则的约束，不能随心所欲地控制"敌方系统"的传感器和内部数据通路。与数字世界攻击相比，应用在物理世界的攻击更具有挑战性，生成的对抗扰动必须具有足够的鲁棒性、稳定性，能够冲破重重阻挠，渡过物理世界的各种环境条件变换、传感器采集、系统内部数据处理等阶段，并成功地攻击系统内部未知的黑盒模型。

### 3. 物理世界攻击的挑战

（1）物理上的感知极限。对抗样本算法吸引人的一个特征是，它们对数字图像的扰动通常很小，以至于人眼难以察觉。但是，当这种微小的扰动传递到现实世界时，必须确保传感器能够感知到这些扰动。因此，可察觉的扰动程度有物理上的限制，并且取决于感测硬件。相较于基于扰动的对抗样本，对抗贴纸（Adversarial Patch）[275] 更能适应物理世界中的感知极限，将对抗样本带入现实。如图 8-14 所示，将这种可打印的对抗贴纸放置在目标旁边，便可以使得人工智能模型将图片"香蕉"识别为"烤面包机"。对抗贴纸的攻击方法消除了对抗图像必须非常接近于原始图像的限制。取而代之的是，该方法采用任何形状、纹理的贴纸完全替换图像的一部分，通过优化贴纸的形状、纹理和位置攻击神经网络系统。生成的贴纸可以打印出来，成功实现了在物理世界上的应用，对物理世界的开放系统造成了巨大的威胁。例如，自动驾驶、智慧商品零售[276]。

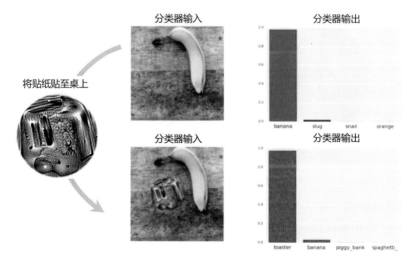

图 8-14　对抗贴纸示例

（2）环境条件。传感器在采集图像的过程中，与原始图片相比，因为光照、距离和视角等条件的不同，采集到的图像会产生一定的变化，如光线、距离和视角等，这将直接影响对抗样本的攻击效果。针对距离、视角等环境条件改变时对抗样本出现失效的问题，研究人员通过在多种变换中优化对抗样本，使得生成的对抗样本也能够适应这些变化，具备攻击性。

（3）空间限制。在数字世界中，可以将对抗性扰动添加到图像的任何区域，包括图像的背景。但对于物理世界中的目标物体，由于传感器距离和视角的变化，物体图像通常没有固定的背景。因此，在生成对抗样本的过程中，对背景增加扰动，在物理世界条件下是没有必要的。因此在物理世界的攻击中，通常会使用遮挡模板约束对抗扰动的范围或对抗补丁变化范围，使得扰动被添加在目标物体上。

（4）扰动的平滑度。在自然图像中，每个色块的颜色变化是平滑且连续的。如果产生的扰动在语义上不相关，将引起其他人的怀疑并破坏该扰动的掩盖。同时，由于采样噪声的影响，传感器难以准确捕获干扰中相邻像素之间的极端差异。因此，在物理世界上可能无法实施非平滑的扰动。如图 8-15 所示，为了使物理世界中的对抗样本更加自然，研究人员[277] 将风格迁移引入对抗样本的生成过程中，使得得到的对抗样本除具有攻击性外，还能够拥有符合物理世界语义的风格。使得人眼更难察觉，不仅可以规避模型的检测，还能逃脱人眼的关注（如生锈的具备攻击性的路牌）。

（a）原始图像 　　　　　　　　（b）风格迁移图像：生锈的具备
　　　　　　　　　　　　　　　　　攻击性的路牌

图 8-15　具有不同风格的物理世界对抗样本逃脱人眼的关注

对物理世界的攻击研究，如同打开"潘多拉魔盒"，将数字世界中的对抗样本引入物理世界中，使得对抗样本的应用不仅仅局限于实验室研究，还会对现实中实际部署的开放系统带来巨大威胁。物理世界的对抗样本与数字世界的对抗样本没有本质的区别，都是由于神经网络模型的脆弱性产生的。但物理世界中的对抗样本受到物理法则的约束，会遇到各种挑战，还需要逃避人眼的察觉。对物理世界中的对抗攻击与对抗防御的研究，可以进一步保证隐藏在各种系统背后的深度学习模型的安全性，尤其是对于具有极高安全性需求的场景，例如智能驾驶和面部识别系统。

## 8.5　视觉问答

### 8.5.1　基本概念

与单纯处理图像视频数据输入的计算机不同，人类在感知环境的同时，可以处理视觉和语言等多个模态的信息输入。受此启发，人们开始关注多模态学习，提出了一系列视觉和语言融合的机器学习任务，例如图像描述、视觉问答等。在这些任务中，机器既需要理解图像的视觉信息和对应的文本内容，同时也要将视觉信息和文本内容进行对应。

---

**视觉问答**

一个视觉问答模型以一张图片和一个关于这张图片的形式自由、开放式的自然语言问题作为输入，以一条自然语言答案作为输出。

---

视觉问答（Visual Question Answering，VQA）的概念最早在 2015 年提出[278]，其目的是要求计算机根据一张图片和对应的自然语言问题描述，给出对应的问题答案。计算机不仅需要对图像生成通用的描述，还需要根据具体的文本要求，针对性地对图像中的区域进行更深入的理解和推理。视觉问答任务往往面临着对图像分析和问题理解的挑战，有时甚至还需要对图像中不存在的信息进行推理回答，这些额外需要的信息既可能是常识，也可能是关于图像中特定元素的外部知识。因此，视觉问答可以用来评估目前的机器学习模型的"真实智能水平"。

视觉问答在众多的人工智能系统和实际生产生活中都具有广泛的应用前景，包括智能对话系统、机器人救援、视觉障碍人士的辅助工具、智能教育等，还可以帮助分析人员检查大量的监测数据、与个人智能助手进行交互等。例如，在火灾等救援场景中，救援人员因现场安全状况不便直接进入救援，可以通过自然语言与救援机器人沟通。救援机器人根据用户的自然语言指令，探查反馈现场情况，并进行下一步操作。视觉障碍人士的视觉助理可以根据实时拍摄的环境影像回答盲人的问题，为视觉障碍人士做出正确的导向判断。可以看到，视觉问答在现实生活中有着很大的应用潜力。

### 8.5.2 视觉问答中可解释性的重要性

近年来，大多数的视觉问答模型都使用注意力机制来融合视觉和语言的多模态信息。这种方式能够显著地提高模型的性能，然而它存在的一个缺点是缺乏有效的可解释性。从应用的需求来说，模型给出答案的可解释性往往比答案本身正确更为重要。如果机器学习模型直接给出一个答案而没有相关的解释信息，则用户无法得知决策答案的动机，其可靠性难以保证。尤其是预测的答案不准确时，用户无法追踪模型的问答过程，这些都不能满足人类用户的需求。在视觉问答任务中，可解释性的重要性主要体现在以下几个方面。

首先，一个可解释性较好的视觉问答模型应能够让人类得知模型从图形中学习到的物体、属性及其之间的关系。相反，一般的卷积神经网络对人类来说是无法理解的“黑盒”。当用户拿到一个“黑盒”后，除模型的预测结果之外，用户无法获得其他额外的信息，也无法满足对可解释性的需求。

其次，当视觉问答模型预测的答案是错误的时，一个可解释的预测结果能够提供线索，帮助定位模型的哪一部分出现了错误。

再次，当人类不满意返回的答案时，可以提供有关答案的反馈，包括删除一些错误的答案，添加缺失的正确答案，并标记一些现有的正确答案。然后，模型从原始查询和用户的反馈中学习，生成更精确的查询作为表达方式，并返回更精确的答案。此外，基于从原始查询到更精准查询的修正，可以总结映射关系并增强已有字典，以避免此后查询中出现类似的错误，从而可以从根本上改善问答模型系统并确保赋予其自动连续学习的能力。

最后，无论一个视觉问答模型的预测准确率有多高，只有其具备了充分的可解释性，才能从理论上分析和论证模型的正确性和可行性，从而将其无顾虑地投入真实的应用场景中。

### 8.5.3 可解释性视觉问答示例

为了解决传统的端到端的视觉问答方法缺乏可解释性、无法为问答流程提供洞察的问题，研究人员[279]提出将视觉问答分为解释和推理两个过程，并且通过对两个过程的中间结果进行表示，可以实现一个更具可解释性的视觉问答模型。

如图8-16所示，通过预训练的属性检测器和图像字幕模型为图像生成属性和字幕，其中属性包括单个的对象以及从图像中学习到的其他属性，字幕则表示了对象和属性之间的关系。然后，这些生成的解释信息和问题被输入一个答案推理模块中，获得最终的答案。

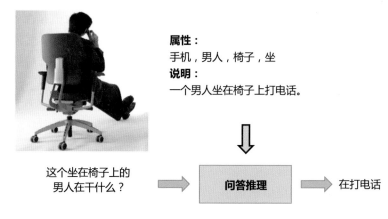

**属性：**

手机，男人，椅子，坐

**说明：**

一个男人坐在椅子上打电话。

这个坐在椅子上的
男人在干什么？ ➡ 问答推理 ➡ 在打电话

图 8-16　视觉问答中的解释和推理

通过将视觉问题任务进行分解，具备以下优点：

- 生成的属性和标题是模型从图像中提取出来的，有助于给出模型最终预测答案的可解释性机理和原因。
- 即使当预测答案是错误时，可解释的中间结果也可以帮助研究人员识别模型的推理缺陷，进而定位到具体出错的部位和原因；
- 获取的中间信息还可以帮助验证，模型得出正确答案是仅靠猜测，还是真正通过关键信息进行了推理。

详细来看，这种视觉问答模型可以分为三个模块——单词预测、句子生成和答案推理，如图 8-17 所示。在词语预测模块中，预训练的视觉检测器提取输入图像的词级解释并用概率向量 $v_w$ 表示；在语句生成模块中，预训练的字幕生成模型将输入的图像转换生成句子级的解释；最后在问答推理模块中，将字幕和问题分别由两个不同的子模块进行编码，得到 $v_s$ 和 $v_q$。然后将向量 $v_q$、$v_w$ 和 $v_s$ 连接并送入一个通过激活函数激活的全连接层预测答案。

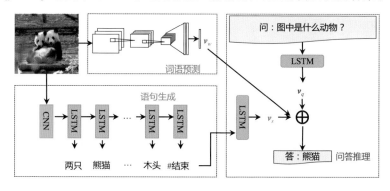

图 8-17　可解释视觉问答框架示意图

同时，如图 8-18 所示，使用基于用户反馈查询修正的交互式框架（IMPR-OVE-QA），可以使现有问答系统基于对原始答案的局部反馈获得更精确的答案。具体地，当用户不满意返回的答案 $Q(D)$ 时，可以提供有关 $Q(D)$ 的反馈，包括删除一些错误的答案 $Q-(D)$，添加缺失的正确答案，并标记一些现有的正确答案 $Q+(D)$。系统不需要用户提供错误或遗漏的完整列表，抑或标记所有的正确答案。IMPROVE-QA 从原始查询 $q$ 和用户的反馈中学习，生成更精确的查询 $Q'$ 作为自然语言的表达方式，并返回更精确的答案 $Q-(D)$。此外，基于从 $Q$ 到 $Q'$ 的修正，总结映射关系并增强了已有字典，以避免此后查询出现类似的错误，可以从根本上改善问答系统并确保赋予其自动连续学习的能力。

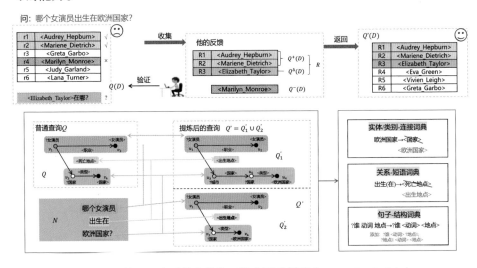

图 8-18　基于用户反馈查询修正的交互式框架（IMPROVE- QA）

## 8.6　知识发现

知识发现（Knowledge Discovery，KD）是从各种媒体表示的信息中获取知识并针对不同需求量身定制的过程。知识发现的目的是使用户远离原始数据的烦琐细节，并从原始数据中提取有效、新颖和潜在有用的知识，并将其直接报告给用户。

## 8.6.1 基本概念

以视频形式的媒体数据为例，随着互联网技术的快速发展、智能手机的广泛普及，5G 时代的到来，网民数量不断增加。截至 2021 年 2 月，我国网民人数约有 9.89 亿，而且网络视频数量也已经达到 9.27 亿，已经从图像时代迈进了视频时代。另一方面，随着监控摄像头的大量安装，监控视频数量也在迅速增加。有效地监管和利用这些海量视频，将海量视频数据转换为人们可以利用的信息，将信息转化为可以学习的知识，利用这一知识帮助人们制定更好的策略，策略进一步构成了活动，可以引导人们分析并有效解决问题，整个过程需要利用知识发现的相关方法进行智能视频分析。

知识发现不仅在视频分析任务中有广泛的应用场景，在物体检测及识别、语音合成及分析、文本分类及翻译等多个任务中都有广泛的应用。

## 8.6.2 视觉可解释性与知识发现的关系

随着大规模数据集的形成、算力的更新迭代以及深度学习方法的不断发展，越来越多的深度学习模型被用来解决知识发现中遇到的问题。深度学习模型本身成了知识的来源之一，模型能发现怎样的知识，在很大程度上依赖于模型的组织架构、对数据的表征方式等。因此，通过更深入的理解模型，探究视觉模型的可解释性，有助于研究人员更深入地挖掘数据内部的信息，发现可以利用的知识。同样，在发现知识的同时，也可以更好地解释模型内部构造的原理，了解数据表征的具体方式。视觉可解释性和知识发现二者相辅相成，相互影响。

## 8.6.3 可解释性知识发现案例

### 1. 理解卷积神经网络

计算机视觉是深度学习技术应用和发展的重要领域，而卷积神经网络作为典型的深度神经网络，在图像处理、视频处理等领域发挥着重要的作用。

一个卷积神经网络一般包含多个卷积层，卷积层的基本作用是执行卷积操作，提取底层到高层的特征，同时发现输入数据（图片）的局部关联性质和空间不变性质等知识。卷积层由一系列参数可学习的滤波器集合构成。对于卷积神经网络第一层而言，一个典型的滤波器的尺寸是 $5 \times 5 \times 3$（宽度和高度都是 5 像素，通道数是 3，这是因为输入的彩色图像通常具有 3 个颜色通道）。当正向传播时，每个滤波器都会在输入数据的宽度和高度上按一定间隔滑动（卷积操作），滑动至某处，便计算整个滤波器和它当前覆盖的输入数据区域的内积。当滤波器滑过整张图片后，会生成一个二维的特征图（Feature Map）。特征图表示的是滤波器在每个空间位置的响应。在一个训练好的网络中，滤波器在期望类型的视觉特征处被激活，这些期望的视觉特征可能是低层网络中的颜色或者边缘，也可能是更高层网络中更加复杂和符合的形状图案。如图 8-19 所示，每个卷积层上都会有一组滤波器，每个滤波器都会生成一个对应的二维特征图，这些特征图在不同通道上堆叠起来输出。在卷积神经网络中，从前往后，不同的卷积层提取特征会逐渐复杂化。正如上文所述，卷积神经网络在最初的卷积层中会检测到低级视觉特征，例如物体的边缘、直线等；这些低级信息将会向后传播给第二个卷积层，而这二个卷积层的滤波器检测低级特征的组合，如半圆、四边形等。如此累积递进，能够检测到更复杂、更抽象的特征。实际上，卷积神经网络在信息抽象分析方面的过程与人类大脑处理视觉信息时遵循的从低阶特征到高阶特征的模式是一致的。

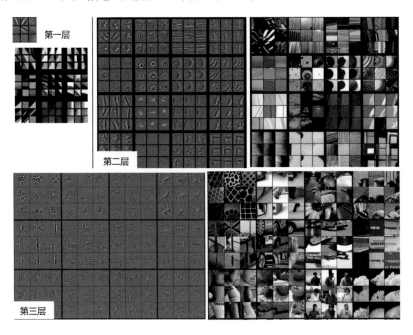

图 8-19　特征可视化示意图

通过可解释性分析卷积神经网络中的每层，可以发现不同层捕捉的特征特性，针对特定问题设计网络架构。以特征金字塔网络（Feature Pyramid Networks，FPN）为例[280]，该网络的主要目的之一是通过融合不同尺度大小的特征图，提升模型在目标检测任务上的准确率，尤其是在小物体上的检测效果。通过可解释性分析卷积神经网络，可以知道在卷积神经网络中，低层网络提取的特征包含少量的语义信息，高层网络提取的特征包含大量的语义信息。但是，高层网络提取到的特征由于分辨率低，很难准确地保存物体的位置信息；而低层网络由于分辨率高，就可以准确地包含物体的位置信息。图 8-20 表示了特征金字塔网络示意图。通过将低层的特征和高层的特征融合起来，就能得到一个识别和定位都准确的目标检测系统。上述例子表明，视觉可解释性可以帮助人类更好地设计模型结构，进一步增强知识发现的能力。

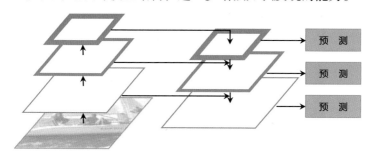

图 8-20　特征金字塔网络示意图

### 2. 剖析生成式对抗网络

生成式对抗网络（Generative Adversarial Network，GAN），又称对抗生成网络，在图像生成、图像翻译等任务中可以帮助提升图片的视觉效果和真实性，在众多任务上取得了优异的表现，被广泛应用。顾名思义，GAN 模型通过一个生成网络（Generator）和一个判别网络（Discriminator）以对抗博弈的方式来学习数据分布，最终生成网络和判别网络会收敛到各自的最优模型参数。以图片生成为例，生成网络 G 通过尽量生成逼真的图片去"欺骗"和"迷惑"判别网络 D，让其无法区分该图片是真实的还是生成的；判别网络 D 则需要判定接收到的图片是真实的图片，还是生成网络 G 生成的图片。研究人员[281]研究了生成式对抗网络中不同控制单元的作用。通过理论分析及实验论证，与输出物体高度相关的控制单元并不一定是产生该物体的原因，需要寻找形成该物体的控制单元的组合。图 8-21 为控制单元效果示意图，图 8-21（b）识别一组可解释性的控制单元，其特征图和物体的区域高度相关；图 8-21（c）通过强制激活值为零消融单位，并量化平均值，可以成功地将这些树木从教堂图像中移除。以上说明了不同控制单元对图像生成起到不一样的作用。这种视觉可解释性有助于更精准地设计控制单元，从而增强对生成图像的控制。

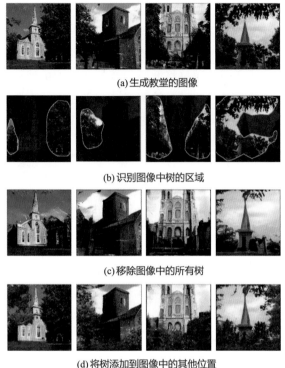

(a) 生成教堂的图像

(b) 识别图像中树的区域

(c) 移除图像中的所有树

(d) 将树添加到图像中的其他位置

图 8-21　控制单元效果示意图

### 3. 提取物理学公式

深度学习模型可以有效处理大量的高维数据，在各种应用中表现优异，但其缺乏可解释性。与此不同的是，传统的基于自然科学的符号模型具有良好的可解释性和泛化能力。然而，通过遗传算法学习的符号模型无法处理高维的输入特征。基于此，研究人员将二者的优势结合起来，使得新的模型能够同时具备高效的学习能力和可解释性，有助于人工智能技术在实际中的场景进一步应用。

研究人员提出了一种通用的结合符号模型和深度学习模型的方法，通过引入强归纳偏置来提取深度模型的符号表示，初步探索了利用人工智能进行物理学公式提取的可能性。首先利用深度模型将目标分解为低维空间上的小型内部函数，接着利用符号模型的回归解析表达式对这些小型内部函数进行逼近，最后提取出物理学符号表达式。这种方法的核心思想是对图神经网络进行监督训练，并对训练好的模型进行符号回归，从而提取显式物理关系。

　　该研究的方法可以实现利用神经网络提取物理公式，例如经典的力学定理和哈密顿动力学公式。与此同时，该方法还可用于宇宙中的暗物质模拟，例如发现和提取基于邻近宇宙结构的质量分布预测暗物质浓度的解析公式。相比于图神经网络，这种方法具有更好的泛化性，并可以提取模型训练时从未见过的符号表达式，为神经网络的可解释性和基于深度学习发现新的物理学原理提供了新的研究方向。如图 8-22 所示，该方法首先对图神经网络进行模拟训练，然后尝试从每个图神经网络中提取解析表达式；接着，该方法需要检查消息特征是否等于真正的力向量；最后，将符号回归应用到图神经网络内部的消息函数中，判断是否可以在没有先验知识的情况下还原力学规律。

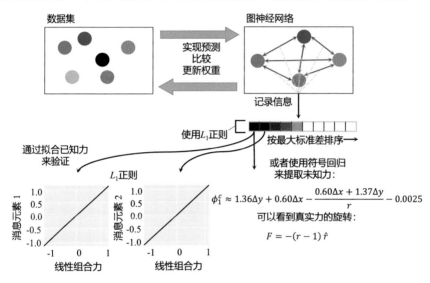

图 8-22　提取物理公式模型示意图

## 8.7　小结

　　以深度学习为代表的人工智能技术在计算机视觉领域得到了广泛的应用，如自动驾驶、视频监控和刷脸支付等。机器视觉的可解释性是用于解决和理解视觉模型为何做出特定决策的原因，目标是更好地理解机器视觉模型的运作机理，并最终完善相关应用。本章首先阐明了可解释性在机器视觉应用中的重要性，接着以视觉关系抽取、视觉推理、视觉鲁棒性、视觉问答和知识发现等案例说明了可解释性的实际应用。

# 第 9 章

# 自然语言处理中的
# 可解释人工智能

黄萱菁　傅金兰

　　2018 年，随着 ELMo、BERT 等语境化的预训练词嵌入的兴起，许多自然语言处理任务的最好性能达到了新高度。然而，它们的性能趋势却逐渐平缓，很难继续提升；并且，深度学习的黑盒特性使得人们难以信赖自然语言处理产品的决策。如何找到下一步优化的方向？如何提高人们对于自然语言处理产品的信赖？可解释 AI 可以帮助人们定位不同模型的优缺点、不同数据集的特性以及模型与数据集之间的适配性，从而使研究人员或工程师在理解模型的缺陷及数据集特性的前提下，对模型进行合理的改进；可解释 AI 还可以定位模型做出决策的依据，从而提升人们对自然语言处理产品的信任度。本章重点介绍可解释 AI 在不同自然语言处理任务（例如，对话系统）上的典型应用案例，以此揭示可解释性研究在自然语言处理中的必要性和重要性，如图 9-1 所示。

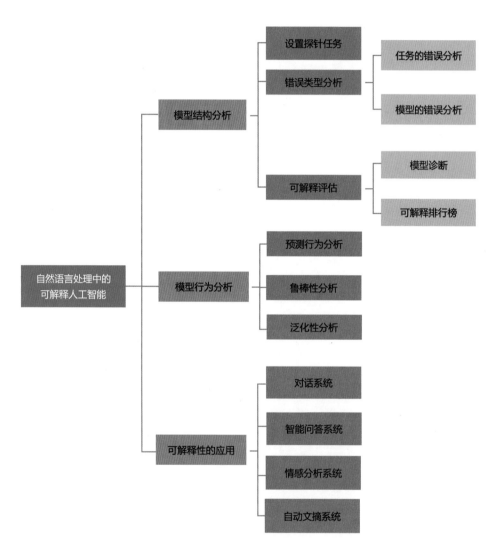

图 9-1　自然语言处理的可解释性关键词图谱

# 9.1 简介

自然语言处理（NLP）是人工智能的重要研究方向之一。与其他人工智能系统类似，自然语言处理同样采用机器学习和深度学习等数据驱动的方法。以往，基于特征工程的传统机器学习模型（例如，SVM）在训练模型之前就已经确定使用哪些特征，因此具有很强的可解释性。虽然传统机器学习模型的可解释性很强，但性能相对较低。随着深度学习被广泛应用，模型的性能有所提升，但由于神经网络模型的黑盒特性，基于神经网络的模型可解释性很差。模型的不可解释性导致的后果是：第一，在不理解模型结构的偏差或优缺点情况下，研发人员往往需要在神经网络结构的探索上花费很多时间；第二，如果不理解模型做出预测的原因，即使性能很高的系统，也难以获得使用者和决策者的完全信任。

近年来，有不少工作尝试对许多 NLP 任务的模型进行可解释性研究。从理解模型角度的差异上看，目前的可解释性研究主要包括以下两种类型：结构分析和行为分析。

- 结构分析指的是理解模型结构的工作机制和工作原理，例如，语言模型是否能捕捉句子中的词性特性，某种神经网络是否能捕捉句子中的长距离依赖关系等。只有充分理解模型结构的工作机制和工作原理，当模型的性能难以继续提升时，研究人员和开发者才能确定模型存在哪些问题，从而在理解模型结构特性的前提下，指出模型下一步的优化方向，从而能够更好更快地提高模型的性能。
- 行为分析通常指的是理解模型预测行为的依据，例如，自动问答系统是根据输入文本中的哪些词来做出答案的预测的。由于深度学习算法嵌套着非线性结构，这些成功的模型通常是黑盒子，很难以人类可以理解的方式解释其预测的依据。模型的预测缺乏透明度和可解释性会造成严重后果，尤其是在一些与人类生活相关的高风险行业中。例如，在司法、医疗和金融等领域，如果盲目地依赖自动问答系统给出的答案，而不能理解其背后的逻辑和因果关系，就可能触发潜在的法律风险及社会风险。同时，对人工智能系统的使用者和决策者来说，也很可能因噎废食，从一开始就避免推广使用人工智能系统。

## 9.2 可解释自然语言处理中的模型结构分析

### 9.2.1 为什么模型结构分析很重要

深度学习经过快速发展，在很多传统方法处理不好的任务上都表现出了令人惊喜的结果。然而，这些优异的结果是以牺牲模型的可理解性为代价而换取的，导致虽然模型的性能提升了，但是研究者却要在神经网络结构的探索上花费巨大的时间代价，即神经网络结构很丰富，如何从中选取最优的一个。为了解决这个难题，研究人员专门建立一个研究方向——架构搜索（Architecture Searching），并希望可以将此过程自动化。

可是完全依赖于算法自动化地进行神经网络的架构搜索往往需要巨大的算力，因为决定结构的超参空间巨大，缓解这个难题最好的方法就是提高对不同网络结构部件的理解，这样才能有针对性地选择适合特定数据集的模型，从而减小搜索的代价。总结来说，对模型结构的理解有两个作用：第一，在实际应用中，可以快速对模型进行设计，缩短搜索的时间和降低资源开销，以便更好地实现自动机器学习（AutoML）；第二，可以对性能更好的新模型进行探索、设计，从而提供模型在特定任务上的性能上限。

具体地，模型部件工作机制的可解释工作涉及三方面的探索。包括：

- 设置探针任务（Probing Task），窥探网络结构功能属性；
- 进行错误类型分析；
- 可解释评估和模型诊断。

### 9.2.2 设置探针任务窥探模型结构的功能

通常来说，神经网络是以端到端的形式进行训练的。与传统机器学习不同，神经网络的输入特征都是自动构建的。由于无法直接还原模型的推理过程，神经网络在训练过程中学到了哪些语言特征仍不可知，这使得模型预测变得很不可靠。随着深度学习模型在各个领域的应用被不断推进，解释神经网络行为的需求也变得愈加强烈。

**定义 9.1**（探针任务）. 探针任务（Probing Task）用于窥探模型结构的功能，可以是一个分类器或者标注器，通常被加在目标模型的最外层，用于分析目标模型的输出表示。

一般来说，人们在决策时往往会利用各种辅助信息。例如在过马路时，我们不仅会看红绿灯，还会观察周围是否有车辆经过，这些信息促使我们做出是原地等待还是过马路的决策。相应地，模型也会借助各种信息来完成决策。但是由于模型在处理加工语言信息的过程是不可见的，人们无法获知模型在这一过程中具体利用了哪些信息，因此需要借助可解释性工具来获取和分析。这些信息对理解模型决策过程来说是至关重要的，图 9-2 中介绍的"探针任务"[282, 283]，即是这样一种可解释性工具。

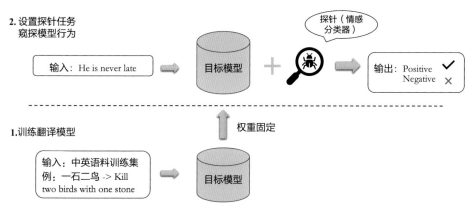

图 9-2　通过设置探针任务探索翻译模型中是否编码了情感信息

为了解训练完的翻译模型是否包含情感信息，在翻译模型外部增加一个情感分类器。如果分类器能够判断句子所表达的情感极性（正面或者负面），那么就可以推断出翻译模型在训练中译英语料时是否编码了情感信息。

目前，设置探针任务已被用于探测各种语言信息，这些信息不仅包括句长、词序等基本特征，还包括形态、语法和语义等高阶语言特征。研究结果显示，目标模型在训练过程中能学到丰富的语言信息。此外，选取的目标模型既可以是整个神经网络（如 RNN、CNN 等），也可以是模型中的一个子模块（如 Transformer 中的注意力机制、LSTM 中的门控单元等）。通过比较不同网络或网络子模块的探测结果，可以获知什么样的网络结构在编码特定语言信息时具有优势，这有助于加深人们对深度神经网络的认知。

然而，利用探针解释模型决策过程也存在不足之处。目前对探针的一系列研究方法大多是基于相关性展开的，只能够说明探针捕获的特定信息与模型决策过程存在某种相关性，并不能很好地解释这些信息是如何影响模型的预测结果的。对模型行为进行因果分析可以在某种程度上避免上述问题，这是未来模型可解释性分析的重要研究方向之一。

总的说来，探针作为模型可解释性分析的重要工具之一，在分析和解释模型行为上已取得非常多的成果。它有助于人们揭开神经网络的神秘面纱，让神经网络变得更加可控、可靠,为神经网络在工业界的广泛应用铺平道路。

### 9.2.3 错误类型分析

在可解释自然语言处理中,错误类型分析(Error Type Analysis)指对模型预测错误的样本进行统计、归类与分析,从而对模型的性能来源做出解释。错误样本分类(Grouping of Failure Cases)的依据可以是语法、语义或任务相关的特征。例如:

- 能够发现某个任务的困难样本类型,即大多数模型都预测错误的样本类型;
- 能够对比不同模型的优缺点,例如模型 A 比模型 B 在某类型样本上错误更少;
- 能够通过对比发现不同结构所起的作用,例如基于 LSTM 的模型比基于 CNN 的模型在句子较长的样本上错误更少,说明 LSTM 能更好地解决长句子的样本;
- 能够更好地解释模型性能的来源。

如图 9-3 是命名实体识别模型进行错误类型分析的一个例子[284]。将模型预测错误的样本进行分类,这些分类可以是:边界模糊、低频实体和标注错误等。

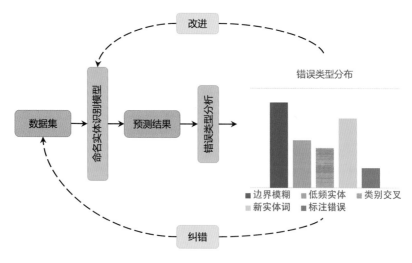

图 9-3　命名实体识别模型进行错误类型分析的一个例子

通过错误类型分析,研究人员能够发现模型潜在的限制,从而进一步改进、设计出性能更好的模型,以及纠正数据集中的标注错误。

在不同的 NLP 任务中，模型的预测错误有不同的定义。例如，在命名实体识别任务中，模型的预测错误是指没有正确识别实体的边界以及实体的类型。而在情感分析中，模型的预测错误是指误判句子的情感。目前，错误类型分析被广泛用于自然语言处理的各个任务中，它可以分为两类：针对任务的错误分析和针对模型的错误分析。

### 1. 针对任务的错误分析

针对任务的错误分析也被称为多模型错误分析，主要用于展现一个任务中不同模型普遍出错的数据类型或普遍存在的问题，以此发掘该任务存在的不足和挑战，从而寻找未来的方向。例如，在恶意评论分类任务（判断给定的文本是否存在恶意）中，可以按照先验知识，将该任务面临的挑战性样本归纳为三种：数据中出现训练集中未见过的词（如俚语、拼写错误和讽刺类词）；需要长距离依赖，例如一段长评论中恶意评价出现在开头；恶意评论基于多个词组成的短语。然后，将多个恶意评论分类模型进行错误分析，观察这些模型在这三类错误类型上的预测结果。更详细的研究工作介绍可参考文献 [285]。Martschat 等人[286] 在指代消解任务中也进行了多模型错误分析，确定了不同模型普遍在专有名词对（如 China 和 China's）和人名-名词对（如拜登-美国总统）上表现不佳。所以，针对这两种具有挑战性的错误类型而设计模型，可实现进一步提升指代消解任务的性能。

### 2. 针对模型的错误分析

针对模型的错误分析（Error Analysis for Model）也即单模型错误分析，主要用于考察模型在不同类型数据上的性能，以此分析模型的优势来源和模型中不同模块起到的作用，从而指导模型设计。例如，消融实验就是某种意义上的错误分析，对一个模型的不同模块进行增删，探究缺失了某个模块后对预测结果的影响，如在不同类型的数据上错误率是否有变化，从而发现特定组件敏感的样本类型。Chen 等人[287] 的工作就是一个单模型错误分析的典型例子，它探究了阅读理解模型对于语义理解的程度，利用错误类型分析解释模型的工作机制。基于阅读理解任务特征和文本特性，可以将阅读理解训练数据分为几种类型，例如：答案旁边的词也出现在了文章某些实体的周围；答案蕴含在文章的一句话中；需要多句话才能推理出答案。模型在不同类型的数据上的错误率能够反映模型对于语义理解的程度。例如，如果阅读理解模型在那些需要多句子推理的样本上性能较差，就说明该阅读理解模型并不具备推理能力。

多模型错误分析有助于发现任务的难点与挑战，单模型错误分析能够反映模型对不同难度的数据的处理能力。错误类型分析是容易被理解的可解释分析手段，能够有效指导模型结构设计。

### 9.2.4 可解释评估

随着深度学习的发展，自然语言处理任务的模型越来越多。目前的评估方法通常是基于比较不同系统的整体得分（例如，F1 值、准确率），然而，一个单一的数字无法在细粒度的层面上区分不同系统之间的优势和劣势。

为了缓和这个问题，研究人员已经做出一些改进，主要集中在两个方面：错误分析和多数据集评估。首先，错误分析[288] 可以将评估的粒度从整体转变为细粒度。尽管此方法有效，但错误分析的过程通常需要手动检查，并依赖于研究人员预先设定的假设，存在一定的偏见，并且很可能忽略新的错误类型[289]。此外，基于错误分析的评估方法通常基于单个数据集，而没有探讨多数据集设置中的细粒度分析。这导致了许多有关多数据集设置下的研究问题没有被很好地探索，例如：如何为不同的数据集刻画影响任务的因素？数据集的不同选择如何影响模型的性能？

多数据集评估指的是用整体指标在多个数据集上对模型进行评估，涉及的数据集通常存在不同特征，或属于不同领域，或属于不同语言。这是在常规实验设计中很常见的一种改进评估策略。当前，研究人员正在试图建立涵盖多个数据集的通用评估基准，例如 GLUE、SuperGLUE 和 XTREME 等。尽管它们有助于对模型进行更全面的评估，但不同数据集对模型的影响仅通过一个不可解释的整体度量来刻画，仍然无法很好地刻画不同数据集如何影响模型结构的选择。

**定义 9.2**（可解释评估）. 可解释评估（Interpretable Evaluation）可用于诊断模型的优缺点，分为以下三个步骤：一是属性定义，对特定任务设计多个不同的可解释属性（例如，命名实体识别类型的实体长度属性）；二是样本分桶，计算每个样本的属性值，并将样本放入合适的存储桶中；三是桶性能的计算，计算每个存储桶中样本的性能，实现将整体评估转化为细粒度评估。

可解释评估方法利用细粒度评估和多数据集评估的互补优势，将细粒度分析进一步推向多数据集设置。它不仅反映模型在一个或多个数据集上的独特性能，而且能够反映模型偏差、数据集偏差及二者之间的相关性（例如，数据集之间的差异如何影响模型的设计）。目前，已有一些研究工作尝试对不同的自然语言处理任务进行可解释评估的探索。Fu 等人[290] 首先提出了可解释评估概念（InterpEval），并分别在命名实体识别和中文分词任务上探索。Liu 等人[284] 提出了可解释排行榜（ExplainaBoard），并开发了相关工具。基于可解释评估的 ExplainaBoard 设计了交互式分析和可靠性分析，使模型和数据集的关联性探索更加多元化，目前该方法在 9 个自然语言处理任务上成功应用，包括词性标注、Chunking、文本分类、细粒度情感分析、自然语言推理、语义解析和文本摘要等。

如图 9-4 所示为命名实体识别任务中的可解释评估示例[290]。对于句子 "Life in New York is fun." 中的 "New York" 语块，首先计算该语块上每个属性（例如，实体长度）的属性值（例如，实体长度为 2），然后将 "New York" 放入相应的存储桶中。当将整个测试集中的实体分类放入对应的存储桶之后，计算每个存储桶中的实体（或者语块）的性能。

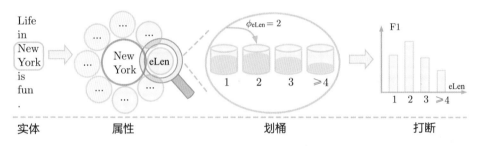

图 9-4　命名实体识别任务中的可解释评估示例

### 1. 模型诊断

基于 InterpEval 可解释评估方法，Fu 等人[290] 提出了两种模型诊断（Model Diagnosis）方法，即自我诊断和比较诊断。

（1）自我诊断。给定模型和特定的评估属性（例如，实体长度 eLen），以命名实体识别任务为例，根据实体的属性将测试实体放入不同的桶中，其中不同桶中的实体会有不同的性能得分。自我诊断将选择测试样本的性能在其中获得最高值和最低值的桶。直观地，此操作可以帮助研究人员诊断特定模型在哪些条件下表现良好或较差。

（2）比较诊断。给定两个模型 $M_1$、$M_2$ 和某个属性，比较诊断旨在选择两个系统之间的性能差距达到最高值和最低值的桶。此方法可以指示特定系统在哪些条件下可能比另一个系统具有相对优势。

（3）结果分析。表 9-1 展示了在 6 个命名实体识别数据集中的模型诊断结果，其中 $M_1$ 和 $M_2$ 表示两个模型。属性值被分为四类：特小（XS）、小

（S）、大（L）和特大（XL）。在自我诊断直方图中，绿色（红色）的 X 轴刻度标签表示系统在该桶上获得最佳（最差）性能。灰色柱子表示性能最差，蓝色的柱子表示最佳性能和最差性能之间的差距。

表 9-1　6 个命名实体识别数据集中的模型诊断结果

| | CoNLL03 | WNUT16 | OntoNotes-MZ | OntoNotes-BC | OntoNotes-BN | OntoNotes-WB |
|---|---|---|---|---|---|---|
| 整体评估值 F1 | $M_1$: 91.11 | $M_1$: 47.77 | $M_1$: 86.90 | $M_1$: 81.03 | $M_1$: 89.64 | $M_1$: 66.35 |
| $M_1$: BERT 自诊断 | | | | | | |
| 整体评估值 F1 | $M_1$: 90.48; $M_2$: 88.05 | $M_1$: 40.61; $M_2$: 32.84 | $M_1$: 85.39; $M_2$: 81.09 | $M_1$: 76.04; $M_2$: 70.00 | $M_1$: 86.78; $M_2$: 84.07 | $M_1$: 60.17; $M_2$: 56.61 |
| $M_1$: CRF $M_2$: MLP 比较诊断 | | | | | | |

（列标题缩写：eDen、oDen、sLen、eCon、tCon、tFre、eLen）

图例：
- 给定属性，性能最差的桶
- 给定属性，性能最好与最差之间的性能差
- $M_1 - M_2$ 的值最大的桶
- $M_1 - M_2$ 的值最小且为负的桶

XS: 特小　　S: 小　　L: 大　　XL: 特大

sLen: 句子长度　　eDen: 实体密度　　eCon: 实体的标签歧义度　　tFre: 词语在训练集出现的频率
eLen: 实体长度　　oDen: OOV 词的密度　　tCon: 词的标签歧义度　　eFre: 实体在训练集出现的频率

对于自我诊断，表 9-1 中的第一行展示了基于 BERT 的命名实体模型的自我诊断 的结果。可以观察到，标签一致性（eCon，tCon）和实体频率（eFre）通常会出现较大的性能差距（蓝色柱子较高），这里的 eCon 和 tCon 分别表示实体及其词的标签在训练集和测试集上的一致程度，eFre 表示数据集（例如：CoNLL03）中实体出现的频率。而这些属性的最差性能是在低一致性（eCon，tCon：XS/S）和低实体频率（eFre：S）的桶中发生的。这表明，基于语境化预训练词嵌入的命名实体系统对于具有较低标签一致性和较低实体频率的实体仍然具有挑战性，而这与研究者的主观感受是一致的。

对于比较诊断：表 9-1 中的第二行展示了 CRF 模型和 MLP 模型的比较诊断。在具有高实体密度（eDen:XL）的句子，也就是实体词比例较高的句子上使用 CRF 的好处是非常稳定的，并且在所有数据集中都可以看到性能显著提高。还可以发现 标签一致性（eCon, tCon）是选择 CRF 和 MLP 层的主要因素。第一，对 WNUT、WB 和 BC 三个数据集的长实体在 CRF 和 MLP 系统上的显著性检验的结果表明，CRF 和 MLP 系统在长实体桶上的性能显著不同。一旦数据集具有较低的标签一致性，引入 CRF 即可在长实体上获得较大的性

能提升，这说明使用 CRF 结构能有效地改善长实体的性能。第二，如果数据集具有较高的标签一致性，则在较长的实体（eLen:XL）上使用 CRF 解码层不会有显著的收益（甚至比没有 CRF 解码层的模型还要差）。

### 2. 可解释排行榜

随着深度学习的飞速发展，自然语言处理模型越来越多，使用排行榜来追踪和比较不同模型的性能越来越普遍且流行了。经典的排行榜包括自然语言理解任务的排行榜 GLUE 和 SuperGLUE、用于多语言理解的 XTREME 和 XGLUE。由于性能排名靠前的系统往往受到高度关注，但已有的排行榜仅通过一个整体评估的数值（例如，F1 值）来对模型的好坏进行排名是不够全面的，评估一个模型的好坏程度应该从多个不同方面全面比较。Liu 等人[284] 提出了可解释排行榜（ExplainaBoard），它不仅继承了传统排行榜的功能，还使研究人员能够从三个方面评估与分析模型，这三个方面包括：可解释性（Interpretability）、可交互性（Interactivity）和可靠性（Reliability）。可解释排行榜的概念图如图 9-5 所示。

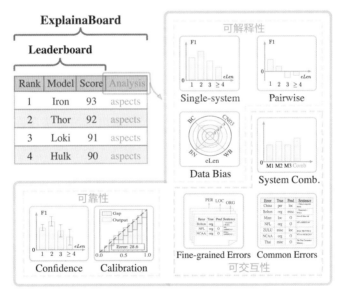

图 9-5　可解释排行榜的概念图[284]

（1）可解释性。可解释性包括系统自我诊断、系统辅助诊断和数据偏差分析（参考上一小节）。评估的可解释性打破了传统评估方法的不可解释，使系统的优势和劣势，以及数据集的偏差变得透明。

（2）**可交互性**。基于人机交互的评估方式，有利于可解释排行榜根据用户需求为用户定制适用的评估方式，允许用户用深入挖掘和评估模型预测结果。评估的可交互性，例如，将排名靠前的三个系统进行组合，进一步观察组合的系统的性能；根据用户需要，自定义选择多个数据集（例如，两个数据集）进行评估；自定义选择需要被评估的语言（例如，英语和中文）。

（3）**可靠性**。可靠性指的是系统预测结果的可靠性分析。排行榜在研究社区方面发挥着重要作用，也受到了研究人员的广泛信任，所以排行榜传递系统的可靠性也显得越来越重要。可靠性包括：置信度分析（系统预测结果的可信程度），校准分析（预测的置信度与其正确性校准的接近程度）。

ExplainaBoard 对系统新性能的追踪、模型的评估及人机交互式分析产生了许多积极的影响。ExplainaBoard 也鼓励研究人员提交他们的模型结果，以便于更好地了解系统并展示其优势。ExplainaBoard 的提出开创了自然语言处理排行榜的新范式。

## 9.3　可解释自然语言处理中的模型行为分析

### 9.3.1　为什么模型行为分析很重要

传统的自然语言处理技术具有一定的可解释性，例如基于规则、决策树、隐马尔可夫模型和逻辑回归等白盒方法。近年来，黑盒方法逐渐兴起，如深度学习模型和使用词嵌入作为特征的模型。虽然深度学习方法在许多情况下显著提高了自然语言处理系统的性能，但它们牺牲了模型的可解释性。模型不透明的预测过程可能使其预测结果存在问题，这将降低人们对常用自然语言处理系统的信赖，如聊天机器人、推荐系统和信息检索等，尤其当这些系统被用于医疗、健康和法律等领域时。

尽管可解释性可以为多种目的服务，但重点是从受众的角度考虑可解释性，最终理解模型是如何得到其结果的，这也被称为输出解释问题或者模型行为分析。从这个角度出发，可解释性可以帮助受众建立对自然语言处理系统的信任。此外，受众理解模型的运作过程后，能够给出有益的反馈，这反过来又可以帮助研究人员提高模型质量，消除系统潜在的偏见和误差。

### 9.3.2　预测行为分析

总的说来，可从特征重要性、替代模型、实例驱动、溯源和描述性归纳等角度开展预测行为分析（Predictive Behavior Analysis），表 9-2 是上述分析方

法的总结。本节主要介绍行为分析的基本思路，接下来将详细介绍一些自然
语言处理任务的预测行为分析方法。

表 9-2　预测行为分析方法总结

| 类别 | 定义 | 代表方法 |
| --- | --- | --- |
| 特征重要性 | 使用输入特征对结果的重要性解释预测行为 | 显著图、注意力可视化 |
| 替代模型 | 使用具有局部可解释性的模型替代复杂模型<br>进行解释 | LIME |
| 实例驱动 | 使用相似实例的行为解释对特定实例的<br>预测 | 影响函数 |
| 溯源 | 对预测过程的阐述部分的推导过程 | 提供对预测结果的解释<br>DialKG Walker |
| 描述性归纳 | 生成描述性文字对行为预测过程进行解释 | CoS-E |

### 1. 特征重要性

此类方法的主要思想是通过研究影响模型的不同特征具有的不同重要性
来解释预测结果。这种方法需要依赖于特征的设计，例如人工特征、词和字符
等词汇特征或者神经网络学习到的隐特征。注意力机制和基于显著性的方法
是两类广泛使用的、能够获得基于特征重要性的解释的方法。然而，关于注意
力机制是否具有可解释性一直存在争议，目前一些研究者呼吁使用更具解释
性和理论基础的显著性方法替代注意力机制[291]。

### 2. 替代模型

此类方法通过学习另一种更高解释性的模型作为替代来解释模型的预测
结果。其中，LIME 是最典型的替代模型的方法[292]，它通过对输入进行扰动
来学习替代模型[293]。通过在输入数据附近学习一个可解释的模型，LIME 可
以解释任何分类器的预测。此外，LIME 也可以挑选出一系列具有代表性的数
据来解决模型信赖的问题。基于替代模型的方法与模型无关，可用于实现局
部解释和全局解释。然而，学习到的替代模型和原始模型可能具有完全不同
的预测机制，这导致使用者担心基于替代模型方法的保真度。

### 3. 实例驱动

此类方法通过展现类似实例的行为，来解释针对特定实例的预测，所使
用的其他类似实例通常来自易得的标记数据，并且语义与需要解释的输入实
例相似。这类方法本质上类似于基于最近邻方法，并且能用于各种自然语言
处理任务，例如文本分类和问答系统，利用逐层相关性传播或者归因类方法，

研究输入实例的语言学特性与系统决策之间的联系。近年来兴起的另一类方法是影响函数，它通过识别具有影响力的实例来解释模型的决策过程。影响函数提供了一种新的思路来解释文本分类器的决策过程，并且可以被用来发掘训练数据的偏差。

**4. 溯源**

此类方法通过阐述部分或全部推导过程来提供对预测结果的解释，当最终预测是一系列推理步骤的结果时，这是一种直观且有效的可解释性技术。例如，对话推理模型 DialKG Walker 将对话推理问题建模成知识图谱中的路径行走问题[294]。当对话模型回复时，其在知识图谱上的检索路径可以看作模型的推断过程，这样能够实现从自然语言话语到最终答案的完整推断过程的可视化。推断过程解释了如何依赖当前对话、历史对话，以及当前对话中包含的实体来推断对话生成的过程，当对话结果不令人满意时，推断过程为重新改进模型提供了宝贵的分析过程。

**5. 描述性归纳**

此外，人类可阅读的描述性信息，如规则、树和程序等都可以被归纳为解释。例如，采用基于规则的方法在文档级别的情感预测任务中提取出相应的情感词，推理归纳出的规则具有可解释性。Rajani 等人[295]提出了 CoS-E 数据集，其使用人工书写的解释文本训练语言模型，自动生成常识问题的解释。求解代数应用题需要一系列的数学运算来得到最终的答案。由于代数应用题具有任意复杂度，解释应用题的求解过程是一项艰巨的挑战。通过生成解题过程中使用的公式和定理，并利用自然语言技术描述，能够缓解这一问题，从而更好地解释应用题的求解过程。

## 9.4 自然语言处理任务中的可解释性

本节将以对话系统、智能问答系统、情感分析系统和自动文摘系统为例，介绍自然语言处理任务中的可解释性分析，包括可解释的结构分析和行为分析，并直观地介绍一些工业界的应用示例。这些任务涵盖自然语言理解和自然语言生成，是自然语言处理领域最有应用价值也最有难度的任务。对这些任务进行可解释分析将有助于提升使用者、决策者、开发者和受影响者对自然语言处理系统的信任，进一步促进自然语言处理技术的推广应用。

### 9.4.1 对话系统

对话系统（Dialogue System）是人机交互技术的核心任务，它旨在最大限度地模仿人与人之间的对话方式，使得人类能够用更自然的方式和机器进行交流。对话系统应用广泛，具有较高的研究价值和商业价值。通常来说，对话系统任务主要包括任务型对话和开放域对话两种。传统的任务型对话主要关注构建任务导向的人机对话系统来实现用户在特定领域的特定任务，例如餐馆预订、机票查询等。开放域对话一般不约束对话的领域和目的，旨在生成上下文一致且有意义的回复。

随着大规模的人人对话数据出现，以及一些真实的开放域对话产品（例如，微软小冰）的成功开发，开放域对话获得了越来越多的关注。其中，智能语音助手是对话系统最常见的落地场景。从 2014 年亚马逊推出第一代 Echo 开始，智能音箱和 Siri 等个人语音助理逐渐受到国内外各大科技公司的关注。智能音箱和语音助理的核心功能都是语音交互，它们需要内置一个对话式智能语音助手，让用户以自然语言对话的交互方式，实现影音娱乐、信息查询、生活服务和即时聊天等多项功能。

然而，当前对话系统通常使用的模型结构具有黑盒特性，人们通常不清楚这些模型学到了什么，以及模型做出决策的依据。这限制了对话系统在现实生活中的应用。例如，在基于对话系统的心理治疗应用中，如果无法验证模型的学习过程和交互过程，则无法保证模型在应用中具有绝对的安全性和可靠性。构建可解释的对话系统有助于在实际应用中提高模型的安全性和可信度，在一定程度上也有助于对模型进行更加公平和准确的评估。

为了探测当前对话系统各模块的功能特性，Abdelrhman 等人[296] 设置了一系列的探针任务，来探测对话系统内部词表示层和编码器模块的对话理解能力。结果表明，参与测试的一系列对话模型的内部模块存在着许多局限性，如不能有效地编码对话历史信息、难以学习基本的对话技能。他们认为这些局限性需要依靠增加特定的结构组件来解决。基于此，下面主要介绍对话系统中两类可解释性工作：基于离散隐变量的可控性对话，基于图谱路径检索的知识引入。

#### 1. 基于离散隐变量的可控性对话

对话系统的隐变量指的是不可作为对话内容直接观测的内部变量。离散意味着其取值范围不是难以定性解释的实数空间，而是易于理解的离散特征。对话系统中常见的离散隐变量包括对话风格、说话人个性和用户意图等。例如，语音助理的对话风格可以是正式、自然和幽默等；车载对话中常见的用户意图包括导航、音乐、餐饮和操控等。

可控性一直是对话系统任务里亟待解决的问题之一，其目的是引导对话系统生成内容的方向。基于离散隐变量的可控性对话使用一个离散的可变向量充当控制因子。这些离散隐变量能显式地表示生成回复的句子级特征，且在不同的语境中也具有一致的含义，因此具备一定的可解释性。使用作为控制因子的离散隐变量来表征对话属性，将其融入对话的理解和回复生成过程中并加以展示，可以为神经网络模型打开一扇窗，让用户在一定程度上了解对话模型的内部机理，从而提高模型的可控性和可解释性。

用户意图是对话系统中最常见的离散隐变量之一。以智能音箱为例，基于用户的输入信息，合格的智能语音助手能够给出让用户满意的反馈，而对话系统中离散隐变量的引入，恰恰使得智能语音助手所做出的反馈能够具备可解释的依据。在具体的应用中，基于模型学习到的隐变量，可以将模型感应到的用户意图可视化，解释模型产生反馈的依据。在图 9-6 中，给出了可解释智能音箱日常对话的一些简单示例。每个虚线框中提供独立的一轮对话。可以发现，当智能语音助手根据接收到的用户输入信息产生具体的反馈后，它采取的一系列反馈（例如，闲聊、播放音乐）的背后，都需要对用户意图进行判断，从而使做出的反馈具有可解释性。

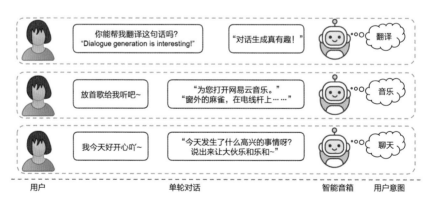

图 9-6　可解释智能音箱应用示例

### 2. 基于图谱路径检索的知识引入

近年来，知识引入在对话系统的任务里备受关注，这一方法的目的是希望为对话模型提供人类在对话时具备的一些知识，使得模型能够正确理解输入的对话并产生更具"智慧"的回答。在对话系统中，常用的知识引入主要包括文本形式和图谱形式。文本形式常用的做法是使用对应知识的文本描述增强词表示，这样的做法常常在预训练过程中完成，而在具体的任务中人类很难获取到对应的解释。相比之下，图谱形式的知识引入能提供更好的可解释性。在具体的对话任务中，模型的输出可以同时考虑词典的词语以及在知识图谱上的节点，因此很多研究工作把在图谱上的检索路径看作模型的推断过程，这样的推断过程能让基于知识引入的模型的输出提供更多可视化的依据。例如，对话推理模型 DialKG Walker[294] 在生成回复语句时，考虑输入的当前对话、历史对话及当前对话中包含的所有实体。对于模型的每步解码，其在图谱上的检索路径都可作为所选节点或生成实体的推理依据，从而能显式地提供可解释依据。同时，在具体的解码过程中，模型还会借助提供的可解释依据，对不正确的检索路径给出惩罚，从而对大量的候选实体进行有效的删减。其中，模型在图谱上的检索通常基于注意力机制，在推理过程中，可以对图谱中每个节点和边的注意力分布进行可视化，从而为模型的决策提供可解释依据。

　　基于图谱路径检索的知识引入为需要高可解释性的智能诊疗服务提供了可能性。智能诊疗是智慧医疗概念里的一环，用户可以通过自然语言交互的方式与机器进行多轮对话交互，机器基于内部依托的医疗知识图谱，能够对用户提供的症状信息进行诊断。图 9-7 展示了可解释智能诊疗应用示例。

　　图谱中绿色节点表示疾病，灰色节点表示疾病的症状。绿色实线和蓝色实线分别表示每轮对话的推理过程。当用户的对话被输入对话系统中时，系统中的内部决策模块通过感知对话信息，将图谱节点定位到一个疾病的大类（如"感冒"）。为了进一步诊断，系统根据当前已有的对话信息，利用内部决策模块继续计算当前各邻接节点的相关性分数，选择相关性最高的节点继续检索，或者对患者进行提问来获取进一步诊断的症状信息（如案例中的"全身发热，发烧"）。而系统检索得到的节点（如图中的"感冒""流感"）也参与到对话生成模块的解码过程中，使得系统能够根据用户的输入和图谱查询的结果产生更相关的回复。在检索过程中遍历得到的图谱路径也为医疗诊断提供了可解释的推理依据，并在交互沟通过程中不断地调整和优化所提供的解释，使得系统的安全性和可信度得到提高。

　　基于图谱路径检索的知识引入同样可为智慧司法提供可解释性。例如，"12348"是司法行政部门及法律援助中心面向广大群众、特别是弱势群体开设的法律咨询和法律服务专用热线。随着公众知晓度的上升，热线的咨询量不断增加，现有的人工服务不能满足群众的咨询需求，且人工服务也存在智能化程度低、个性化交互性差和服务质量参差不齐的问题。为此，某市引入了法律咨询服务机器人，为公众提供更高效的咨询服务。用户通过自然语言交互的方式与机器人进行对话，机器人基于法律知识图谱，解答用户的咨询需求。

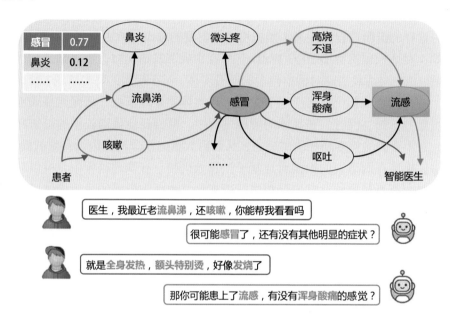

图 9-7    可解释智能诊疗应用示例

如图 9-8 所示，用户就交通事故的责任认定问题拨打咨询热线。可解释法律咨询服务机器人借助交通事故责任认定知识图谱，对用户的问题进行语义解析和逻辑推理，不断追加问题，交互式地引导用户补全信息。在机动车撞到了行人的情况下，虽然机动车没有违法行为、行人出现了闯红灯的违法行为，但在交通事故责任认定过程中，实行的归责原则是严格责任。即在机动车与非机动车、行人的交通事故中，在有证据证明非机动车驾驶人、行人违反道路交通安全法律、法规情况下，可以减轻机动车一方的责任，但机动车一方仍需要承担主要责任。因此，机器人根据此原则给出了此次交通事故的责任认定结果，并给出了对话依据和逻辑链，生成决策依据路径，供用户参考。

一方面，这样的法律咨询服务机器人不仅能够实现法律咨询服务的即时性、针对性和准确性，还能为用户提供令人信服的咨询结果，提升咨询服务的可解释性和可靠性。另一方面，司法行政部门及法律援助中心在对法律咨询服务机器人进行调研、选型的过程中，不仅要求机器人能够准确地回答用户的咨询，也希望给出对咨询对话合理、可信的解释。提供"知识图谱检索、推理和决策逻辑"，这将有助于提升监管部门以及用户对人工智能对话系统的信任度，促进智能服务机器人在司法行业的应用和推广。

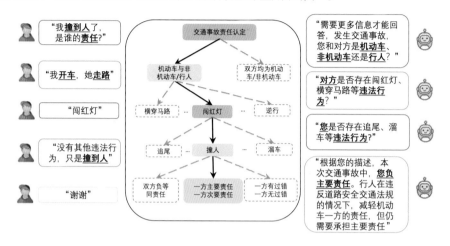

**图 9-8**　可解释法律咨询服务机器人应用案例

### 9.4.2　智能问答系统

可解释问答系统（Question Answering System）是指一套能够回答人类使用自然语言描述的问题的系统。从查询事实和知识，到询问为什么，人们通常依赖搜索工具和问答系统。与传统信息检索仅从词语和字面意思匹配搜索结果的方法相比，基于神经网络的问答系统能够取得非常好的效果。然而，神经网络方法将对用户问题的理解和匹配决策蕴含于大量网络参数中，使得网络内部推理和决策的过程难以解释。这些深度学习方法虽能在结果上表现出回答的高准确度和相关性，却无法清晰地解释回答产生的过程，导致基于神经网络的问答系统的落地有很大的局限。因此，如何让问答系统具有可解释性，或设计出具有可解释性的问答系统，逐渐成为工业界和学术界一大研究热点。

通过对模型结构的理解，可以更好地展示模型在计算答案时经历的中间过程。可解释问答系统在得出答案的同时，可将推理链条的每环依据的文本（往往是参考资料或网页文本片段）加以输出，并标记该段文本中起关键指示性作用的词。问答系统能可视化地从无结构文本中根据关键实体（人名、公司名和数据等）构建出知识结构关系，并得出最终答案。如图 9-9 所示，针对"小王管理过的员工有多少"这一问题，问答系统在燃气公司和市政总公司的网页资料中，分别定位到小王的任职信息，并在人员信息页面找到具有关键指示性作用的员工数量，并用下画线标出了数量信息，相加之后就得到了小王管理过的员工的数量。

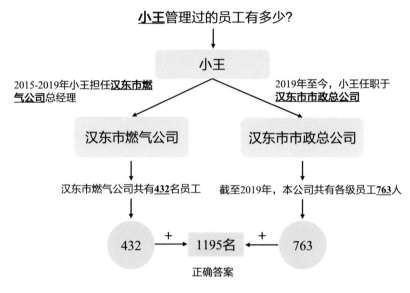

图 9-9 可解释问答系统应用示例

可解释的多跳问答可以找出逻辑推理链条中的每个环节并进行联合考虑，过滤掉最终无用的实体（用虚线框表示）。如图 9-10 所示，"洪宝"这一关键词可以定位到"山西洪宝村"和"书画艺术家洪宝先生"两个同名但含义不同的实体。只有前者，才可能是 2005 年拍摄电视剧的场所；经过第 2 跳分析，利用 2005 年过滤掉了"军刀"这一年份不符合的实体。最终，经过第 3 跳推理得到了该电影导演的信息，并产生问题所需要的最终答案。该模型不仅给出正确回答，也显式地输出了由相关实体连成的决策依据路径，充分体现了模型的可解释性。

在工业界，问答系统被广泛运用于搜索引擎、商品搜索、领域检索和图文搜索等领域。在 PC 互联网时代，搜索引擎作为互联网信息的索引器，是问答系统的一大核心应用。近些年，随着移动互联网的蓬勃发展，观点搜索、商品搜索和领域信息搜索等需求也随之增长，在越来越多的移动应用中，内嵌问答系统成了重要的服务组件。而基于深度学习的问答系统由于模型本身的黑盒性，限制了在对问答质量具有较高要求的领域的落地进展。对问答系统的可解释性分析，可以促成智能问答在电子商务、医疗、金融和法律等对回答质量、准确性和可靠性要求更高的领域的落地。

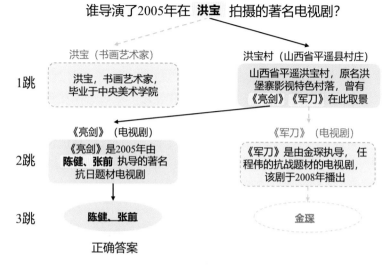

图 9-10　可解释多跳问答系统应用示例

　　例如，在电子商务领域，回答消费者疑问的产品事实问答模型对可解释和准确性有着更高的要求，例如要求模型给出电子商城中产品信息相关的回答，且指出支撑回答的证据文本。如表 9-3 所示，在线上服装商城中，顾客常常会向客服询问什么尺码比较合适，要求问答模型（智能客服）针对顾客的身高、体重给出合适的尺码建议。通常的问答模型直接回答客户的问题，而可解释性的问答模型不仅给出答案，而且会在回答时进一步指出回答的依据，如商品简介中存在"模特 180cm 70kg L 码"等信息，可解释问答模型就会生成带有依据的回复，让顾客感觉可信度较高。以该工作为例，可解释问答系统已经在工业界受到重视，并开始应用到实际的线上业务中。

表 9-3　可解释自动问答在电子商务领域的应用示例

| 顾客输入 | 180cm 72kg 穿多大的啊？ |
| --- | --- |
| 智能客服 | 对于身高 180 左右的顾客，我们建议选择 L 码。 |
| 可解释智能客服 | 我们的模特 180cm 70kg，穿 L 码，<br>对于身高 180cm，体重 70kg 左右的顾客，我们建议选择 L 码。 |

　　同时也看到，由于问答系统广泛使用互联网社区和网页知识库的文章，难免含有偏差或歧视性的文本。而即使是智能问答助手这样提供日常沟通回复和通用性信息查询的场景，一旦问答模型产生具有冒犯性或违背日常风俗伦理的回答，也会给提供产品的公司带来风险。因而提高问答模型的可解释性，还可以帮助工程师过滤筛选不合格的问题内容，有助于避免问答系统产生偏

差回答造成损失，进一步提升问答模型的商业价值。

### 9.4.3 情感分析系统

情感分析（Sentiment Analysis）又称为观点挖掘，是从书面语言中分析人们的观点、情感、评价、态度和情感的研究领域。从观点挖掘到个性化推荐，情感分析任务涵盖非常广泛的应用范围。然而，大部分流行的情感分析模型都具有黑盒特性，尤其是基于深度学习的模型。它们仅能提供情感极性判断，而不能如人类决策般提供足够的判断依据，导致其在实际应用中具有很大的局限。例如，在金融和财经决策等重要的决策场景中，虽然存在决策自动化的迫切需求，但一般的情感分析系统无法被用户完全信任。因此，设计具有良好可解释性的情感分析系统逐渐成为生产场景考虑的重点。对足够值得信赖的系统进行工业部署，可以自动高效地执行复杂的决策，节省大量的人力和管理成本。

按照分析对象的不同，将现有情感分析的可解释性研究分为两个类别：情感分析系统的结构分析、情感分析系统的行为分析。

#### 1. 情感分析系统结构分析

结构分析的目的是理解模型结构及其工作原理，从而能够在理解系统结构的基础上设计更有效的情感分析系统。

例如，Liu 等人[297] 提出了一种在信息粒度层面学习模糊规则的方法。他们提出了一种关注不同层面文本信息粒度的文本特征处理方法，提取多粒度的文本特征，也减少训练数据的维度数，从而提升模型的可解释性。诸如此类的特征工程降维方法不但增强了情感分析系统的可解释性，还有助于系统学习更贴合任务本质的决策规则。

在神经网络和注意力机制开始普遍应用于文本表示和预测任务后，由于深度神经网络天然的黑盒特性，结构分析在模型可解释性分析中的重要性愈加凸显。其中，通过对模型中的注意力组件进行可视化分析逐渐成为一种常见的可解释分析方式。具体来说，在文本分类模型中，一组特定的注意力权重能反映对应的表示对输入序列中每个位置的关注程度，因此天然地具有较好的可解释性。如图 9-11 所示，在情感分析任务中，一种最直接的思路是应用注意力机制，使情感分析系统在确定情感极性的同时，通过注意力权重指出输入中重要的词。在图中，情感分析系统聚焦到句中的"顶级""不解释""完美"等关键词汇，并正确地预测产品评论文本的情感倾向，颜色越深表示权值越高。结合门控卷积神经网络，系统可以在预测中关注更重要的词，改善预测效果，并展示做出预测的原因。另外，也可以为情感分析系统设置具有特定目的的网络层，通过为这些层中的权重赋予符合人类直觉的意义，为系统预测结果提供可解释性依据。例如，可以在系统中设置序列的隐藏层表示，使其表示词的原始情感倾向；或设置自注意力层，使其权重表示词与词之间的情感转移。使用者可以通过检查系统中相应权重与实际情况是否匹配，确定模型预测结果的可解释性。

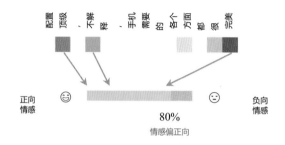

图 9-11　情感分析系统的注意力权重可视化

### 2. 情感分析系统行为分析

行为分析侧重于解释现有的模型和系统，为系统的预测结果提供依据，从而解释系统的行为。在这方面，许多研究工作为现有的情感分析系统设计探针工具，这些工具通常与特定的系统无关，可以广泛地应用在各种系统的探测与理解中。例如，显著图（Saliency Map）可以用于自然语言的分类、生成模型的解释。这种方法基于一阶梯度，计算输入序列中每个元素对特定输出的影响显著度，从而显式地给出预测的依据。这种方法被广泛应用于深度网络后续研究工作的各种语义属性的探测与理解。

可解释情感分析可用于金融服务行业。在该领域中，新闻文本的信息和情感方面会影响金融主题的价格、波动性、交易量甚至潜在风险，需要情感分析系统对文本情感倾向进行准确的判断，并给出可信赖的决策理由。Luo 等人[298] 提出了一种用于金融情感分析系统的可解释神经网络框架，使用分层机制表示文档的多粒度信息，并可预定义判断文档情感极性主要关注的方面，例如在金融领域中，主要关注于经济、人员、法务状态等情感极性。图 9-12 给出了一个例子，给定不同关注的方面（查询），系统分别聚焦于不同的词语作为判断凭据。图中文档表示系统的输入，方面表示预定义领域重要的方面。具体来说，系统一方面综合这些依据对文档给出当前文档的情感预测（负面情感），另一方面根据预定义的关注方面提供预测的可解释线索。在实际应用中，这些预定义的领域主要关注方面的定义可以是灵活的：可以由用户自定义，从而使情感分析系统具有个性化；可以根据领域（如商品推荐）的不同设定。

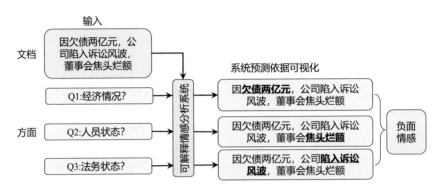

图 9-12　基于预定义领域特定方面的可解释情感分析系统

此外，可解释分析也可用于帮助研究人员判断已有的情感分析系统预测的可信程度，从而有依据地对已有系统进行改进。具体来说，研究者可以利用现有的可解释性分析工具，衡量和改进现有系统预测的可靠性和可理解性，帮助企业设计判断舆论、进行市场研究和了解客户体验的情感分析系统。如图 9-13 所示，对于面向产品评价的情感分析系统，首先使用可解释性分析工具获得系统预测的依据；如果当前的系统预测的可靠性不高，即较多样本预测的依据不符合人类的直觉，则认为系统的预测是不可靠的，需要对其改进或重新设计；反之，则认为该系统的预测具有高可靠性和可信度。总之，借助可解释性分析工具的指导，可以对现有的情感分析系统进行针对性的改进，获得具有公平性和高可信度的解决方案。

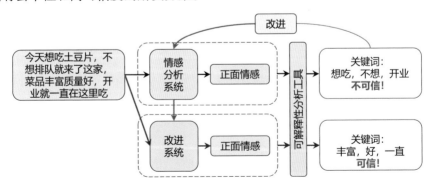

图 9-13　使用可解释性分析工具检验并改进系统的可理解和可信度

### 9.4.4 自动文摘系统

自动文摘（Automatic Summarization）又称概要或内容提要，是指以提供文本内容梗概为目的，不加评论和补充解释，简明、确切地记述文本重要内容的短文。如图 9-14 是自动文摘的例子，通过输入一段长文本，自动生成该文本的摘要"意大利发生强震"。自动摘要系统从一个或多个信息源中整合关键信息，使得用户无须阅读整个文档，即可从摘要中获取原文的关键信息。自动摘要可分为从原文中直接抽取重要句子的抽取式摘要，以及对原文进行总结和概括的生成式摘要。在工业界中，自动摘要系统有许多重要的应用，如生成新闻摘要、检索结果摘要和会议摘要等。

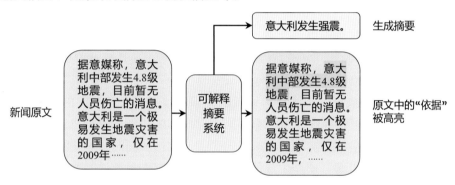

图 9-14　可解释摘要系统将摘要生成的依据展现给用户

近年来，基于 Seq2Seq 框架的神经网络模型快速发展，自动生成的摘要文本也越加流畅和易于阅读，但其常见的一个问题是：生成的摘要不符合原文的事实。例如，对于原文"葛优出演了电影《让子弹飞》，该电影由姜文导演"，模型生成摘要"葛优导演了《让子弹飞》"。这一结果显然与原文事实不符，并且由于深度学习的黑盒特性，人们很难追溯模型生成摘要的依据，无法定位错误产生的原因，从而使研究人员无法有根据地对模型进行改进。这也导致了用户对系统的信赖程度降低，限制了模型在现实生活中的应用。因此，设计具有良好可解释性的摘要系统，生成更准确、可靠的摘要文本，对模型性能的提高和工业场景的落地都具有重要意义。

#### 1. 自动文摘中的可解释分析方法

目前，基于深度神经网络的模型在文本摘要任务中取得了很大的成功。然而，人们并不清楚深度学习模型为什么性能好，也不清楚如何进一步提高模型的性能。已有的研究表明，基于信息瓶颈的方法能够让自动文摘系统具备一定的可解释性[299]。该方法明确了提取证据的大小和为生成最终输出提供的信息之间的权衡，可以将其扩展到生成任务中。在生成任务中，提取的证据可以被视为最终抽象输出的粗略版本。首先从原文档中提取必要的证据，然后只使用提取的证据范围，生成最终的输出，这样就可以让摘要系统具备一定程度的可解释性。

抽取式摘要系统仅使用提取的证据生成摘要，证据在一定程度上就是生成的摘要的"解释"。现有的可解释摘要系统主要有以下几种。第一，基于注意力机制实现的可解释。注意力机制在一定程度上可以体现出哪些词在生成摘要时比较重要，但是由于注意力机制的概率性，它不能直接解释系统的工作原理。第二，为摘要生成提供词级别的证据。用一个内容选择器结合注意力机制，从原文档中选择应该成为摘要一部分的短语。第三，使用伪标签或其他启发式方法分别训练内容选择器。在执行生成摘要的任务之前，使用伪标签或其他启发式方法分别训练内容选择器。虽然这种方法比注意力机制更有用，但内容选择器提供的证据过于细致，无法对人们理解系统产生很大的帮助。

大部分摘要系统被训练在单词级最大限度地提高参考摘要的对数似然，这降低了模型的可解释性。为了减轻这个问题，Mao 等人[300] 提出通过在推理阶段（即束搜索阶段）应用约束来提高事实一致性。同时，这些约束条件在一定程度上也可以解释模型生成摘要的原因。研究人员通过实验发现，句子的位置和先后顺序在新闻摘要学习中占主导地位，因此模型通过学习句子的位置关系来学习句子之间的语义信息，进而生成摘要。Xu 等人[301] 提出了一个由句子抽取模型和压缩分类器组成的摘要系统，该系统通过启发式搜索学习摘要知识。

### 2. 可解释自动文摘在工业界的应用

可解释摘要的应用主要是以用户为中心，生成用户可理解的、可定制的、具有良好信赖度的摘要结果。具体到实际场景，Li 等人[299] 提出的基于信息瓶颈原理的可解释摘要系统，可以有依据地生成摘要，并在原文中以高亮的形式展现给用户。这样生成的摘要不仅使内容对于用户更具解释性，也提高了系统在实际应用中的容错度。图 9-14 的例子展示了一个错误生成的摘要，由于用户可以追溯原文的依据，因此降低了被误导的风险。

可解释性摘要的另一个应用是针对合同条款中隐私政策的摘要。隐私政策由于过于冗长和难以理解而往往被用户跳过，而如果自动摘要系统能确定其中提到的关键信息并将其有效地纳入摘要中，便可以帮助用户做出更理性的判断。Keymanesh 等人[302] 提出的方法可根据用户的偏好分别生成不同倾向性的摘要，图 9-15 展示了更关注重点风险与信息覆盖面的摘要。用户无须详细阅读复杂的隐私政策，即可根据自己的需求定制生成的摘要，从而快速做出有效的决策。

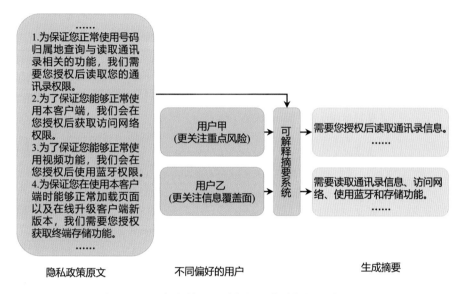

图 **9-15**　可解释摘要系统根据用户的偏好生成摘要

## 9.5 ▎延伸阅读

鲁棒性分析（Robustness Analysis）和泛化性分析也是可解释自然语言处理中重要的一部分。限于篇幅，本节将对自然语言处理中的鲁棒性分析和泛化性分析的应用进行概括。

### 9.5.1 鲁棒性分析

对抗攻击（Adversarial Attack）是验证机器学习模型鲁棒性最重要的方法之一。根据能够利用模型内部信息的多少，文本对抗攻击方法可以划分为：白盒攻击、黑盒攻击和盲攻击。如果能够完全掌握被攻击模型的结构、参数等信息而实现的攻击被称为白盒攻击（White-Box Attack）。在无法获得模型的内部结构及参数的情况下进行的攻击被称为黑盒攻击（Black-Box Attack）。没有关于被攻击模型的任何信息，且无法调用被攻击模型的攻击被称为盲攻击（Blind Attack）。换言之，直接变形输入文本的攻击都属于盲攻击。

TextFlint[303] 属于盲攻击，它针对 12 项自然语言处理任务设计了 20 种通用变形和约 60 种领域特定变形。如表 9-4 所示，针对细粒度情感分析任务设计的两种变形，分别将目标词的情感极性词替换为反义词，将与目标词无关的情感极性词替换为其他词。针对自然语言推理任务设计的一种变形，对原始前提进行反义词替换作为变形后的假设，同时将分类标签改为矛盾。

表 9-4　TextFlint 为特定任务设计的变形样例

| 任务 | 变形类型 | 示例样本 | 标签 |
|---|---|---|---|
| 细粒度 | 原始样本 | Tasty burgers, and crispy fries.（目标方面：burgers） | 正面 |
| 情感分类 | 目标词反转 | Terrible burgers, but crispy fries. | 负面 |
| | 非目标词反转 | Tasty burgers, but soggy fries. | 正面 |
| 自然语言推理 | 原始样本 | 前提：A woman within an orchestra is playing a violin.<br>假设：A woman is playing the violin. | 蕴含 |
| | 反义词变形 | 前提：A woman within an orchestra is playing a violin.<br>假设：A man within an orchestra is playing a violin. | 矛盾 |

### 9.5.2　泛化性分析

模型的泛化能力指的是模型对未知数据的适应能力。已有的泛化分析方法大多数只针对简单的图像分类任务，使用较少层数的神经网络进行分析。而在自然语言处理中，文本相关的任务与图像分类有所不同，其使用的模型及其具体表现也会有所差别。因此，针对自然语言处理中特定任务的泛化性分析有利于增加人们对模型泛化能力的理解。Fu 等人[304] 给出了在命名实体识别任务上进行泛化性分析的样例。

## 9.6　小结

本章介绍了可解释性 AI 在自然语言处理中的应用。涉及的可解释性研究包括两个方面：模型结构分析和模型行为分析。模型结构分析指的是理解模型结构的工作机制和原理，从而更好地对模型进行改进以及设计新模型。模型行为分析主要指的是理解模型做出预测的依据，从而提高用户对系统的信任度。最后，本章介绍了可解释性 AI 在几个自然语言处理任务上的具体应用，包括对话系统、情感分析系统、自动文摘系统和智能问答系统，从而揭示了可解释性研究对于自然语言处理以及人们生活产生的重要作用。

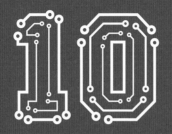

第 10 章

# 推荐系统中的
# 可解释人工智能

张永锋

　　可解释推荐试图开发不仅能产生高质量推荐,而且能为推荐产生直观解释的模型。解释既可以是事后解释,也可以直接来自可解释模型本身(在某些情况下也称为可解释模型或透明模型)。可解释推荐试图解决为什么的问题:通过向用户或系统设计者提供解释,它可以帮助人们理解"为什么"算法推荐某些项目,而这里的"人们"可以是用户,也可以是系统设计者。可解释推荐有助于提高推荐系统的透明度、说服力、有效性、可信赖性和满意度,它还有助于系统开发人员更好地进行系统调试。近年来,学术界和工业界已经提出了许多可解释的推荐方法,尤其是基于模型的方法,并将其应用于实际系统中。本章将介绍可解释推荐的发展历史、基本方法和应用场景,如图 10-1 所示。

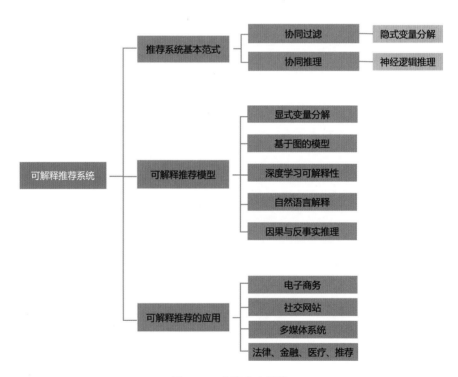

图 10-1　本章内容总览

# 10.1　简介

可解释推荐（Explainable Recommendation）的概念在 2014 年被正式提出[305, 306]，它致力于解决"为什么推荐"（Why）这一问题：推荐算法不仅为用户或系统设计人员提供推荐结果，还提供解释以阐明为什么推荐此类物品。这样，它有助于提高推荐系统的透明度、说服力、有效性、可信赖性和用户满意度。它还有助于系统开发人员诊断、调试和完善推荐算法。具体来说，个性化推荐系统可以分为 5 个 W 的问题：时间（When）、地点（Where）、人物（Who）、事物（What）及原因（Why）。它们分别对应于时间敏感的推荐（When）、基于位置的推荐（Where）、面向社交的推荐（Who）、特定领域不同事物的推荐（What）和可解释推荐（Why），其中可解释推荐旨在通过提供"解释"来回答推荐系统中关于"为什么推荐"的问题。

这里的"解释"对于普通用户和推荐系统开发人员而言具有不同的意义。首先，普通用户和系统开发人员关心的解释可能有所不同，普通用户更关心为什么系统推荐的某个物品对自己而言是好的，而不太关注或者没有能力去关注复杂的人工智能系统内在的运行机制，因为绝大多数普通用户不具备人工智能相关的专业知识。而系统开发人员可能更关心推荐算法内在的运行机制，也就是说什么样的内在机制导致系统推荐了某个特定的物品，理解这一运行机制对系统开发人员而言具有重要的意义，比如可以帮助他们排除系统中潜在的故障，理解数据或模型中的偏差，或者探查系统对不同人群所做出的决策是否公平，等等。其次，也正是因为普通用户和系统开发人员关注的解释不同，所以面向普通用户的解释和面向系统开发人员的解释可能有完全不同的展示形式。面向用户的解释往往是非常直观的自然语言或图形图像，而面向系统开发人员的解释则可以是专业性极强的数字化解释。本章接下来在介绍可解释推荐的应用场景和典型模型时，会进一步探讨哪些解释方法或模型是更加面向普通用户的，哪些解释方法或模型是更加面向专业系统开发人员的。

可解释的推荐模型既可以是推荐模型内在可解释，也可以是推荐模型本身不透明而在模型之外进行解释。由于内在可解释模型的决策机制本身就是透明的，因此自然地可以为模型决策提供解释[305]。模型无关的方法[307]（或有时称为事后解释方法[308]）则允许推荐决策机制本身是一个黑盒，然后利用一个独立于推荐模型的解释模型，在推荐模型做出推荐决定之后再生成解释。这两种方法的理念深深根植于人类认知心理学：人类有时会通过谨慎、理性的推理做出决定，并且可以解释为什么做出某些决定；其他时候，则会先根据直觉做出决定，然后再为自己的决定找到解释，以支持或证明自己的决定[309]。

可解释推荐的研究不仅包括开发透明的机器学习、信息检索或数据挖掘模型，还包括开发有效的方法向用户或系统设计者展示这些解释。因为推荐系统自然会涉及与人交互，所以用户行为分析和人机交互社区中的大量研究工作也促进了可解释推荐的发展，它们旨在了解用户如何与解释进行交互。

与其他人工智能系统相比，可解释性对于推荐系统而言具有独特的重要性，这主要是因为推荐系统是一个典型的"主观性人工智能"任务。具体而言，在很多如图像分类的"客观性人工智能"任务中，一个图片的类别是什么往往有确定性的答案，而在推荐系统中，我们很难说向用户推荐这个物品就绝对正确、推荐那个物品就绝对错误。在这种背景下，如何向用户很好地解释为什么推荐某个物品或者为什么某个物品会对用户有帮助就变得非常重要。实际上，在所有的人工智能研究分支中，推荐系统是距离人最近的智能系统之一，因为推荐系统算法研究的直接问题就是如何将人与智能系统连接起来。也正是因为如此，推荐系统的可解释性变得非常重要。虽然其他一些智能任务例如图像处理、句法分析、机器翻译、机器人控制等在技术和算法上目前还很少直接与人打交道，但是我们创造智能机器的最终目的是使其与人产生交互并帮助和有益于人类。因此，很多目前比较"客观"的人工智能任务在未来也会与人的距离更近并变得更加主观，而目前在推荐系统这一主观性智能任务的可解释性上所积累的方法和经验，将对未来很多新的主观性智能任务产生重要的参考价值。实际上，这一趋势已经在发生，例如自然语言处理的一个分支——"对话系统"——已经开始与推荐系统深度融合并变得越来越个性化，例如"对话式推荐系统"的产生；由于对话系统与人直接交互，因此系统的主观性变得更强，具体表现在很难说系统这样与人对话就绝对正确或者那样与人对话就绝对错误。实际上，在对话的过程中，系统可以通过生成自然语言的解释向用户说明自己为什么这样与用户对话，例如为什么向用户询问某个问题，或者为什么这样来回答用户的问题，等等。通过解释自己的行为，对话系统可以变得更有亲和力、说服力并增强系统的可信性。

## 10.2 初探可解释推荐

首先用一个非常简单的例子对比可解释推荐和不可解释推荐。传统的（不可解释）推荐系统仅仅是向用户推荐商品而已，例如系统向用户推荐了一款他以前没有购买过的相机镜头，如图 10-2 上部分所示。系统仅仅展示一个推荐结果，而无法告诉用户为什么向他推荐这款产品，而不是推荐别的产品。是因为这个产品的质量较好？或者是因为这款产品正在打折？还是因为这款产品与平台有利益合作关系而被推荐？如果不向用户进行合理的解释，可能会降低用户对智能推荐系统的信任，这一方面不利于系统的收益，另一方面也不利于平台的长远发展。

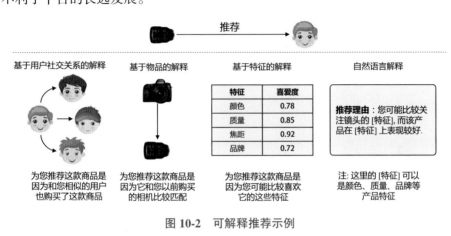

图 10-2 可解释推荐示例

可解释推荐则致力于解决这一问题——如何向用户或平台维护人员提供合理的解释。这种解释可能有很多种不同的形式，如图 10-2 所示，例如可以是基于用户社交关系的解释，告诉用户之所以推荐这款产品是因为他的很多好友都购买了这款产品；也可以是基于物品的解释，例如告诉用户之所以推荐这款镜头产品是因为这款镜头和他之前所购买过的一款相机正好是相互匹配的；还可以是基于特征的解释，例如告诉用户这款镜头的颜色、质量、焦距等特征的表现如何；解释也可以以很多不同的形式展示给用户，例如可以是一句话"这款产品在您所关心的质量、性价比等属性上表现很好"，也可以是用视觉图片的形式表现出来，例如将产品图片的某一块区域高亮显示出来，以让用户知道商品的这一部分可能是用户最感兴趣的特征，从而让用户理解为什么该商品得到了展示。

在接下来的部分，将首先介绍推荐系统的一些基本知识，再介绍可解释推荐的基本方法，并进一步介绍可解释推荐的各种应用和一些更高级的方法，最后将对本章进行总结和展望。

## 10.3 可解释推荐的历史与背景

为了帮助读者了解推荐系统的早期研究以及可解释性推荐的产生背景，本节将简述该领域的历史。个性化推荐器系统的早期方法主要是基于内容的推荐[310]，这里所说的"内容"是指物品的各种各样的信息，例如电子商务推荐系统中商品的价格、颜色和品牌，或电影推荐系统中电影的流派、导演和时长，等等。基于内容的推荐系统使用各种各样可以获得的内容信息来对用户和物品进行建模，并通过用户和物品之间内容信息的匹配完成推荐[311, 312]。例如，某个用户在个人简介里提到喜欢"纪录片"或者之前看过的大部分电影均为纪录片，则系统会向他推荐其他的纪录片。因为用户很容易理解被推荐物品的内容信息，所以通常用基于内容的方法可以很容易地向用户解释为什么推荐该物品。例如，一种简单的方法是让用户知道其可能对该物品的哪些内容信息感兴趣[313]。

但是，在很多应用场景下收集内容信息非常耗时耗力。因此，基于协同过滤（Collaborative Filtering）[314] 或协同推理（Collaborative Reasoning）[315, 316] 的方法试图通过群体的智慧避免出现这种问题。

最早的协同过滤算法之一是 GroupLens 新闻推荐系统[317] 所使用的基于用户的协同过滤（User-based Collaborative Filtering）。基于用户的协同过滤将每个用户表示为一个打分向量，并根据系统中其他用户打分的加权平均值预测该用户对新闻消息的打分。对称地，研究人员后续提出了基于物品的协同过滤方法（Item-based Collaborative Filtering）[318]，并应用于亚马逊的产品推荐系统中[319]。基于物品的协同过滤将每个物品作为打分向量，并根据相似物品的评分的加权平均值预测被推荐的物品的评分。

尽管对于普通用户而言，打分预测机制相对较难理解，但是由于其算法设计的原理，基于用户和基于物品的协同过滤在一定程度上还是可以解释的。例如，基于用户的协同过滤所推荐的商品可以解释为"与您兴趣相似的用户喜欢此商品"，而基于物品的协同过滤可以解释为"该商品与您以前喜欢过的商品相似"。尽管协同过滤或协同推理的思想在推荐准确性方面已取得了显著改善，但与基于内容的算法相比，解释起来仍然不太直观。

协同过滤在与隐式分解模型（Latent Factor Model）集成后获得了进一步的发展[320]。在众多的隐式分解模型中，矩阵分解（Matrix Factorization）及其变体在推荐系统中比较成功[321]。尽管隐式分解模型在推荐中得到应用，但它们中的"隐式因子"并不具有直观的含义，这使得很难理解为什么一个物品具有较好的打分预测或者为什么它会从其他候选者中被推荐出来。缺乏模型可解释性也使得向用户提供直观的解释变得具有挑战性，因为仅仅告诉用户某个物品被推荐是因为它的预测评分比较高是不够的，因为这对用户而言很难理解。

为了使推荐模型更易于理解，人们逐渐转向可解释推荐系统（Explainable Recommendation Systems），其中推荐算法不仅输出推荐列表，而且还对被推荐的物品进行解释。例如，张永锋等人[305] 第一次明确定义了可解释推荐（Explainable Recommendation）问题，并通过将隐式分解模型的维度与显性特征对齐以提供解释，该方法被命名为显式分解模型（Explicit Factor Model）。人们还提出了更多的方法来解决可解释性问题，这些内容将在后文介绍。

## 10.4　推荐系统基础

在介绍可解释推荐方法之前，先对个性化推荐的基本问题进行介绍，并对其框架进行形式化表示，从而方便读者理解。

### 10.4.1　推荐系统的输入

推荐系统可能的输入数据及其形式多种多样，传统的推荐算法的输入归纳起来可以分为用户（User）、物品（Item）和评价（Review）三个方面，它们分别对应于一个矩阵中的行、列和值。用户和物品的关系可以用图 10-3 形象地表示。需要注意的是，这里的"物品"概念非常广泛，可以是用户在互联网上有可能面对的任何对象，例如网络新闻、视频、音乐、电子图书、广告和社交网站中的好友等，而不仅仅是购物网站中的商品。根据物品的不同，其属性当然也不尽相同。例如对于图书推荐，物品属性有可能包括图书所属类别、作者、页数、出版时间和出版商等；而对于新闻推荐，物品的属性则有可能是新闻的文本内容、关键词和时间等；对于电影，可以是片名、时长、上映时间、主演和剧情描述，等等。这里的"用户"不仅仅可以是一个用户的识别符（ID），还可以是用来描述一个用户个性的"用户画像"（User Profile）。根据不同的应用场景及不同的具体算法，用户画像可能有不同的表示形式。一种直观且容易理解的形式是用户的注册信息，例如用户的性别、年龄、年收入、活跃时间和所在城市等。

评价（Review）是联系一个用户与一个物品的纽带，最简单也是最常见的评价是网站中用户对某一物品的打分（Rating），如图 10-4 所示为豆瓣网上的一条电影评论，其中的五星评分体系经常被各大网站采用，它表示该用户对物品的喜好程度。在常见的推荐算法中，它被描述为一个 1~5 的整数。当然，用户对物品的偏好还可能包含很多不同的信息，例如用户对物品的评论、用户的点击记录和用户的购买记录等。这些信息总体上可以分为两类：一类是显式的用户反馈（Explicit Feedback），这是用户对物品给出的显式反馈信息，例如评分、评论；另一类是隐式的用户反馈（Implicit Feedback），这类一般是用户在使用网站的过程中产生的数据，它们也反映了用户对物品的喜好，例如用户查看了某物品的信息，用户在某一页面上的停留时间，等等。

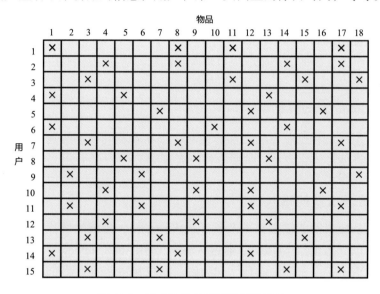

图 10-3　用户和物品关系的矩阵表示

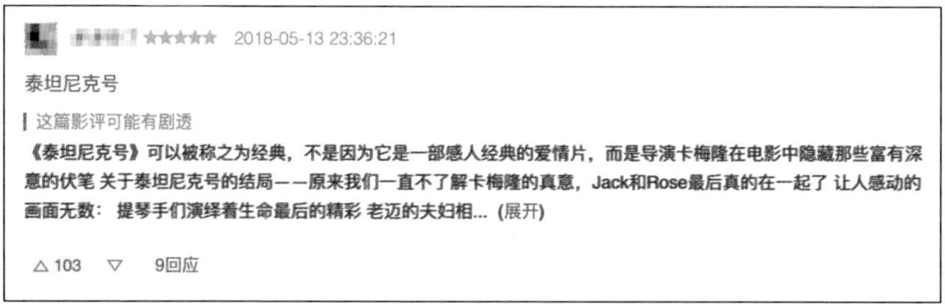

![豆瓣网上的一条电影评论截图]

★★★★★　2018-05-13 23:36:21

泰坦尼克号

| 这篇影评可能有剧透

《泰坦尼克号》可以被称之为经典，不是因为它是一部感人经典的爱情片，而是导演卡梅隆在电影中隐藏那些富有深意的伏笔 关于泰坦尼克号的结局——原来我们一直不了解卡梅隆的真意，Jack和Rose最后真的在一起了 让人感动的画面无数：提琴手们演绎着生命最后的精彩 老迈的夫妇相...（展开）

△ 103　▽　9回应

图 10-4　豆瓣网上的一条电影评论

### 10.4.2　推荐系统的输出

对于一个特定的用户，推荐系统的输出一般是一个个性化的"推荐列表"（Recommendation List）。如图 10-5 所示，该推荐列表按照优先级的顺序给出了该用户可能感兴趣的物品。对于一个实用的推荐系统而言，仅仅给出推荐列表往往是不够的，因为用户不知道为什么系统给出的推荐结果是合理的。如果用户对系统给出的推荐结果不满意，又不能理解为何会给出这样的推荐结果，则很难促使用户采纳系统给出的推荐结果，甚至会极大地伤害用户使用推荐系统的体验。为了解决这个问题，推荐系统另一个重要的输出是"推荐理由"（Recommendation Explanation），它描述了系统为什么认为推荐该结果是合理的。如果稍加注意，就会看到很多购物网站在给出个性化推荐列表的同时会给出"根据您的浏览历史推荐如下商品"，或"购买了某商品的用户有 90% 也购买了该商品"等推荐理由，这是一种最简单也最容易理解的推荐理由。推荐理由有可能是推荐算法真实运作机制的反映，也有可能是在推荐结果已经产生之后生成的推荐理由，前者一般称为模型内生的解释（Model-intrinsic Explanation）[305]，后者一般称为模型的事后解释（Post-hoc Explanation）[322]。需要指出的是，模型的事后解释并不是虚假的解释，例如在上面的例子中，某个已经被推荐出来的商品通过数据统计发现确实有 90% 的用户购买，虽然这可能并非该商品被推荐模型推荐出来的（唯一）机制，但这个解释本身是真实的。一些事后解释的模型方法可以为推荐模型找到可信度非常高的事后解释，例如反事实解释（Counterfactual Explanation）[322]。

图 10-5　个性化的"推荐列表"

### 10.4.3　推荐系统的三大核心问题

推荐系统要解决的核心问题主要有三个，分别是预测（Prediction）、推荐（Recommendation）和解释（Explanation）。

"预测"模块要解决的主要问题是推断每位用户对每个物品的喜好程度，其主要手段是根据输入信息（如上面介绍的打分或评论）计算用户在他没有打过分的物品上可能的打分或喜好程度。

"推荐"模块要解决的主要问题则是根据预测环节计算的结果向用户推荐他没有打过分的物品。由于物品的数量众多,用户不可能全部浏览一遍,因此"推荐"的核心步骤是对推荐结果的排序(Ranking)。虽然按照预测分值的高低排序是一种最简单直接的推荐方法,但是在实际系统中,推荐和排序往往要考虑更多、更复杂的因素,如用户的年龄段、用户在最近一段时间内的购买记录等,因此对用户画像的结果往往也在这个环节派上用场。

"解释"模块则对如上给出的推荐列表中的每个物品或推荐列表整体给出解释,也就是说为何系统认为这样的一个推荐列表对用户而言是合理的,从而帮助用户理解推荐结果,或说服用户查看甚至接受系统给出的推荐结果。这样的解释会以各种可能的形式出现,而不仅限于一句解释性的语言。例如,通过词云描述被推荐物品的主要属性,从而帮助用户一目了然地理解被推荐物品与自己个性化需求之间的相似之处,或者通过用户的社交关系给出解释,以及通过关系图谱展示被推荐物品与用户已购买物品的关系,等等。

## 10.5 基本的推荐模型

推荐系统算法总体上可以分为两大类:协同过滤(Collaborative Filtering)[314] 和协同推理(Collaborative Reasoning)[315, 316]。

**定义 10.1**(协同过滤). 将推荐系统作为一个感知任务,通过用户与物品之间的关联模式进行匹配和推荐。

**定义 10.2**(协同推理). 将推荐系统作为一个认知任务,通过用户与物品之间的逻辑和因果关系进行推荐。

协同过滤与协同推理的共同点在于"协同",即系统利用全部用户的历史行为数据(例如买过的商品、看过的电影)一起来训练推荐模型,从而让用户之间能通过各自的数据互相帮助,这也被称为"群体智慧"。例如某位用户刚刚观看了一部电影,而其他很多同样观看了这部电影的用户也观看了另一部电影,那么推荐系统通过学习出这样的规律,就可以为该用户推荐出这部他以前没看过的电影。在这个过程中,其他用户实际上通过自己的行为"帮助"了该用户决定接下来应该观看什么,这就是"协同性"的作用。本节将介绍推荐系统的基本模型和算法。

### 10.5.1 协同过滤

下面以常用的矩阵分解（Matrix Factorization）为例介绍协同过滤的基本思想和方法。正如前面介绍的，一个典型的推荐系统常常把用户和物品之间的关系形式化为一个稀疏矩阵，如图 10-3 所示。其中矩阵的每行对应一个用户，每列对应一个物品，矩阵中的每个非 0 值（图中以"×"标记的元素）代表相应的用户对物品的打分（一般是 1 ~ 5 的星级打分），而每个 0 值（图中空白的部分）则代表用户之前没有对该物品进行过打分。

基于矩阵分解的协同过滤算法试图利用矩阵中已知的打分预测矩阵中未知的打分，也就是说算法希望尽可能精确地估计一位用户在他未买过的物品或未看过的电影上最可能的打分，从而基于预测出来的打分的高低给出推荐列表。如图 10-6 所示，原始矩阵每行表示一个用户、每列表示一个电影，已知 Bob 对电影 *Titanic* 打了 4 分、Evison 对电影 *Truman* 打了 5 分，等等。而矩阵中的 0 表示相应的用户没有看过这部电影，当然也就没有打过分。我们希望设计一个预测算法，使得能够预测这些值为 0 的地方最有可能是多少分，并用预测出来的分数进行推荐。例如对于用户 David，电影 *Truman* 预测出来的分数比较高，因此系统将为 David 推荐这部电影。

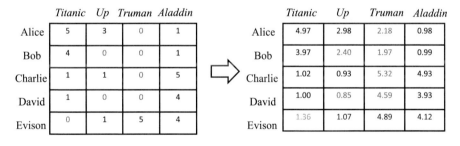

图 10-6　矩阵中的打分预测示例

为了设计较好的预测算法，首先需要定义合适的评价指标来评价一个算法的预测结果，常用的评价指标为均方根误差（Root Mean Square Error，RMSE）和平均绝对误差（Mean Absolute Error，MAE）。设矩阵以 $X$ 表示，矩阵中的每个打分记为 $r_{ij}$，所有打分的集合记为 $S$，一般取一部分打分（如 80%）进行模型的训练，另一部分打分（如 10%）进行模型的验证，并用剩下的部分打分（如 10%）进行模型的测试。假设 $\hat{r}_{ij}$ 表示算法所给出的预测打分，并以 $\hat{S}$ 表示所有用于测试的打分集合，那么评价指标 RMSE 和 MAE 的计算如下：

$$\text{RMSE} = \sqrt{\frac{\sum_{r_{ij} \in \hat{S}} (r_{ij} - \hat{r}_{ij})^2}{|\hat{S}|}}, \quad \text{MAE} = \frac{\sum_{r_{ij} \in \hat{S}} |r_{ij} - \hat{r}_{ij}|}{|\hat{S}|} \tag{10-1}$$

一个评分预测算法致力于预测矩阵中未知的打分，并使得 RMSE 或 MAE 评价指标最小。因为 RMSE 的可导性，所以一般选择优化 RMSE（或取其平方）。RMSE 的平方也被称为均方误差（Mean Square Error，MSE）。接下来的部分将从数学上的奇异值分解（Singular Value Decomposition，SVD）出发，介绍实际推荐系统中使用的典型矩阵分解算法，并进一步引出推荐系统不可解释的问题以及解决方法。

### 1. 矩阵奇异值分解

奇异值分解[323] 在矩阵计算中具有重要的基础性理论意义。最原始的矩阵奇异值分解方法具有严格的数学定义和数学性质，设 $\boldsymbol{X} \in \mathbb{R}^{m \times n}$ 是个任意的实数矩阵，矩阵 $\boldsymbol{U} \in \mathbb{R}^{m \times r}$ 中的每个列向量是矩阵 $\boldsymbol{X}\boldsymbol{X}^{\top} \in \mathbb{R}^{m \times m}$ 的单位正交特征向量，矩阵 $\boldsymbol{V} \in \mathbb{R}^{n \times r}$ 中的每个列向量是矩阵 $\boldsymbol{X}^{\top}\boldsymbol{X} \in \mathbb{R}^{n \times n}$ 的单位正交特征向量，对角矩阵 $\boldsymbol{\Sigma} \in \mathbb{R}^{r \times r}$ 中的每个对角元素 $\sqrt{\sigma}$ 则是与矩阵 $\boldsymbol{U}$（同时也是与矩阵 $\boldsymbol{V}$）中的每个列向量相对应的特征值 $\sigma$ 的平方根，并从左上到右下按从大到小的顺序排列，则原矩阵 $\boldsymbol{X}$ 可表示为 $\boldsymbol{X} = \boldsymbol{U}\boldsymbol{\Sigma}\boldsymbol{V}^{\top}$（图 10-7），其中 $\boldsymbol{\Sigma}$ 被称为奇异值矩阵，$r$ 是矩阵 $\boldsymbol{X}$ 的秩。根据矩阵的性质，$r$ 同时也是矩阵 $\boldsymbol{X}\boldsymbol{X}^{\top}$、$\boldsymbol{X}^{\top}\boldsymbol{X}$、$\boldsymbol{U}$ 和 $\boldsymbol{V}$ 的秩。

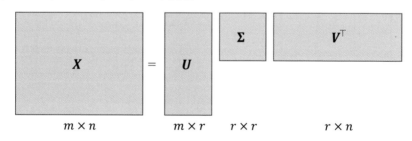

**图 10-7　矩阵奇异值分解示意**

如果只保留奇异值矩阵 $\boldsymbol{\Sigma}$ 中的前 $k$ 个最大的奇异值，同时只保留 $\boldsymbol{U}$ 和 $\boldsymbol{V}$ 中相对应的前 $k$ 个列向量，则新的矩阵 $\hat{\boldsymbol{X}} = \boldsymbol{U}_k\boldsymbol{\Sigma}_k\boldsymbol{V}_k^{\top}$ 即为对原矩阵 $\boldsymbol{X}$ 的一个近似，且 $\hat{\boldsymbol{X}}$ 的秩为 $k$。这也被称为截断式奇异值分解（Truncated Singular Value Decomposition），如图 10-8 所示。

可以证明，对原矩阵 $\boldsymbol{X}$ 的所有的秩为 $k$ 的近似中，采用 SVD 方法所得到的近似矩阵 $\hat{\boldsymbol{X}}$ 可以取得最小的平方误差，即

$$\hat{X} = U_k \Sigma_k V_k^\top = \underset{\text{rank}(\hat{X})=k}{\arg\min} \|X - \hat{X}\|_{\text{F}}^2, \tag{10-2}$$

式中，$\|\cdot\|_{\text{F}}$ 表示矩阵的弗罗宾尼斯范数（Frobenius Norm），定义为矩阵中所有元素的平方和之根 $\|A\|_{\text{F}} = \left(\sum\limits_{i=1}^{m}\sum\limits_{j=1}^{n} a_{ij}^2\right)^{\frac{1}{2}}$。因此式 (10-2) 表明通过 SVD 矩阵奇异值分解得到的近似矩阵 $\hat{X}$，就是在所有秩为 $k$ 的近似矩阵中对原始矩阵 $X$ 具有最小预测误差（以 RMSE 体现）的矩阵。由于实际中一般 $k \ll r$，因此以上技术在实际中也经常被称为矩阵的低秩近似（Low Dimension Approximation）或者矩阵的降维（Dimension Reduction）。因为原始的高维矩阵 $X \in \mathbb{R}^{m \times n}$ 被近似地表示成了三个低维矩阵 $U_k$、$V_k$ 和 $\Sigma_k$。这在实际人工智能系统中有很多好处，一个显而易见的好处是极大地降低了矩阵需要的存储空间，另一个更重要的好处是可以帮助原始矩阵降噪并从中提取有用的特征，接下来会进一步介绍。

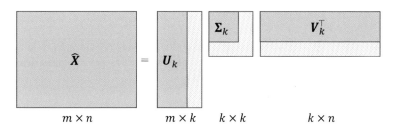

图 10-8　截断式奇异值分解示意

### 2. 推荐系统中的矩阵分解

如何把矩阵分解用在推荐系统中呢？有读者可能会认为最直接的方法是上面所讲的矩阵奇异值分解：原始矩阵 $X$ 中有很多未知的打分（用 0 表示），如果想预测这些打分是多少，可以对 $X$ 做矩阵奇异值分解，得到对应的 $U$、$\Sigma$ 和 $V$ 矩阵，这时 $U\Sigma V^\top$ 是原始矩阵 $X$ 的精确恢复（$X$ 中的 0 值仍然是 0），所以此时仍然没有给出预测。而如果进一步对 $U$、$\Sigma$ 和 $V$ 做截断，得到 $U_k$、$\Sigma_k$ 和 $V_k$ 矩阵，这时得到的近似矩阵 $\hat{X} = U_k\Sigma_k V_k^\top$ 中原来值为 0 的地方就不再是 0 了，因此得到了对这些未知打分的预测。这些预测出来的打分可以用于为用户做推荐，这一切看上去好像显得非常自然。

但是，矩阵奇异值分解虽然具有很好的理论意义，但不能在实际推荐系统中被直接使用。这是因为在实际推荐系统中，$X$ 并不是一个纯数学意义上的矩阵，而是有实际意义的，它表示用户对物品的打分矩阵，且 $X$ 中存在大量的未知打分（以 0 值表示）。最重要的是，这些 0 值并不意味着用户对相应的物品打了 0 分，而仅仅表示用户没有进行相关的打分，或者系统没有观测到相应的打分。因此在计算预测误差时，像式 (10-2) 那样将这些元素上的预测值也考虑在内，并以 0 作为真实值进行评测是不合理的。矩阵奇异值分解无法被直接使用的另外一个原因是受计算复杂度的限制，实际的推荐系统中往往有数千万甚至数亿个用户，以及数亿甚至数十亿种物品，因此矩阵 $\boldsymbol{X}$ 是一个超大规模的矩阵。求解矩阵特征值和特征向量的计算复杂度是相当高的，这使得矩阵奇异值分解很难在实际的大规模矩阵上实现。

基于这些事实，实际推荐系统中使用的矩阵分解算法并不是原始的"精确的"奇异值分解，而是只考虑已观测数据进行模型训练和预测的矩阵分解算法，并采用优化的方法求得近似矩阵，来处理超大规模的稀疏矩阵。考虑奇异值分解，可以用如下的方式将其转化为两个矩阵相乘的形式：

$$\hat{\boldsymbol{X}} = \boldsymbol{U}_k \boldsymbol{\Sigma}_k \boldsymbol{V}_k^\top = \boldsymbol{U}_k \sqrt{\boldsymbol{\Sigma}_k} \sqrt{\boldsymbol{\Sigma}_k} \boldsymbol{V}_k^\top = \left( \boldsymbol{U}_k \sqrt{\boldsymbol{\Sigma}_k} \right) \left( \boldsymbol{V}_k \sqrt{\boldsymbol{\Sigma}_k} \right)^\top = \boldsymbol{U}_k' \boldsymbol{V}_k'^\top .$$
(10-3)

因此，采用低秩近似的方式，用两个秩较低的矩阵的乘积来近似一个秩较高的大规模矩阵，并在已观测的点上对矩阵进行优化，得到如下的矩阵分解（Matrix Factorization）算法：

$$(\boldsymbol{U}_k, \boldsymbol{V}_k) = \underset{\boldsymbol{U} \in \mathbb{R}^{m \times k}, \boldsymbol{V} \in \mathbb{R}^{n \times k}}{\arg\min} \left\{ \| \boldsymbol{W} \odot (\boldsymbol{X} - \boldsymbol{U}\boldsymbol{V}^\top) \|_{\mathrm{F}}^2 + \lambda (\| \boldsymbol{U} \|_{\mathrm{F}}^2 + \| \boldsymbol{V} \|_{\mathrm{F}}^2) \right\}$$
(10-4)

式中，$\boldsymbol{W}$ 是一个与 $\boldsymbol{X}$ 具有相同维度的权重矩阵，其取值为

$$W_{ij} = \begin{cases} 1, & X_{ij} \neq 0 \\ 0, & X_{ij} = 0 \end{cases},$$

即与原矩阵 $\boldsymbol{X}$ 上的已观测点相对应的位置取值为 1，与未观测点相对应的位置取值为 0；$\odot$ 表示矩阵之间的元素乘积（element-wise product），定义为两个相同维度的矩阵（例如均为 $m \times n$）对应元素相乘所得到的矩阵：$\boldsymbol{A} \odot \boldsymbol{B} = [a_{ij}b_{ij}]_{m \times n}$。直观上讲，式 (10-4) 就是只考虑原矩阵中已观测点的预测损失，而正则化项 $\lambda(\| \boldsymbol{U} \|_{\mathrm{F}}^2 + \| \boldsymbol{V} \|_{\mathrm{F}}^2)$ 用于最小化模型复杂度，从而降低模型过拟合带来的影响。

### 3. 矩阵分解的不可解释性

基于矩阵分解的协同过滤算法有时也被称为隐式分解模型或隐变量模型（Latent Factor Model）[321]。基于矩阵分解的打分预测实际上是有直观意义的，

如图 10-9 所示。在原始高维矩阵中，每位用户是用一个高维向量表示的，也就是矩阵中该用户所对应的那一行，这个向量的维度也就是系统中物品的总数（实际系统中可达数亿甚至数十亿）。虽然是一个高维向量，但具有可被解释的直观意义。具体而言，向量中的值表示该用户对某个物品的打分。对称地，在原始矩阵中，每个物品也是用一个高维向量来表示的，也就是矩阵中该物品对应的那一列，这个向量的维度是系统中用户的总数（实际系统中可达数千万甚至数亿）。同样地，虽然它也是一个高维向量，但具有可被解释的直观意义，具体而言，向量中的值表示该物品被某个用户的打分。

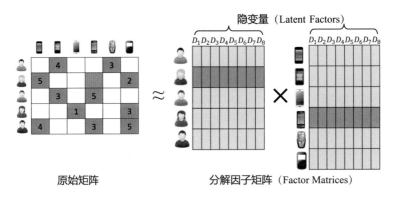

图 10-9　基于矩阵分解的隐变量模型示意

　　矩阵分解实际上是把原始的高维矩阵在一个低维空间里表示成两个低维矩阵的乘积，这两个矩阵分别为用户的表示矩阵（User Representation Matrix）$U$ 和物品的表示矩阵（Item Representation Matrix）$V$。这样，用户和物品分别被投影到一组共同的但具体意义未知的维度（隐变量）上，从而得到用户和物品的表示向量。具体而言，在矩阵 $U$ 中，每个用户被表示为一个低维向量（实际系统中维度一般取几十或几百）。同样地，在矩阵 $V$ 中，每个物品也被表示为一个低维向量（维度与 $U$ 相同）。当系统想要预测某位用户对某个物品的打分时，只需要将该用户在矩阵 $U$ 中对应的向量与该物品在矩阵 $V$ 中对应的向量相乘，如图 10-9 所示。

　　矩阵分解的直观意义在于，它认为虽然原始矩阵的维度可以大至千万或数亿，但是描述这个矩阵内在性质的因素其实只是少数有限的几十个或几百个——虽然并不知道它们具体是什么（因此也被称为"隐变量"）。例如在一个包含上亿个用户和上亿种物品的购物网站的打分矩阵中，决定用户打分的可能只有价格、颜色、款式、流行度等几十或者数百个因素。因此，庞大的原始矩阵可以分解为两个低秩（几十维或上百维）子矩阵的乘积，子矩阵的每个维度对应一个因素，而两个矩阵分别描述了用户和物品在这些因素（隐变量）上的偏好。

将原始矩阵表示为隐变量子矩阵的乘积极大地降低了空间复杂度，同时也使得基于协同过滤预测未知打分成为可能。但也恰恰是因为隐变量子矩阵的使用，使得推荐算法变得不可解释。具体而言，隐变量子矩阵中的"隐变量因子"（也就是 $U$ 和 $V$ 矩阵中的每个列维度）不再具有直观的含义，这使得我们很难理解为什么一个物品得到了较高的预测打分，从而在其他候选者中被推荐出来。模型缺乏可解释性也使得向用户解释推荐结果变得具有挑战性，因为仅仅告诉用户某个物品被推荐是因为它的预测分数比较高是不够的，因为这对用户而言很难理解。在后面，将通过介绍显式分解模型（Explicit Factor Model）[305] 这一基本的可解释推荐方法来解决这一问题。

## 10.5.2 协同推理

协同过滤把推荐系统看作一个感知学习的任务，其基本思想是把每位用户 $u$ 和每个物品 $v$ 分别学习成一个表示向量 $\boldsymbol{u}$ 和 $\boldsymbol{v}$，然后利用某个匹配函数 $M(\cdot,\cdot)$ 计算向量 $\boldsymbol{u}$ 和 $\boldsymbol{v}$ 之间的匹配分数，从而得到该用户和物品之间的匹配度（Matching Score）并用于推荐。例如，上面介绍的矩阵分解算法，其分解得到的子矩阵 $U$ 和 $V$ 中的行向量就是用户与物品的表示向量 $\boldsymbol{u}$ 和 $\boldsymbol{v}$，匹配函数就是内积，即 $M(\boldsymbol{u},\boldsymbol{v}) = \boldsymbol{u} \cdot \boldsymbol{v}^{\top}$。除内积之外，还可以根据情况使用其他的匹配函数，例如一个神经网络，虽然神经网络的匹配效果未必比简单的内积好[324–326]。协同推理算法则把推荐系统看作一个认知推理的任务，其基本思想是通过用户与物品、物品与物品之间的逻辑关系或者因果关系进行推理的，从而决定向用户推荐什么物品。本节以逻辑推理为例，介绍基于协同推理的推荐算法[315, 316]。

### 1. 向量空间中的逻辑推理

协同推理引入一个谓词描述用户与物品之间的关系，并把每位用户的历史行为表示成一条推理规则。例如用谓词 $I(u,v)$ 表示用户 $u$ 与物品 $v$ 产生了交互（interaction），这里的交互可以是购买商品、观看电影等行为。假如用户 $u_1$ 在与物品 $v_2$、$v_5$、$v_6$ 产生交互之后，又与物品 $v_9$ 产生了交互，那么该用户的历史记录可以被表示为如下的一条基于霍恩子句（Horn Clause）的推理规则：

$$I(u_1,v_2) \wedge I(u_1,v_5) \wedge I(u_1,v_6) \to I(u_1,v_9). \tag{10-5}$$

其直观意义为该用户之前的所有行为一起导致了之后的行为。当系统中有很多位用户时，每位用户都可以贡献一条推理规则，这就相当于每位用户知道逻辑空间中的一条规则，这样所有用户就可以把自己所知的推理规则集合到一起，学习整个空间的推理模式，从而互相帮助并完成推荐，这也就是"协同推理"中"协同"的核心体现。根据逻辑蕴含"→"的定义，式 (10-5) 可以等价地表示为

$$\neg I(u_1, v_2) \vee \neg I(u_1, v_5) \vee \neg I(u_1, v_6) \vee I(u_1, v_9). \tag{10-6}$$

这样就可以利用机器学习进行推理。具体而言，仍然将每位用户 $u$ 和每个物品 $v$ 学习成一个表示向量 $\boldsymbol{u}$ 和 $\boldsymbol{v}$，同时把谓词 $I(\cdot, \cdot)$ 以及逻辑操作符 $\text{AND}(\cdot, \cdot)$、$\text{OR}(\cdot, \cdot)$ 和 $\text{NOT}(\cdot)$ 都学习成一个小的神经网络模块，例如 $\text{AND}(\boldsymbol{x}, \boldsymbol{y}) = \boldsymbol{W}_2 \phi(\boldsymbol{W}_1 \begin{bmatrix} \boldsymbol{x} \\ \boldsymbol{y} \end{bmatrix} + \boldsymbol{b}_1) + \boldsymbol{b}_2$，其中 $\phi$ 是一个非线性激活函数。这样，每个模块的输出就是一个向量。例如对 AND 模块而言，它的输出向量就是 $\boldsymbol{x}$ 和 $\boldsymbol{y}$ 两个向量在高维逻辑空间中求"且"操作之后得到的向量。这样，通过对模块逐个计算，就可以将每位用户对应的推理规则转化为逻辑空间中的一个向量。例如式 (10-6) 可以转化为

$$\boldsymbol{z}_1 = \text{OR}(\text{OR}(\text{OR}(\text{NOT}(I(\boldsymbol{u}_1, \boldsymbol{v}_2)), \text{NOT}(I(\boldsymbol{u}_1, \boldsymbol{v}_5))),$$
$$\text{NOT}(I(\boldsymbol{u}_1, \boldsymbol{v}_6))), \text{NOT}(I(\boldsymbol{u}_1, \boldsymbol{v}_9))). \tag{10-7}$$

### 2. 逻辑优化与逻辑正则

由于每位用户 $u_i$ 对应的推理规则（例如式 (10-6)）是用户在实际中确实发生的事情，因此要求每个推理规则的结果为真，也就是说整个推理规则最终计算得到的向量 $\boldsymbol{z}_i$ 应当接近逻辑空间中的真向量 $\boldsymbol{T}$，其中 $\boldsymbol{T}$ 是一个任意初始化但是恒定不变的常向量。假设系统中共有 $m$ 位用户，这样推荐系统的优化目标就是最小化 $L = \sum_{i=1}^{m} \text{Sim}(\boldsymbol{z}_i, \boldsymbol{T})$，其中 Sim 表示某种计算向量相似度的函数，例如可以是余弦相似度。图 10-10 为基于神经网络的协同推理模型示意图，直观描述了每位用户对应的推理规则的计算过程。

为了保证逻辑模块在高维空间中确实在进行预期的逻辑操作，还需要在模块上施加逻辑正则（Logic Regularizer），如表 10-1 所示。例如，推荐系统本来的优化目标为最小化 $L$，加上逻辑正则项之后，最终的优化目标为最小化 $L + \lambda \sum_{i=1}^{10} r_i$。正则化项在优化过程中也被最小化，从而保证最终学习出来的每个逻辑模块确实在执行预期的逻辑操作，也就是符合每个逻辑操作所需要遵守的逻辑规则。

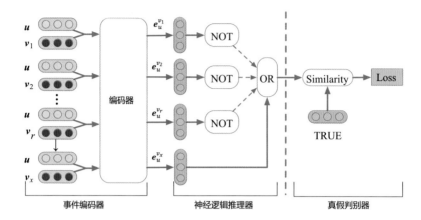

图 10-10　基于神经网络的协同推理模型示意图

表 10-1　逻辑规则、表达式及相应的正则化项

| 逻辑操作符 | 逻辑规则 | 表达式 | 逻辑正则项 $r_i$ |
|---|---|---|---|
| NOT | 否定律 | $\neg x \neq x$ | $r_1 = \frac{1}{|\mathcal{X}|} \sum_{\boldsymbol{x} \in \mathcal{X}} 1 + \mathrm{Sim}(\mathrm{NOT}(\boldsymbol{x}), \boldsymbol{x})$ |
| | 双重否定律 | $\neg(\neg x) = x$ | $r_2 = \frac{1}{|\mathcal{X}|} \sum_{\boldsymbol{x} \in \mathcal{X}} 1 - \mathrm{Sim}(\mathrm{NOT}(\mathrm{NOT}(\boldsymbol{x})), \boldsymbol{x})$ |
| AND | 恒等律 | $x \wedge \boldsymbol{T} = x$ | $r_3 = \frac{1}{|\mathcal{X}|} \sum_{\boldsymbol{x} \in \mathcal{X}} 1 - \mathrm{Sim}(\mathrm{AND}(\boldsymbol{x}, \boldsymbol{T}), \boldsymbol{x})$ |
| | 消除律 | $x \wedge \boldsymbol{F} = \boldsymbol{F}$ | $r_4 = \frac{1}{|\mathcal{X}|} \sum_{\boldsymbol{x} \in \mathcal{X}} 1 - \mathrm{Sim}(\mathrm{AND}(\boldsymbol{x}, \boldsymbol{F}), \boldsymbol{F})$ |
| | 幂等律 | $x \wedge x = x$ | $r_5 = \frac{1}{|\mathcal{X}|} \sum_{\boldsymbol{x} \in \mathcal{X}} 1 - \mathrm{Sim}(\mathrm{AND}(\boldsymbol{x}, \boldsymbol{x}), \boldsymbol{x})$ |
| | 互补律 | $x \wedge \neg x = \boldsymbol{F}$ | $r_6 = \frac{1}{|\mathcal{X}|} \sum_{\boldsymbol{x} \in \mathcal{X}} 1 - \mathrm{Sim}(\mathrm{AND}(\boldsymbol{x}, \mathrm{NOT}(\boldsymbol{x})), \boldsymbol{F})$ |
| OR | 恒等律 | $x \vee \boldsymbol{F} = x$ | $r_7 = \frac{1}{|\mathcal{X}|} \sum_{\boldsymbol{x} \in \mathcal{X}} 1 - \mathrm{Sim}(\mathrm{OR}(\boldsymbol{x}, \boldsymbol{F}), \boldsymbol{x})$ |
| | 消除律 | $x \vee \boldsymbol{T} = \boldsymbol{T}$ | $r_8 = \frac{1}{|\mathcal{X}|} \sum_{\boldsymbol{x} \in \mathcal{X}} 1 - \mathrm{Sim}(\mathrm{OR}(\boldsymbol{x}, \boldsymbol{T}), \boldsymbol{T})$ |
| | 幂等律 | $x \vee x = x$ | $r_9 = \frac{1}{|\mathcal{X}|} \sum_{\boldsymbol{x} \in \mathcal{X}} 1 - \mathrm{Sim}(\mathrm{OR}(\boldsymbol{x}, \boldsymbol{x}), \boldsymbol{x})$ |
| | 互补律 | $x \vee \neg x = \boldsymbol{T}$ | $r_{10} = \frac{1}{|\mathcal{X}|} \sum_{\boldsymbol{x} \in \mathcal{X}} 1 - \mathrm{Sim}(\mathrm{OR}(\boldsymbol{x}, \mathrm{NOT}(\boldsymbol{x})), \boldsymbol{T})$ |

### 3. 协同推理的可解释性与不可解释性

协同推理本质上是一种神经符号模型（Neural-Symbolic Model），它结合了神经网络和符号推理两大人工智能体系。神经网络的优点是可以基于训练数据在连续空间中进行学习和优化，缺点在于不可解释性；符号推理的优点在于可解释性，缺点在于无法进行连续优化（可以离散优化）及处理数据中的噪声。在协同推理模型中，算法确实在执行符号推理（具体而言就是逻辑推理），但它能在一个连续空间中进行符号推理。之所以能达到这种效果，就是因为它把每个变量（如用户 $u$，物品 $v$）表示成一个向量，并把每个逻辑操作表示成一个神经网络模块，这样变量之间的逻辑操作就变成了向量空间中的函数操作，从而使得逻辑推理和连续优化同时变得可能。这样一来，模型既能够进行符号推理，又能够很好地处理训练数据中的噪声。

协同推理具有部分的可解释性，其可解释性来自符号推理部分：当模型为用户推荐某一个物品时，系统知道这一推荐结果是由其他哪些物品经由什么样的逻辑操作得到的。与此同时，协同推理又有一定的不可解释性，其不可解释性来自神经网络部分：一方面，只知道每个神经网络模块的整体行为及其物理意义（由逻辑正则决定），而不知道神经网络内部的运作机制；另一方面，由于神经模拟的近似性，每个神经网络模块（例如 AND 模块）并不是完全精确地完成符号意义上的逻辑操作，而是在向量空间中执行近似的逻辑操作，这也在一定程度上加大了模型的不可解释性。

## 10.6　可解释的推荐模型

推荐的可解释性及推荐理由的构建对推荐系统具有重要作用，向用户恰当地解释为何一个物品被推荐出来，首先有助于提高推荐系统的透明度和可信性，其次可以提高推荐结果的可辨性和说服力，最后可以帮助用户更快地做出正确的决定，从而提高用户与系统交互的效率。本节将以显式变量分解模型（Explicit Factor Model）为例介绍如何设计可解释的推荐算法[305]。

正如前面所介绍的，基于隐变量矩阵分解的推荐算法具有几个方面的重要问题：首先，由于变量的隐性，很难解释用户是如何将自己对产品各方面的态度和看法融合成一个单一的数值化打分的；其次，这进一步使得难以为用户给出符合特定偏好和需求的推荐结果；最后，变量的隐性使得难以向用户解释为何一个物品被推荐了出来，甚至更难解释为什么其他物品没有被推荐出来，这使用户在实际系统中倾向于认为被推荐物品仅仅是为了满足商业利益的广告。可解释性的缺乏会降低系统的可信度和说服力，也会降低系统满足用户需求的潜在能力。

总体而言，变量的隐性是导致矩阵分解模型不可解释的主要原因，因为不知道分解因子矩阵每个维度的实际意义是什么。因此，要想让矩阵分解模型变得可解释，最直接的办法就是赋予分解维度以实际的意义。如图 10-11 所示，在一个针对电子产品的推荐系统中，如果知道描述电子产品属性的很多维度，例如电池、价格和内存等，那么就可以将原始矩阵在这些具体的维度所构成的空间中进行分解，每维对应一个具体的产品属性。假设系统中一共有 $k$ 个属性（Feature），分别为 $\{F_1, F_2, \cdots, F_k\}$，这样一来，每位用户和每个物品就可以被表示成一个具有实际意义的向量，例如用户向量 $\boldsymbol{u} = [u_{F_1}, u_{F_2}, \cdots, u_{F_k}]$ 中的每维表示该用户对相应的产品属性的关注程度，物品向量 $\boldsymbol{v} = [v_{F_1}, v_{F_2}, \cdots, v_{F_k}]$ 中的每维表示该物品在相应的产品属性上表现的好坏，等等。将某个用户向量与某个物品向量相乘，从而得到它们的匹配分数 $\boldsymbol{uv}^{\top} = \sum_{i=1}^{k} u_{F_i} v_{F_i}$，通过检查每个维度对最终匹配分数的贡献 $u_{F_i} v_{F_i}$，就可以知道到底是哪些具体的产品属性在计算内积时起到了主要作用，从而给出解释。例如，可以取贡献最大的属性构建解释：

$$\text{explanation} = \arg\max_{F_i} u_{F_i} v_{F_i}. \tag{10-8}$$

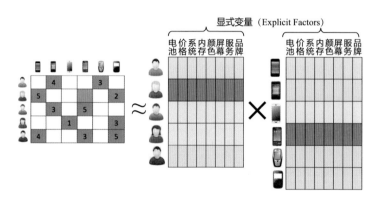

**图 10-11　显式变量分解模型示意**

接下来将介绍用户评论文本的结构化表示、显示变量分解模型，以及最终如何给出推荐结果并为推荐结果给出解释。

**1. 用户评论的结构化表示**

构建可解释模型的第一步是获取用于解释的物品属性（Feature），人工收集这些属性词无疑是费时费力的。幸运的是，互联网上丰富的信息（例如用户对物品的文本评论）为相关问题的解决带来了一些契机。目前，淘宝网、亚马逊等多数在线购物网站和豆瓣网、大众点评等在线评论系统允许用户在给出数值打分的同时也给出文本评论，以描述自己的观点和看法。文本评论包含了用户在对应物品上丰富的情感、观点和偏好信息，而这为可解释的推荐给出了新的数据源。例如在如下的评论中：

手机的样式很漂亮，但是续航时间有点短。

可以利用短语级情感分析技术抽取出诸如（样式，漂亮，+1）和（续航时间，短，−1）等具有（属性词，情感词，情感极性）结构的三元组[305, 327]。其中，"属性词"描述物品的特定方面；"情感词"描述用户在这些方面的态度观点；"情感极性"为特定的属性词和情感词组合在一起时所对应的情感倾向性，它是一个落在 $[-1,+1]$ 区间内的数值，其中"+1"表示明确的积极正面情感、"−1"表示明确的消极负面情感，"0"表示中性情感。所有这些三元组的集合称为一个"情感词典"。

给定情感词典 $\mathcal{L}$ 和一条文本评论，将该评论结构化地表示为一个属性情感对 $(F, S')$ 的集合，其中 $S'$ 是在这条评论中用户在属性词 $F$ 上表达的情感极性。为了更直观地描述该过程，给出图 10-12 所示的例子。在图中所示的用户物品行为矩阵中，阴影部分表示相应用户对相应物品的评论，包括一个数值化的打分和一条评论文本。在此基础上，首先判断该文本所命中的（属性词，情感词，情感极性）词条，并进一步考察每个词条是否被否定词反转，从而计算出用户在每个属性词上表达的最终情感极性。在本例中，文本命中的情感词条包括（屏幕，出色，+1）和（耳机，好，+1）；进一步地，判断每个词条有没有被否定词极性反转，发现第二个词条被否定词"不"反转。对于被反转的情感词，对其原有的情感极性取相反数，作为用户表达的真实情感：

$$S' = \begin{cases} S & \text{，如果情感词 } O \text{ 没有被否定词修饰和反转} \\ -S & \text{，如果情感词 } O \text{ 被否定词修饰和反转} \end{cases} \tag{10-9}$$

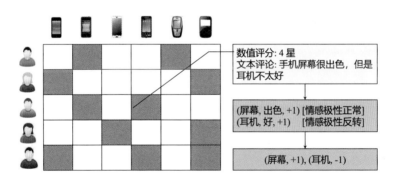

图 10-12　用户物品行为矩阵及评论文本的结构化表示示例

在此基础上，最终得到用户在每个属性词上表达的最终情感，并得到该文本评论的结构化表示，在图 10-12 所示的例子中，这包含（屏幕，+1）和（耳机，−1）两部分。从产品评论中挖掘出恰当的产品属性词和用户在这些属性上的态度，一方面能够更好地了解用户不同的偏好，另一方面能够设计更为智能的推荐算法和个性化的推荐理由，为用户提供恰当的推荐结果和推荐理由，解释为什么推荐或不推荐某一款产品。

### 2. 基于显式变量的推荐及其可解释性

在用户评论结构化表示的基础上，就可以基于显式变量进行可解释的推荐[305]。需要注意的是，即使对于同一种物品，不同的用户可能关注物品的不同属性。在实际的用户评论中可以发现，不同的用户倾向于关注和评论不同的产品属性词，即使他们为同一款产品给出了相同的打分（例如都是五星）。有可能是在考虑不同的产品属性的基础上给出的，例如有的用户更加关注手机的屏幕性能，而有的用户则更加关注手机的续航时间，等等。因此，需要考虑用户对不同属性词的关注程度，以及物品在不同属性词上的表现。

显式变量分解模型正是基于这一理念设计的。图 10-13 给出了基于显式变量的可解释推荐基本流程。首先，从大规模用户评论中构建情感词典，即（属性词，情感词，情感极性）的三元组集合（如上所述），并将其中的属性词作为显式特征空间。进而利用每个用户的历史评论构建"用户-属性关注度矩阵"（User-Feature Attention Matrix）、利用每个产品的历史评论构建"物品-属性好评度矩阵"（Item-Feature Quality Matrix），并结合总的用户物品评分矩阵，构建基于多矩阵分解的显式变量分解模型来进行打分预测和推荐。在图 10-13 的例子中，系统推断出用户对内存、耳机和颜色等属性词比较感兴趣，则会向用户提供在这些属性上表现优秀的产品作为推荐，而这些属性词可以用来构建解释。

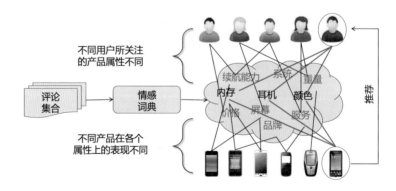

图 **10-13** 基于显式变量的可解释推荐基本流程

### 3. 用户-属性关注度矩阵

由于不同的用户对物品不同属性的关注程度不同，他们在各自的评论中对不同属性提及的频率也各不相同。一般而言，用户对自己关心的属性往往提及频率更高。因此，构造用户-属性关注度矩阵 $Y$，矩阵中的每个元素表示相应的用户对属性的关心程度，如图 10-14 所示。

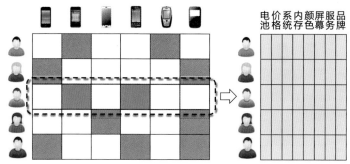

图 **10-14**　通过分析每位用户的历史评论文本构建用户-属性关注度矩阵 $Y$

令 $\mathcal{F} = \{F_1, F_2, \cdots, F_k\}$ 为属性词集合，$\mathcal{U} = \{u_1, u_2, \cdots, u_m\}$ 为用户集合。考察某用户 $u_i$ 写过的所有评论，并从中抽取所有命中的属性词，以及考虑否定词之后，用户在每个属性词上表达的最终情感 $(F, S')$。设属性词 $F_j$ 被用户 $u_i$ 提及 $t_{ij}$ 次，定义用户-属性关注度矩阵的每个元素值：

$$Y_{ij} = \begin{cases} 0 & \text{，如果用户 } u_i \text{ 没有提及过属性词} F_j \\ 1 + (N-1)\left(\frac{2}{1+e^{-t_{ij}}} - 1\right) & \text{，其他情况} \end{cases}$$

(10-10)

式 (10-10) 的主要作用在于将用户的提及频率 $t_{ij}$ 经由 Sigmoid 函数转化到与用户-物品评分矩阵 $\boldsymbol{X}$ 相同的范围 $[1, N]$ 上。在大多数实际系统中，$N$ 的取值为 5，也就是常见的五星评分体系，例如亚马逊、淘宝和京东商城，等等。

**4. 物品属性好评度矩阵**

类似地，构建物品-属性好评度矩阵 $\boldsymbol{Z}$，其中矩阵的每个元素描述相应的物品在属性上的表现，如图 10-15 所示。

令 $\mathcal{V} = \{v_1, v_2, \cdots, v_n\}$ 表示 $n$ 个物品，对于每个物品 $v_i$，考察它历史上获得的所有评论，并同样从中抽取所有的 $(F, S')$ 结构。设在物品 $v_i$ 的评论中属性词 $F_j$ 被提及 $t$ 次，且这些提及的平均情感极性为 $s_{ij}$，则定义 $Z_{ij}$：

$$Z_{ij} = \begin{cases} 0 & \text{，如果物品 } v_i \text{ 的评论中没有提及过属性} F_j \\ 1 + \dfrac{N-1}{1+e^{-t \cdot s_{ij}}} & \text{，其他情况} \end{cases}$$

(10-11)

该定义一方面考虑用户在该属性上表达的整体情感极性（通过 $s_{ij}$），另一方面也考虑该物品在每个属性上的流行度（通过 $t$）。同样，矩阵 $\boldsymbol{Z}$ 中的元素值通过 Sigmoid 函数转化到 $[1, N]$ 区间内。

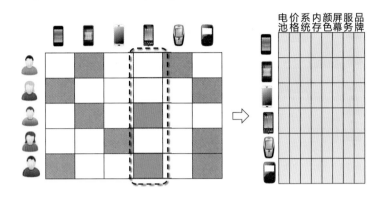

图 10-15　通过分析每个物品的历史评论文本构建物品-属性好评度矩阵 $\boldsymbol{Z}$

### 5. 显式变量分解模型

矩阵 $\boldsymbol{Y}$ 和 $\boldsymbol{Z}$ 中的非零值表示已经在评论文本中观测到的用户-属性词、物品-属性词关系，接下来描述如何将这些信息整合为一个多矩阵分解模型（Multi-Matrix Factorization），从而在获得高预测精度和推荐效果的同时，提高模型的可解释性。矩阵 $\boldsymbol{Y}$ 和 $\boldsymbol{Z}$ 虽然已经被构建出来，但是它们仍然是稀疏矩阵，也就是说矩阵中有很多值是未知的。这时系统中可能有数十个或数百个属性词，但是每位用户在自己的评论中提及的属性词一般只有几个或十几个，每个物品被提及的属性词也是类似的。为了预测出矩阵 $\boldsymbol{Y}$ 和 $\boldsymbol{Z}$ 中未知的值，与作用在用户-物品评分矩阵 $\boldsymbol{X}$ 上的直接的矩阵分解模型相似，对用户-属性关注度矩阵 $\boldsymbol{Y}$ 和物品-属性好评度矩阵 $\boldsymbol{Z}$ 进行分解，即根据矩阵中已经观测到的非零值构建用户、物品和属性的表示，从而对矩阵中未观测到的值（以零值表示）进行预测和估计：

$$\operatorname*{minimize}_{\boldsymbol{U}_1, \boldsymbol{U}_2, \boldsymbol{V}} \left\{ \lambda_y \|\boldsymbol{U}_1 \boldsymbol{V}^\top - \boldsymbol{Y}\|_{\mathrm{F}}^2 + \lambda_z \|\boldsymbol{U}_2 \boldsymbol{V}^\top - \boldsymbol{Z}\|_{\mathrm{F}}^2 \right\}$$
$$\text{s.t. } \boldsymbol{U}_1 \in \mathbb{R}_+^{m \times r}, \boldsymbol{U}_2 \in \mathbb{R}_+^{n \times r}, \boldsymbol{V} \in \mathbb{R}_+^{k \times r} \tag{10-12}$$

式中，$\lambda_y$ 和 $\lambda_z$ 为正则化系数；$r$ 表示分解因子矩阵的维度；$k$ 为属性词的个数。式 (10-12) 的两部分之所以共享同一个矩阵 $\boldsymbol{V}$，是因为矩阵 $\boldsymbol{Y}$ 和 $\boldsymbol{Z}$ 共享同一组属性词。在式 (10-12) 中，$\boldsymbol{V}$ 是算法学出的 $r$ 个基向量，其中每个基向量是所有属性词的某种线性组合。进一步地，$\boldsymbol{U}_1$（或 $\boldsymbol{U}_2$）中的每行分别为用户（或物品）在 $r$ 个基向量组成的空间中的表示。

假设用户对物品的打分（由矩阵 $\boldsymbol{X}$ 表示）是由用户在产品各个属性上的评价综合得出的，因此可以利用式 (10-12) 中的参数 $\boldsymbol{U}_1$ 和 $\boldsymbol{U}_2$ 近似评分矩阵 $\boldsymbol{X} \approx \boldsymbol{U}_1 \boldsymbol{U}_2^\top$，其中 $\boldsymbol{U}_1$ 和 $\boldsymbol{U}_2$ 分别为用户和物品在以 $\boldsymbol{V}$ 为基向量的表示空间中的表示。然而，挖掘出来的显式属性词并非一定能囊括用户考虑的全部可能属性，很有可能有一些潜在属性是没有挖掘出来的，因此在 $\boldsymbol{U}_1$ 和 $\boldsymbol{U}_2$ 之外，再考虑 $r'$ 个隐式变量 $\boldsymbol{H}_1 \in \mathbb{R}_+^{m \times r'}$ 和 $\boldsymbol{H}_2 \in \mathbb{R}_+^{n \times r'}$，并最终用分解因子矩阵 $\boldsymbol{P} = [\boldsymbol{U}_1\ \boldsymbol{H}_1]$ 和 $\boldsymbol{Q} = [\boldsymbol{U}_2\ \boldsymbol{H}_2]$ 近似用户物品打分矩阵 $\boldsymbol{X}$：

$$\underset{\boldsymbol{P},\boldsymbol{Q}}{\text{minimize}}\left\{\|\boldsymbol{P}\boldsymbol{Q}^\top - \boldsymbol{X}\|_{\mathrm{F}}^2\right\} \tag{10-13}$$

综合式 (10-12) 和式 (10-13)，构建最终的显式变量分解模型。图 10-16 描述了物品属性词、用户-物品评分矩阵 $\boldsymbol{X}$、用户-属性关注度矩阵 $\boldsymbol{Y}$、物品-属性好评度矩阵 $\boldsymbol{Z}$ 及分解因子矩阵之间的关系，模型参数可以通过如下的优化问题得到：

$$\underset{\boldsymbol{U}_1,\boldsymbol{U}_2,\boldsymbol{V},\boldsymbol{H}_1,\boldsymbol{H}_2}{\text{minimize}}\Big\{\|\boldsymbol{P}\boldsymbol{Q}^\top - \boldsymbol{X}\|_{\mathrm{F}}^2 + \lambda_y\|\boldsymbol{U}_1\boldsymbol{V}^\top - \boldsymbol{Y}\|_{\mathrm{F}}^2 + \lambda_z\|\boldsymbol{U}_2\boldsymbol{V}^\top - \boldsymbol{Z}\|_{\mathrm{F}}^2 +$$
$$\lambda_u(\|\boldsymbol{U}_1\|_{\mathrm{F}}^2 + \|\boldsymbol{U}_2\|_{\mathrm{F}}^2) + \lambda_h(\|\boldsymbol{H}_1\|_{\mathrm{F}}^2 + \|\boldsymbol{H}_2\|_{\mathrm{F}}^2) + \lambda_v\|\boldsymbol{V}\|_{\mathrm{F}}^2\Big\},$$
$$\text{s.t. } \boldsymbol{U}_1 \in \mathbb{R}_+^{m \times r}, \boldsymbol{U}_2 \in \mathbb{R}_+^{n \times r}, \boldsymbol{V} \in \mathbb{R}_+^{k \times r}, \boldsymbol{H}_1 \in \mathbb{R}_+^{m \times r'}, \boldsymbol{H}_2 \in \mathbb{R}_+^{n \times r'}$$
$$\boldsymbol{P} = [\boldsymbol{U}_1\ \boldsymbol{H}_1],\ \boldsymbol{Q} = [\boldsymbol{U}_2\ \boldsymbol{H}_2]. \tag{10-14}$$

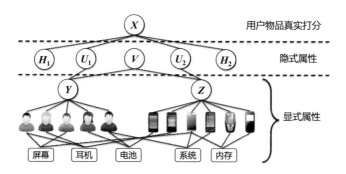

**图 10-16** 显式变量分解模型中的产品属性词、用户-物品打分矩阵 $\boldsymbol{X}$、用户-属性关注度矩阵 $\boldsymbol{Y}$、物品-属性好评度矩阵 $\boldsymbol{Z}$ 及分解因子矩阵之间的关系示意图

当 $r = 0$ 时，模型退化为传统的基于用户-物品评分矩阵 $\boldsymbol{X}$ 的隐变量分解模型（在 10.5.1 节中介绍），此时没有使用任何来自显式物品属性词的信息。用式 (10-14) 的优化结果获得近似补全之后的矩阵 $\boldsymbol{X}$、$\boldsymbol{Y}$ 和 $\boldsymbol{Z}$，并据此为用户提供个性化的推荐结果和属性级推荐理由。

像很多矩阵分解优化问题一样，式 (10-14) 不存在封闭解，可以构建交替最小化算法来学习模型参数 $U_1$、$U_2$、$V$、$H_1$、$H_2$。当其他参数固定时，式 (10-14) 相对于参数 $U_1$ 的形式为

$$\underset{U_1 \geqslant 0}{\text{minimize}} \left\{ \|U_1 U_2^\top + H_1 H_2^\top - X\|_{\text{F}}^2 + \lambda_y \|U_1 V^\top - Y\|_{\text{F}}^2 + \lambda_u \|U_1\|_{\text{F}}^2 \right\}.$$
(10-15)

令 $\boldsymbol{\Lambda}$ 为约束条件 $U_1 \geqslant 0$ 所对应的拉格朗日系数矩阵，则如上优化问题的拉格朗日形式为

$$L(U_1) = \|U_1 U_2^\top + H_1 H_2^\top - X\|_{\text{F}}^2 + \lambda_y \|U_1 V^\top - Y\|_{\text{F}}^2 + \lambda_u \|U_1\|_{\text{F}}^2 - \text{tr}(\boldsymbol{\Lambda} U_1).$$
(10-16)

式中，$\text{tr}()$ 表示矩阵的迹，式 (10-16) 对参数 $U_1$ 的梯度为

$$\nabla_{U_1} = 2(U_1 U_2^\top + H_1 H_2^\top - X)U_2 + 2\lambda_y(U_1 V^\top - Y)V + 2\lambda_u U_1 - \boldsymbol{\Lambda}.$$
(10-17)

令 $\nabla_{U_1} = 0$，有：

$$\boldsymbol{\Lambda} = 2(U_1 U_2^\top U_2 + H_1 H_2^\top U_2 + \lambda_y U_1 V^\top V + \lambda_u U_1) - 2(X U_2 + \lambda_y Y V).$$
(10-18)

根据约束 $U_1 \geqslant 0$ 所对应的 KKT 条件，有 $\boldsymbol{\Lambda}_{ij} \cdot U_{1ij} = 0$，因此：

$$[-(X U_2 + \lambda_y Y V) + (U_1 U_2^\top U_2 + H_1 H_2^\top U_2 + \lambda_y U_1 V^\top V + \lambda_u U_1)]_{ij} \cdot U_{1ij}$$
$$= 0.$$
(10-19)

由此，可以得到参数 $U_1$ 的迭代优化公式：

$$U_{1ij} \leftarrow U_{1ij} \sqrt{\frac{[X U_2 + \lambda_y Y V]_{ij}}{[(U_1 U_2^\top + H_1 H_2^\top)U_2 + U_1(\lambda_y V^\top V + \lambda_u I)]_{ij}}}.$$
(10-20)

参数 $U_2$、$V$、$H_1$、$H_2$ 的迭代公式可以用类似的方法得到。因此，给出如算法 10.1 所示的基于迭代最小化的优化算法，其核心思想为在固定其他四组参数不变的情况下对一组参数进行优化。算法不断地对每组参数依次优化，直到收敛或者达到预先指定的最大迭代次数。

---

**算法 10.1 显示变量分解模型**

　　**输入:** $\boldsymbol{X}, \boldsymbol{Y}, \boldsymbol{Z}, m, n, k, r, r', \lambda_y, \lambda_z, \lambda_u, \lambda_h, \lambda_v, T$

　　**输出:** $\boldsymbol{U}_1, \boldsymbol{U}_2, \boldsymbol{V}, \boldsymbol{H}_1, \boldsymbol{H}_2$

1. $\boldsymbol{U}_1 \leftarrow \mathbb{R}_+^{m \times r}$, $\boldsymbol{U}_2 \leftarrow \mathbb{R}_+^{n \times r}$, $\boldsymbol{V} \leftarrow \mathbb{R}_+^{k \times r}$

2. $\boldsymbol{H}_1 \leftarrow \mathbb{R}_+^{m \times r'}$, $\boldsymbol{H}_2 \leftarrow \mathbb{R}_+^{n \times r'}$; //随机初始化

3. $t \leftarrow 0$

4. **repeat**

5. 　　$t \leftarrow t + 1$

6. 　　更新矩阵: $\boldsymbol{V}_{ij} \leftarrow \boldsymbol{V}_{ij} \sqrt{\dfrac{[\lambda_y \boldsymbol{Y}^\top \boldsymbol{U}_1 + \lambda_z \boldsymbol{Z}^\top \boldsymbol{U}_2]_{ij}}{[\boldsymbol{V}(\lambda_y \boldsymbol{U}_1^\top \boldsymbol{U}_1 + \lambda_z \boldsymbol{U}_2^\top \boldsymbol{U}_2 + \lambda_v I)]_{ij}}}$

7. 　　更新矩阵: $\boldsymbol{U}_{1ij} \leftarrow \boldsymbol{U}_{1ij} \sqrt{\dfrac{[\boldsymbol{X}\boldsymbol{U}_2 + \lambda_y \boldsymbol{Y}\boldsymbol{V}]_{ij}}{[(\boldsymbol{U}_1 \boldsymbol{U}_2^\top + \boldsymbol{H}_1 \boldsymbol{H}_2^\top)\boldsymbol{U}_2 + \boldsymbol{U}_1(\lambda_y \boldsymbol{V}^\top \boldsymbol{V} + \lambda_u I)]_{ij}}}$

8. 　　更新矩阵: $\boldsymbol{U}_{2ij} \leftarrow \boldsymbol{U}_{2ij} \sqrt{\dfrac{[\boldsymbol{X}^\top \boldsymbol{U}_1 + \lambda_z \boldsymbol{Z}\boldsymbol{V}]_{ij}}{[(\boldsymbol{U}_2 \boldsymbol{U}_1^\top + \boldsymbol{H}_2 \boldsymbol{H}_1^\top)\boldsymbol{U}_1 + \boldsymbol{U}_2(\lambda_z \boldsymbol{V}^\top \boldsymbol{V} + \lambda_u I)]_{ij}}}$

9. 　　更新矩阵: $\boldsymbol{H}_{1ij} \leftarrow \boldsymbol{H}_{1ij} \sqrt{\dfrac{[\boldsymbol{X}\boldsymbol{H}_2]_{ij}}{[(\boldsymbol{U}_1 \boldsymbol{U}_2^\top + \boldsymbol{H}_1 \boldsymbol{H}_2^\top)\boldsymbol{H}_2 + \lambda_h \boldsymbol{H}_1]_{ij}}}$

10. 　更新矩阵: $\boldsymbol{H}_{2ij} \leftarrow \boldsymbol{H}_{2ij} \sqrt{\dfrac{[\boldsymbol{X}^\top \boldsymbol{H}_1]_{ij}}{[(\boldsymbol{U}_2 \boldsymbol{U}_1^\top + \boldsymbol{H}_2 \boldsymbol{H}_1^\top)\boldsymbol{H}_1 + \lambda_h \boldsymbol{H}_2]_{ij}}}$

11. **until** 算法收敛或 $t > T$

12. **return** $\boldsymbol{U}_1, \boldsymbol{U}_2, \boldsymbol{V}, \boldsymbol{H}_1, \boldsymbol{H}_2$

---

### 6. 推荐列表的构建

　　给定算法 10.1 的优化结果,可以对用户-物品评分矩阵 $\boldsymbol{X}$、用户-属性关注度矩阵 $\boldsymbol{Y}$、物品-属性好评度矩阵 $\boldsymbol{Z}$ 中的缺失值进行预测和估计,分别为 $\tilde{\boldsymbol{X}} = \boldsymbol{U}_1 \boldsymbol{U}_2^\top + \boldsymbol{H}_1 \boldsymbol{H}_2^\top$、$\tilde{\boldsymbol{Y}} = \boldsymbol{U}_1 \boldsymbol{V}^\top$ 及 $\tilde{\boldsymbol{Z}} = \boldsymbol{U}_2 \boldsymbol{V}^\top$。基于这些信息为用户提供个性化推荐列表并构建推荐理由。

　　对于不同的用户而言,决定用户在特定物品上的喜好的因素往往是不同的,用户往往对最为关心的几个属性进行主要的考量,并由此决定对物品的整体态度,而非对全部的属性一一考虑。因此,当为用户提供推荐结果时,考虑其最为关心的前 $p$ 个属性而非全部的属性,如图 10-17 所示。

　　对于用户 $u_i (1 \leqslant i \leqslant m)$ 而言,$\tilde{\boldsymbol{Y}}_{i\cdot}$ 表示补全的关注度矩阵中相应于该用户的行向量,$\mathcal{C}_i = \{c_{i1}, c_{i2}, \cdots, c_{ip}\}$ 表示该行向量中前 $p$ 个最大值对应的列编号,按照如下的方式计算用户 $u_i$ 与每个物品 $v_j (1 \leqslant j \leqslant n)$ 之间的匹配度:

$$R_{ij} = \alpha \cdot \tilde{\boldsymbol{X}}_{ij} + (1 - \alpha) \cdot \frac{\sum_{c \in \mathcal{C}_i} \tilde{\boldsymbol{Y}}_{ic} \cdot \tilde{\boldsymbol{Z}}_{jc}}{pN}, \tag{10-21}$$

式中,$N = \max(\boldsymbol{X}_{ij})$ 用来进行预测值的归一化,从而保证预测值与原本的打分处于同一区间内(比如 1~5 分),在大多数系统中的最高打分为 5 分,即

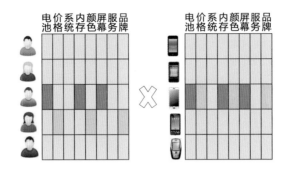

图 10-17  不同用户所最关心的物品属性有所不同，因此即使在计算同一个物品上的预测值时，不同用户也有可能采用不同的物品属性（即该用户最关心的前 $p$ 个属性词所对应的维度）进行向量乘法

$N = 5$。在式 (10-21) 中，第一项表示系统预测的用户 $u_i$ 对物品 $v_j$ 的打分，第二项为用户 $u_i$ 与物品 $v_j$ 在用户最关心的前 $p$ 个属性词上的匹配度，$0 \leqslant \alpha \leqslant 1$ 为两项之间的权重系数。对于用户 $u_i$，按照 $R_{ij}$ 由高到低对物品进行排序，从而构建用户 $u_i$ 的个性化推荐列表。

### 7. 个性化推荐理由的构建

传统矩阵分解隐变量模型难以对推荐结果给出直观的解释，因此系统开发人员和用户很难理解为什么一个物品被推荐或者未被推荐。而上面介绍的基于物品-属性词的显式变量分解模型，其重要优势就在于能够很容易地理解每个物品属性在生成推荐列表时起到的作用。除个性化推荐之外，显式变量分解模型还可以用来处理个性化"不"推荐，即当系统分析发现用户当前浏览的物品不适合购买时，则告诉用户当前物品不推荐购买并给出不推荐的理由。通过告诉用户哪些物品是不推荐的，系统可以提升自己的可信度和说服力，并帮助用户实现更好的消费决策。

在显式物品属性的基础上，推荐理由的构建有可能是多种多样的。例如最简单的方法是向用户展示被推荐物品的属性词词云（Word Cloud），从而让用户对被推荐物品的属性一目了然，如图 10-18 所示。

以词云展示的推荐理由不是个性化的，因为物品的属性词是固有的，所以不同用户在同一物品上得到的解释也是一样的。然而，推荐系统是一个非常强调个性化的系统，因为不同用户即使对于同一个物品，所关心的属性也可能很不相同。因此，可以为用户提供属性级的个性化推荐理由。对于被推荐的物品，属性级个性化推荐理由的构建模板如下：

您可能对 [属性] 感兴趣，而该产品在 [属性] 上表现不错。

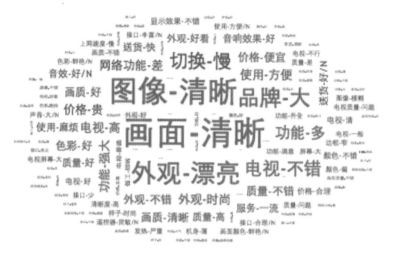

**图 10-18　以物品属性词云展示的推荐理由**

而对于不推荐的物品，属性级个性化不推荐理由的构建模板如下：

您可能对 [属性] 感兴趣，而该产品在 [属性] 上表现欠佳。

对于用户 $u_i$ 以及被推荐的物品 $v_j$，在该用户最关心的前 $p$ 个属性中，选择在物品-属性好评度矩阵中预测打分最高的属性 $F_c$ 来构造推荐理由：

$$c^+ = \arg\max_{c \in \mathcal{C}_i} \tilde{\boldsymbol{Z}}_{jc}. \tag{10-22}$$

而对于一个不推荐的物品 $v_j$，用来构建不推荐理由的属性词 $F_c$ 为用户关心的属性中预测打分最低的属性：

$$c^- = \arg\min_{c \in \mathcal{C}_i} \tilde{\boldsymbol{Z}}_{jc}. \tag{10-23}$$

相比于属性词云，个性化的推荐理由可以直接命中用户最关心的那些物品属性，从而帮助用户更快、更好地理解该物品被推荐的原因。

## 10.7　可解释推荐的应用

可解释推荐方法的应用跨越了许多不同的场景，例如可解释的电子商务推荐、可解释的社交推荐和可解释的多媒体推荐。本节将介绍不同应用场景中的可解释推荐方法。

### 10.7.1 电子商务

电子商务中的产品推荐是可解释推荐采用最为广泛的场景之一，它已成为可解释推荐研究的标准测试环境。例如，文献 [305] 基于显式因子分解模型提出的可解释推荐算法基于商业电子商务网站京东商城（JD.com）进行了在线实验，以评估可解释的推荐。之后，研究人员提出了许多可解释的推荐模型用于电子商务推荐。例如，文献 [328] 提出了一种张量分解的方法，以便对产品进行跨类别的可解释性推荐；文献 [329] 和文献 [330] 对亚马逊中的多个产品类别进行了可解释的推荐，并基于注意力机制选择用户评论中重要的词作为解释；文献 [331] 提出了一种视觉上可解释的推荐模型，以便为时尚产品提供视觉上的解释；文献 [332] 在亚马逊上使用产品简介中的内容进行可解释的视频游戏推荐；文献 [333] 利用基于评论的注意力回归模型对三个亚马逊产品类别进行打分预测；文献 [334] 采用记忆网络在亚马逊中提供可解释的序列推荐；文献 [335] 利用多任务学习和张量分解来学习有关亚马逊产品推荐的文字解释；通过与查询词结合，可解释算法还可以应用到电子商务系统中的可解释产品搜索[336]。

可解释推荐对电子商务系统至关重要，因为它不仅有助于提高推荐的说服力，还可以帮助用户做出有效且明智的决策[337]。由于越来越多的消费者在线上购买商品，因此电子商务系统在获得商业利润的同时，需要通过负责任的推荐帮助消费者做出正确的决策。可解释的推荐——通过帮助用户了解为什么要或为什么不要选择某款产品——是实现负责任的推荐的一种重要技术。

### 10.7.2 社交网站

可解释的推荐也适用于社交环境，包括朋友推荐、新闻推荐，以及社交环境中的博客、新闻、音乐、旅行计划、网页、图像或标签的推荐。可解释性可以提升用户对推荐系统的信任，而信任对于维持社交网络的可持续发展至关重要[338]。例如，社交网站中对好友推荐的一种常见的解释方法是通过共同好友进行解释，它可以帮助用户了解系统为什么推荐某个人作为好友，以及被推荐的朋友为何可以被信任。另外一个例子是社交新闻推荐，通过告诉用户他的哪些朋友在网站上点赞了某一条新闻，可以帮助用户理解为什么某一条新闻被推送给了自己。可解释的推荐还可以帮助用户快速识别有用的信息，从而在信息过载的时代节省时间。

在社交环境中，可解释的推荐对于新闻推荐的可信度也很重要[339]。在众媒体时代，由于任何人都可以在社交环境中发布和重新发布新闻文章，因此推荐系统可能被用来传播虚假新闻，或对社会生活产生负面影响。通过基于交叉引用[339]的解释可以提高新闻报道的可信度，并可以使得系统帮助用户在社交环境中识别可信的与虚假的信息，这对社交系统的健康安全至关重要。

在社交可解释推荐方面，文献 [340] 提出了一种基于用户反馈和社会关系的模型用于推荐，社交关系不仅有助于提高推荐效果，而且有助于提升推荐的可解释性；文献 [341] 提出了面向群组推荐的社交解释系统，它整合了有关群组推荐的解释和有关群组社交的解释，从而使人们对群组推荐有更好的理解；文献 [342] 研究了如何为用户设计不同的解释展示界面，以实现不同的解释目标。尤其是，文献 [342] 作者对社交推荐系统进行了线上调查，该调查基于 14 个活跃用户，遍及 13 个国家或地区。其研究结果表明，社交网络中的解释有助于提高透明度、可理解性、信任度、说服力、有效性、效率和满意度，从而使社交网络的用户受益。

### 10.7.3　基于位置的服务

基于位置的服务（Location-based Service）试图向用户推荐潜在感兴趣的位置（Point of Interst，POI），例如酒店、餐馆或博物馆，典型的应用如大众点评、美团网等。通过在位置推荐系统中提供适当的解释，可以帮助用户节省时间并最大限度地降低做出错误决策的机会成本，因为前往一个本来并不喜欢的地方所付出的时间和金钱成本远大于在网上听一首本来不喜欢的音乐所付出的成本。此外，在旅行规划应用（如携程网等）中提供解释，可以帮助用户更好地了解不同地点之间的关系，从而帮助用户提前规划更好的旅行路线。

在可解释的位置推荐研究方面，文献 [343] 进行了餐厅推荐和酒店推荐，且通过位置的特征词云解释被推荐的位置；文献 [344] 在餐厅、酒店等位置的评论中提取最有价值的特征进行推荐和解释；文献 [345] 分别基于凤凰城和新加坡的 Yelp 数据进行位置推荐；文献 [346] 基于位置的社交网络中进行可解释的位置推荐。结果表明，提供适当的解释会增加用户对位置推荐的接受度。

### 10.7.4　多媒体系统

可解释的多媒体推荐包括书籍推荐[347]、新闻文章推荐[348]、音乐推荐[349, 350]、电影推荐[351, 352]或视频推荐[353]，等等。一个典型的例子是视频推荐引擎，它被广泛应用于优酷网、爱奇艺等视频网站中。为多媒体推荐提供解释可以帮助用户更有效地做出明智的决定，这进一步有助于减少网络上不必要的数据密集型媒体传输，从而节省网络流量和传输时间。

　　一些研究试图借助多媒体系统中的知识图谱构建可解释推荐系统，例如基于电影的知识库（电影类型、时长、演员和导演等）来给出解释。文献 [354] 通过对电影的知识图谱实体进行推理提供解释；文献 [347] 通过推断用户对知识图谱的偏好以进行推荐，并根据从用户到电影、书籍或新闻的知识路径提供解释；文献 [350] 研究了如何在对话系统（例如微软小冰）中对歌曲推荐生成解释；文献 [355] 提出了可解释视频推荐系统，利用关联规则挖掘，找到相关视频作为被推荐视频的解释。在线媒体经常向用户提供新闻文章推荐。最近，此类推荐已集成到手机上的独立新闻推送应用程序中，例如今日头条，文献 [348] 研究了如何根据话题来解释新闻提要。

### 10.7.5　其他应用

　　可解释推荐对于许多其他应用也是必不可少的，例如学术推荐、引文推荐、法律推荐和医疗保健推荐。研究人员已经开始考虑这些系统中的可解释性问题。例如，文献 [356] 研究了在线医疗论坛上文本分类的可解释性，其中每个句子分为三种类型——药物、症状或背景，并开发了一种解释方法。该方法显式地提取决策规则以帮助用户深入了解文本中的有用信息。文献 [357] 进一步研究了用于健康监测的可解释异常值检测。在医疗实践中，让医生和患者理解为什么系统推荐某种治疗方案是非常重要的，这凸显了医疗推荐系统可解释性的重要性。

## 10.8 延伸阅读：其他可解释推荐模型

### 10.8.1　基于图和知识图谱的可解释推荐模型

　　图与知识图谱包含有关用户和物品的丰富信息，这有助于为推荐结果生成直观的解释。文献 [358] 采用知识图谱表示学习产生可解释的推荐，其构建的用户-物品知识图谱包含各种用户、物品和实体关系，例如"某用户购买某物品"和"某物品属于某类别"。在图上学习知识图谱表示，以获得每个用户、物品、实体和关系的表示，并可以通过从用户到被推荐物品的最短路径提供解释。文献 [347] 依赖用户偏好在知识图谱实体上的传播，通过知识图谱中的边自动地迭代扩展用户的潜在兴趣并预测物品点击率。同样地，该方法也可以通过在知识图谱上寻找用户到物品的路径提供推荐的解释。文献 [359] 利用知识图谱进行序列化推荐，为了对推荐结果做出解释，模型会检测哪些属性对于最终的推荐结果起到了作用。以音乐推荐为例，它可以检测专辑这一属性更重要还是歌手这一属性更重要。文献 [360] 将多模态知识图谱用于可解释的序列化推荐中，与常规的物品级序列推荐建模方法不同，该方法通过对知识图谱上的序列交互进行建模，从而在用户与物品的交互级别上捕获用户的动态偏好。文献 [361] 将知识图谱中的可解释的归纳规则与神经网络相结合进行推荐，而这些归纳规则对应于推荐的解释。这些解释将被推荐的商品与用户的购买历史记录联系起来。

由于现实世界中的知识图谱通常非常庞大，因此枚举用户与物品节点之间的所有路径通常在计算复杂度上是不可行的。为了解决该问题，文献 [362] 提出了一种基于知识图谱的强化推理方法，以提供可解释的推荐。其关键思想是通过训练一个强化学习模型进行知识图谱中的路径搜索，因而在推荐过程中，模型可以直接走到正确的物品并给出推荐，而不必枚举用户物品对之间的所有路径。知识图谱还可以用来解释黑盒推荐模型，例如文献 [363] 提出了一种知识蒸馏的方法解释推荐模型，它基于知识图谱上的不同路径解释其推荐结果。这些路径使用知识图谱中编码的结构化信息对黑盒模型进行正则化，以获得更好的性能。

### 10.8.2 深度学习推荐系统的可解释性

深度可解释的推荐模型涵盖了卷积神经网络[329, 364]、循环神经网络[365]、注意力机制[333]、记忆网络[334, 366] 和胶囊网络[367] 等。本节将简要介绍基于深度学习的可解释推荐方法。文献 [329] 在评论文本上使用卷积神经网络对用户偏好和商品属性进行建模，并利用注意力机制选出评论中重要的单词作为解释；文献 [368] 提出了面向可解释推荐的深度多模态学习模型，它基于可解释的深度层次结构（例如微软的概念图）生成在行业级应用中高度可用的解释；文献 [369] 从数据中学习解耦的特征以进行推荐；文献 [334] 研究了基于记忆网络的可解释序列推荐，通过给出用户之前交互过的哪些物品影响了当前的推荐来给出解释；文献 [370] 基于时间敏感的门控循环单元给出动态可解释的推荐；文献 [366] 对用户进行可解释的行为画像，并根据非结构化数据预测和解释用户意图；文献 [367] 开发了一种胶囊网络进行可解释推荐，它将"物品属性-用户情感"词对视为逻辑单元来推理用户的行为，并从评论中挖掘逻辑单元及其情感以进行解释。

另一个重要的问题是深度可解释模型的保真度。深度学习模型通常很复杂，有时可能很难确定模型提供的解释是否真正反映了模型生成推荐的真实决策机制。学术界对解释保真度问题有不同的看法。例如，注意力机制是设计可解释模型的常用技术，但是文献 [371] 认为注意力模块无法提供有意义的解释，因此不应将其视为真实的解释，而文献 [372] 又挑战了文献 [371] 中的许多假设，认为此类主张取决于如何定义解释。总体而言，深度模型的可解释性仍然是一个重要的开放性问题，需要更高级的解释模型来理解神经网络的行为。

### 10.8.3 基于自然语言生成的解释

很多可解释模型都是基于预定义的模板来生成解释的，而如果模型能通过自然语言生成技术直接生成解释，可大大提高解释文本的灵活性。文献 [373] 提出了一种文本生成模型来生成解释，其中每个解释都是对长篇评论的简短总结；文献 [374] 结合了自然语言生成方法和特征词方法，并提出了主题敏感的生成模型来生成有关给定特征词的解释，从而使模型可以控制生成的解释所谈论的物品属性；文献 [333] 不直接生成自然语言解释，而是通过选择适当的用户评论作为解释；文献 [331] 通过对视觉图像和文字评论进行联合建模，提出了视觉上可解释的推荐，通过高亮显示用户在物品图像中可能感兴趣的部分作为解释；文献 [375] 提出了个性化的预训练语言模型，从而根据给定的属性词为用户生成个性化的自然语言解释。

### 10.8.4 基于因果和反事实推理的解释

反事实推理可以帮助推荐系统生成反事实的解释[322]。例如，系统可以告诉用户，之所以为其推荐某种物品是因为用户在之前点击过其他某种物品，而如果用户不曾点击这种物品，那么系统就不会推荐当前的物品。反事实推理也可以作用在其他媒介上，例如物品的属性，这样系统就可以告诉用户，之所以推荐某种物品是因为该物品的某个属性非常好，而如果该物品在这个属性上没那么好，那么系统就不会推荐这种物品。反事实推理的解释的一个好处是可以提升用户对系统的可控性，因为它可以帮助用户理解自己的点击、购买和收藏等行为是如何影响系统的推荐结果的，如果系统能进一步提供行为回溯的功能，即允许用户添加、修改或删除自己的历史行为信息，那么就可以使用户对推荐系统有更多的控制权，从而让用户在推荐系统中的角色从完全的被动变得更加的主动。这对于解决推荐系统的回音室（Echo Chamber）和公平性（Fairness）等问题也有重要的意义[322]。

# 10.9 小结

　　本章介绍了可解释推荐系统解决的核心问题、主要方法及应用场景。推荐系统的可解释性主要体现在两个方面，一是向用户解释推荐结果，二是向系统开发人员解释推荐模型的内在机制。缺乏可解释性的推荐算法会导致许多问题：如果无法让用户知道为什么特定物品被推荐，可能就无法有效地说服用户接受结果，进而降低系统的可信度。更重要的是，许多推荐系统不仅被应用于互联网，它们对于复杂的决策任务也至关重要。例如，医护人员可能需要病例推荐或检索来进行医疗诊断。在这些决策任务中，推荐结果和系统本身的可解释性极其重要，这样用户才能理解为什么系统给出特定的结果，以及如何利用这些结果进行决策。

　　本章同时介绍了推荐系统的基本概念和方法，以及可解释推荐的基本模型与设计方法，并进一步介绍了可解释推荐的应用场景，包括但不限于可解释的电子商务推荐、位置推荐、社交推荐和多媒体推荐，等等。最后简要介绍了基于知识图谱、深度学习及文本生成的可解释推荐模型。作为人工智能的一个重要且广泛应用的分支，可解释推荐系统影响着人们日常生活的方方面面。未来，我们期待知识图谱、深度学习、自然语言处理、用户行为分析、模型聚合、逻辑推理、因果推理、对话系统和认知科学能够进一步推动可解释推荐的发展。

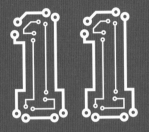

第 11 章

结论

人工智能的发展与应用，不能背离科技向善、增进人类福祉这一根本原则。随着人工智能应用范围的不断扩大，人们对于人工智能的依赖性越来越大。发展可信、负责的人工智能，保证其在安全可控范围内以公开透明、客观真实的机制运行，已成为社会各界的共识与强烈要求。相关的法律规范也逐渐完善并日趋严格与全面。在这种背景下，可解释 AI 领域的相关研究工作也逐渐得到学术界和各应用行业的重视。尤其是在金融、医疗健康和法律等智能决策产生重大影响、风险极高的领域，可解释 AI 更是人工智能应用落地不可或缺的"安全带"和"催化剂"。

从本书第 1 章介绍的基本范式，以及第 6 章之后的医疗金融等行业应用案例可以看到，可解释 AI 起着增强人工智能系统透明性，获取人类信任的关键作用。对人工智能系统开发者而言，需要专业的技术指导，帮助他们进一步提升智能体的模型性能，提升安全鲁棒性，减少错误，降低使用风险，并保证算法公平、无歧视；对一般使用者而言，需要深入浅出的说明，帮助他们了解人工智能系统的结果如何影响他们自身的利益；对人工智能的监管机构及政策制定者而言，需要确保整个人工智能系统的开发使用流程都在监管合规的条件下运行，而对违反监管要求的智能体行为，也需要明确的事故分析，为严格的问责机制提供技术说明。

可解释 AI 研究的动力，一方面源于学者探究智能体内在的决策机理，拓展人类认知边界的探索需求；另一方面源于受人工智能应用场景中的相关行业人士及监管部门对智能体风险管控的强烈需求。从满足这两方面的需求来说，现在的可解释 AI 研究还面临以下几个方面的挑战。

（1）理论框架。人工智能可解释性问题既涉及认知理论的基本框架，也涉及林林总总的技术及方法，但现阶段并没有一种完整的可解释 AI 理论能够把各种相关内容全部整合起来。缺乏高屋建瓴的理论指导，也使得可解释 AI 的研究尚处于以实验结果为先导的摸索阶段。如何从经验主义的实验结果中总结提炼出既符合实践认知，又从原理上逻辑自洽的理论体系，是可解释 AI 研究首要面对的挑战。

（2）评估及认证。从应用的角度来看，对人工智能模型的解释需要为各行各业的相关人士提供可靠、可信的使用依据，风险可控的管控机制。这就需要有针对解释结果的评价办法及相应的技术指标，来测试和判定不同方法、不同形式提供的解释结果，能否满足各方面人士的需求。同时，对风险管控来说，还需要将制度性的监管规则具体落实为可执行的技术方案，并获得监管职能部门的背书及认可。如何针对以上要求，进行可解释 AI 的可靠评估及认证，是促进大规模人工智能应用所必须要解决的技术难题。

（3）反馈指导。当人类受众通过解释结果发现模型存在潜在风险时，这些反馈信息必须要以合适的形式呈现，来实现模型性能的提升及风险的降低；而当受众对解释结果不满意时，也要修正解释以提升模型的可信度。从技术上来说，如何将人类的各种反馈转化为机器学习的输入信息，并有效融入模型训练和解释生成过程中，是尚待研究的重要课题。

最后，可解释 AI 的发展离不开学者、研究员、产业从业者及决策机构的共同努力，来解决以上各个方面的挑战。在这种背景下，本书作为一本面向各种背景读者群的可解释 AI 工具书，希望能够满足大家对这一领域的基本需求，为进一步的深入研究打下坚实的基础。如果本书能够对读者朋友不无裨益，作者诸君的心血和努力也就物有所值了。

# 附录 A

# 传统机器学习中的
# 可解释模型

　　本书正文介绍了本身具有可解释性的神经网络。本节将继续介绍一些经典的、传统的可解释的模型，包括线性回归、逻辑回归和决策树。一般地，当特征与结果之间呈线性关系时，常用线性回归和逻辑回归进行建模。线性回归模型常用于回归问题，逻辑回归模型常用于分类问题。当特征与结果之间不存在线性关系时，可以用决策树建模。需要注意的是，本节重点在于介绍可解释的神经网络，因此对于传统的可解释的模型，本节不做深入讨论。如果想要了解更多传统的可解释的模型的细节，可以阅读文献 [42]。

## A.1 线性回归

线性回归（Linear Regression）模型，顾名思义，是将目标预测为特征输入的加权线性组合。

具体地，某一实例的预测结果 $y$ 可以建模为输入特征 $x_1, x_2, \cdots, x_d$ 的加权和：

$$y = w_0 + w_1 x_1 + w_2 x_2 + \cdots + w_d x_d + \epsilon, \tag{A-1}$$

式中，$w_j$ 表示要学习的特征权重；$w_0$ 称为截距；$\epsilon$ 表示预测结果与真实结果之间的误差（一般假设 $\epsilon$ 服从高斯分布）。

线性回归模型学习的目标是找到一组使得真实结果和预测结果之间平方差最小的特征权重 $\hat{\boldsymbol{w}}$：

$$\hat{\boldsymbol{w}} = \arg \min_{w_0, \cdots, w_d} \sum_{i=1}^{n} \left( y^{(i)} - \left( w_0 + \sum_{j=1}^{d} w_j x_j^{(i)} \right) \right)^2. \tag{A-2}$$

在实际的应用中，最小二乘法常被用于找到最优的特征权重。

线性回归模型本身就具有可解释性，其每个输入特征对输出影响的重要性（Feature Importance）可以计算为学习得到的特征权重 $w_j$ 除以特征权值的标准误差。

## A.2 逻辑回归

当问题变成分类问题（输出的是概率）时，上述的线性模型就不适用了。此时，就要引入逻辑回归（Logistic Regression）模型。逻辑回归是线性回归模型在分类问题上的扩展模型，常用于二分类任务。

逻辑回归是在线性回归的基础上通过逻辑（logit）函数将模型输出映射为分类预测结果的概率。给定第 $i$ 个实例经过线性回归模型的预测结果 $\hat{y}^{(i)} = w_0 + w_1 x_1^{(i)} + w_2 x_2^{(i)} + \cdots + w_d x_d^{(i)}$，使用下面的逻辑函数将其强制变换成概率值（0 和 1 之间的值）：

$$P(y^{(i)} = 1) = \frac{1}{1 + \exp(-\hat{y}^{(i)})}. \tag{A-3}$$

对于二分类问题，使用 0.5 作为阈值，可以进一步将上面的概率转换为预测类别。

相比线性回归模型将权重理解为对应特征的重要性，逻辑回归模型的解释相对复杂一些。因为在逻辑回归模型中，特征的权重不再线性地影响最终输出的概率。为了清楚地解释特征改变量的影响，引入一个新的概念——概率（Odds），公式为 $\frac{P(y=1)}{P(y=0)}$，其物理意义是事件发生概率除以事件不发生概率。可以证明，特征 $x_j$ 改变 1 个单位，概率比（Odds ratio）将改变 $\exp(w_j)$。本书不提供详细的证明过程，感兴趣的读者可以参考其他图书[42]。这里的 $\exp(w_j)$ 的物理意义就像是线性回归中的特征权重 $w_j$，因此可以用线性回归中的解释方法来解释每个输入特征对输出影响的重要性。

## A.3　决策树

线性回归和逻辑回归只能用于建模特征与结果之间呈线性关系的情况，当特征与结果之间呈非线性关系，或者特征存在交互时，这两种方法就不适用了。决策树（Decision Tree）可以建模上述情况，且决策树可以应用于分类和回归任务。

决策树的基本思想是将数据（即输入特征）在高维空间中进行连续切分，以便自动拟合样本数据。最终的呈现形式是数据被分割成不同的子集，每个实例都属于一个子集。最终的子集构成决策树的叶子节点，中间的子集构成决策树的分裂节点。每个叶子节点的结果预测为相应的数据子集中数据的平均结果。不同的决策树生成算法将影响树的结构、分割的标准和停止分割的条件等。本节只介绍最常见的决策树算法——CART（Classification and Regression Tree）算法。

当特征是离散值时，采用 CART 分类树预测类别（即叶子节点概率最大的类别）。此时，特征选择采用基尼（Gini）指数。对于待分裂的非叶子节点，找到使得基尼指数最小的数据分割。当特征是连续值时，采用 CART 回归树拟合预测值（即叶子节点的均值）。此时，特征选择采用残差平方和。对于待分裂的非叶子节点，找到使得真实值和预测值最接近的数据分割。CART 算法生成的决策树是二叉树，每个非叶子节点（分裂节点）只能分裂出两个分支。

既然每个叶子节点的结果预测为相应的数据子集中数据的平均结果，那么一个实例的结果 $y$ 和特征 $x$ 的关系计算为 $x$ 所属子集 $R_l$ 中数据的平均结果 $c_l$：

$$\hat{y} = \hat{f}(x) = \sum_{m=1}^{M} c_m \mathbb{1}(x \in R_m), \tag{A-4}$$

式中，$\mathbb{1}(\cdot)$ 是指示函数，$\mathbb{1}(x \in R_m) = 1$，如果实例 $x$ 属于子集 $R_m$，否则为 0。

决策树的解释非常简单，可以套用如下模板：如果特征 $x$ 比阈值 $c$ [大/小] AND $\cdots$，则结果 $y$ 为最终叶子节点中实例的平均值。此处，"比阈值 $c$ [大/小]"对应了第一个分裂节点（即根节点）选择，依此类推，直到到达叶子节点。

附录 B

# 可解释人工智能
# 相关研究资源

本节将介绍与可解释 AI 相关的资源，按图书、综述论文、Workshop 及论文集、Tutorial 和代码汇总如下。对每项资源，都给出其名称、简要介绍、来源及网络链接供读者参考。

## B.1 图书

R1. *Interpretable Machine Learning: A Guide for Making Black Box Models Explainable*，2021，作者为 Christoph Molnar。此书较为详细地介绍了常用的可解释模型和针对黑盒模型的解释方法。其在线版本为 https://christophm.github.io/interpretable-ml-book/，并且此书有中文翻译版：https://github.com/MingchaoZhu/InterpretableMLBook/。

R2. *Interpretable Machine Learning with Python*，2021，作者为 Serg Masís。此书介绍了机器学习可解释性的关键技术和挑战，以及如何构建更公平、更安全、更可靠的模型。此书提供了基于 Python 的可解释机器学习实例的开源代码：https://github.com/PacktPublishing/Interpretable-Machine-Learning-with-Python。

R3. *Explanatory Model Analysis: Explore, Explain, and Examine Predictive Models*，2020，作者为 Przemyslaw Biecek 和 Tomasz Burzykowski。此书展示了一系列用于模型验证、模型探索和模型决策解释的方法。其在线版本为 https://ema.drwhy.ai/。

R4. *Responsible Machine Learning*：*Actionable Strategies for Mitigating Risks & Driving Adoption*，2020，作者为 Patrick Hall、Navdeep Gill 和 Benjamin Cox。此书专注于机器学习技术中以人为本的问题，例如安全性、公平性和隐私。其在线版本为 https://www.h2o.ai/resources/ebook/responsible-machine-learning/。

R5. *An Introduction to Machine Learning Interpretability: An Applied Perspective on Fairness, Accountability, Transparency,and Explainable AI*，2019，作者为 Patrick Hall 和 Navdeep Gill。此书给出了机器学习模型可解释性的常用技术概述。其在线版本为 https://www.h2o.ai/wp-content/uploads/2019/08/An-Introduction-to-Machine-Learning-Interpretability-Second-Edition。

R6. *Fairness and Machine Learning: Limitations and Opportunities*，2019，作者为 Solon Barocas、Moritz Hardt 和 Arvind Narayanan。此书讨论了机器学习中的公平性问题。其在线版本为 https://fairmlbook.org/。

R7. *Explainable AI: Interpreting, Explaining and Visualizing Deep Learning*，2019，作者为 Wojciech Samek、Grégoire Montavon、Andrea Vedaldi、Lars Kai Hansen 和 Klaus-Robert Müller。此书介绍了关于可解释人工智能技术的算法、理论和应用。其在线版本为 https://link.springer.com/book/10.1007/978-3-030-28954-6。

## B.2　综述论文

R8.　Pantelis Linardatos, Vasilis Papastefanopoulos, and Sotiris Kotsiantis. Explainable ai: a review of machine learning interpretability methods. *Entropy*, 2021, 23(1): 18, URL https://www.mdpi.com/1099-4300/23/1/18. 此文章对现有的机器学习模型的解释方法进行了总结和分类，并在文章附录中给出了这些方法的开源实现。

R9.　Yu Zhang, Peter Tio, Ale Leonardis, and Ke Tang. A survey on neural network interpretability. *arXiv:2012.14261*, 2020, URL https://arxiv.org/abs/2012.14261. 此文章对现有的针对神经网络可解释性的研究进行了总结与分类。

R10.　Alejandro Barredo Arrieta, Natalia Díaz-Rodríguez, Javier Del Ser, Adrien Bennetot, Siham Tabik, Alberto Barbado, Salvador García, Sergio Gil-López, Daniel Molina, Richard Benjamins, Raja Chatila, and Francisco Herrera. Explainable Artificial Intelligence (XAI): Concepts, taxonomies, opportunities and challenges toward responsible AI. *Information Fusion*, 2020, URL https://arxiv.org/abs/1910.10045. 此文章对现有的可解释 AI 研究进行了概述。

R11.　W. James Murdoch, Chandan Singh, Karl Kumbier, Reza Abbasi-Asl, and Bin Yu. Definitions, methods, and applications in interpretable machine learning. *Proceedings of the National Academy of Sciences*, 2019, 116(44): 22071-22080, URL https://www.pnas.org/content/116/44/22071.short. 此文章讨论了可解释性的定义，以及如何选择、评估解释机器学习模型的方法。

R12.　Riccardo Guidotti, Anna Monreale, Salvatore Ruggieri, Franco Turini, Dino Pedreschi, and Fosca Giannotti. A Survey Of Methods For Explaining Black Box Models. *ACM Computing Surveys*, 2018, 51(5): 1-42, URL https://dl.acm.org/doi/10.1145/3236009. 此文章对机器学习中解释黑盒模型的方法进行了总结与分类。

R13.　Leilani H. Gilpin, David Bau, Ben Z. Yuan, Ayesha Bajwa, Michael Specter, and Lalana Kagal. Explaining explanations: An overview of interpretability of machine learning. *IEEE 5th International Conference on Data Science and Advanced Analytics*, 2018: 80-89, URL https://ieeexplore.ieee.org/abstract/document/8631448/. 此文章讨论了可解释性的定义，并对常见的机器学习模型的解释方法进行了分类。

R14.　Quanshi Zhang and Song-Chun Zhu. Visual interpretability for deep learning: a survey. *Frontiers of Information Technology & Electronic Engineering*, 2018, 19(1): 27-39, URL https://link.springer.com/article/10.1631/FITEE.1700808. 此文章讨论了卷积神经网络特征表达的可视化、诊断预训练卷积神经网络表达等解释性相关技术。

R15. Yongfeng Zhang and Xu Chen. Explainable Recommendation: A Survey and New Perspectives. *Foundations and Trends in Information Retrieval*, 2020, 14(1): 1-101, URL https://www.nowpublishers.com/article/Details/INR-066. 此文章对推荐系统中的可解释机器学习方法进行了分类与总结。

## B.3 Workshop 及论文集

R16. *International Workshop on EXplainable and TRAnsparent AI and Multi-Agent Systems*（*EXTRAAMAS*），组织者为 Davide Calvaresi、Amro Najjar、Kary Främling、Michael Winikoff 和 Timotheus Kampik。其在线地址为 https://extraamas.ehealth.hevs.ch/index.html（提供展示视频及幻灯片）。

R17. *Workshop on Visualization for AI Explainability*，组织者为 Adam Perer、Fred Hohman、Hendrik Strobelt、Mennatallah El-Assady、Duen Horng (Polo) Chau 和 Fernanda Viégas。其在线地址为 https://visxai.io/。

R18. *The International Workshop of Explainable AI Planning*（*XAIP*），组织者为 Rebecca Eifler、Benjamin Krarup、Silvia Tulli、Tathagata Chakraborti、Sarath Sreedharan、Stylianos Vasileiou、Alan Lindsay 和 Joerg Hoffmann。其在线地址为 https://extraamas.ehealth.hevs.ch/index.html。

R19. *Fairness, Accountability, and Transparency in Machine Learning*（*FAT/ML*），组织者为 Solon Barocas、Sorelle Friedler、Moritz Hardt、Joshua Kroll、Suresh Venkatasubramanian 和 Hanna Wallach。其在线地址为 https://www.fatml.org/。

R20. *Workshop on Human Interpretability in Machine Learning*（*WHI*），组织者为 Umang Bhatt、Amit Dhurandhar、Been Kim、Kush R. Varshney、Dennis Wei、Adrian Weller 和 Alice Xiang。其在线地址为 https://sites.google.com/view/whi2020/home。

R21. *ICML 2021 Workshop on Theoretic Foundation, Criticism, and Application Trend of Explainable AI*，组织者为 Quanshi Zhang、Tian Han、Lixin Fan、Zhanxing Zhu、Hang Su、Ying Nian Wu、Jie Ren 和 Hao Zhang。其在线地址为 https://icml2021-xai.github.io/。

R22. *AAAI 2021 Explainable Agency in Artificial Intelligence Workshop*，组织者为 Prashan Madumal、Silvia Tulli、Rosina Weber 和 David Aha。其在线地址为 https://sites.google.com/view/xaiworkshop/topic。

R23. *ICML 2020 Workshop on XXAI: Extending Explainable AI Beyond Deep Models and Classifiers*，组织者为 Wojciech Samek、Andreas Holzinger、Ruth Fong、Mennatallah El-Assady 和 Klaus-Robert Muller。其在线地址为 http://interpretable-ml.org/icml2020workshop/。

R24. *IJCAI-PRICAI 2020 Workshop on Explainable Artificial Intelligence（XAI）*，组织者为 Tim Miller、Rosina Weber、David Aha、Daniele Magazzeni 和 Ofra Amir。其在线地址为 https://sites.google.com/view/xai2020/home。

R25. *CVPR 2019 Workshop on Explainable AI*，组织者为 Quanshi Zhang、Lixin Fan、Bolei Zhou、Sinisa Todorovic、Tianfu Wu 和 Ying Nian Wu。其在线地址为 https://explainai.net/（提供展示幻灯片）。

R26. *AAAI 2019 workshop on Network Interpretability for Deep Learning*，组织者为 Quanshi Zhang、Lixin Fan 和 Bolei Zhou。论文集在线地址为 https://arxiv.org/abs/1901.08813。

R27. *SIGIR 2019 Workshop on Explainable Recommendation and Search*，组织者为 Yongfeng Zhang、Yi Zhang、Min Zhang 和 Chirag Shah。其在线地址为 https://ears2019.github.io/。

## B.4　Tutorial

R28. *AAAI 2021 Tutorial on Explaining Machine Learning Predictions*，组织者为 Himabindu Lakkaraju、Julius Adebayo 和 Sameer Singh。此 Tutorial 讨论了几种经典的事后解释方法，并重点介绍了它们的优缺点。其在线地址为 https://explainml-tutorial.github.io/aaai21。

R29. *CVPR 2021 4th Tutorial on Interpretable Machine Learning for Computer Vision*，组织者为 Bolei Zhou、Ari Morcos、Wojciech Samek 和 Cynthia Rudin。这个系列的 Tutorial 旨在分享计算机视觉模型中的可解释性问题。此 Tutorial 为该系列的第四场，其在线地址为 https://interpretablevision.github.io/。

R30. *WWW 2020 Tutorial on Explainable AI in Industry: Practical Challenges and Lessons Learned*，组织者为 Krishna Gade、Sahin Cem Geyik、Krishnaram Kenthapadi、Varun Mithal 和 Ankur Taly。此 Tutorial 讨论可解释性 AI 在工业

界中的应用问题，其在线地址为 https://sites.google.com/view/www20-explaina ble-ai-tutorial。

R31. *CVPR 2020 Tutorial on Interpretable Machine Learning for Computer Vision*，组织者为 Bolei Zhou、Zeynep Akata、Ruth C. Fong 和 Christopher Olah。这个系列的 Tutorial 旨在分享计算机视觉模型中的可解释性问题。此 Tutorial 为该系列的第三场，其在线地址为 https://interpretablevision.github.io/index_cvp r2020.html。

R32. *ECML-PKDD 2020 Tutorial on Explainable AI for Deep Networks*，组织者为 Wojciech Samek 和 Grégoire Montavon。此 Tutorial 系统地讲解了针对神经网络的可解释性技术，其在线地址为 http://www.interpretable-ml.org/ecm l2020tutorial/。

R33. *IJCAI 2020 Tutorial on Trustworthiness of Interpretable Machine Learning*，组织者为 Quanshi Zhang 和 Zhanxing Zhu。此 Tutorial 讨论了神经网络特征可信度以及针对神经网络的解释结果的客观性等问题，其在线地址为 https://ijcai20interpretability.github.io/。

R34. *AAAI 2020 Tutorial Explainable AI: Foundations, Industrial Applications, Practical Challenges, and Lessons Learned*，组织者为 Freddy Lecue、Krishna Gade、Sahin Cem Geyik、Krishnaram Kenthapadi、Varun Mithal、Ankur Taly、Riccardo Guidotti 和 Pasquale Minervini。此 Tutorial 讨论了可解释 AI 的研究进展，包括机器学习模型的可解释性及符号主义人工智能的进展，其在线地址为 https://xaitutorial2020.github.io/。

R35. *ICCV 2019 Tutorial on Interpretable Machine Learning for Computer Vision*，组织者为 Bolei Zhou、Andrea Vedaldi、Alan L. Yuille、Varun Mithal 和 Alexander Binder。这个系列的 Tutorial 旨在分享计算机视觉模型中的可解释性问题。此 Tutorial 为该系列的第二场，其在线地址为 https://interpretablevision. github.io/index_iccv2019.html。

R36. *CVPR 2018 Tutorial on Interpretable Machine Learning for Computer Vision*，组织者为 Bolei Zhou、Laurens van der Maaten、Been Kim 和 Andrea Vedaldi。这个系列的 Tutorial 旨在分享计算机视觉模型中的可解释性问题。此 Tutorial 为该系列的第一场，其在线地址为 https://interpretablevision.github.io/ index_cvpr2018.html。

R37. *ICML 2017 Tutorial on Interpretable machine learning*，组织者为 Been Kim。此 Tutorial 讨论了可解释性的定义及可解释性在机器学习中的重要性，

并且回顾了可解释机器学习的相关工作，其在线地址为 https://vimeo.com/240429018。

R38. *NIPS 2017 Tutorial on Fairness in Machine Learning*，组织者为 Solon Barocas 和 Moritz Hardt。此 Tutorial 讨论机器学习中的公平性问题，其在线地址为 https://fairmlbook.org/tutorial1.html。

R39. *WWW 2019 Tutorial on Explainable Recommendation and Search*，组织者为 Yongfeng Zhang、Jiaxin Mao 和 Qingyao Ai。此 Tutorial 旨在分享搜索引擎与推荐系统中的可解释性问题，其在线地址为 https://sites.google.com/view/ears-tutorial/。

## B.5　代码

R40. *SHAP*（*Shapley Additive exPlanations*）是一种基于博弈论的解释性方法，它可以衡量输入样本不同维度对预测结果的重要性，其代码地址为 https://github.com/slundberg/shap。

R41. *LIME*（*Local Interpretable Model-agnostic Explanations*）是一种可以对任意机器模型预测给出解释的方法，它可以衡量输入样本不同维度对预测结果的重要性，其代码地址为 https://github.com/marcotcr/lime。

R42. *Captum* 是一个基于 Pytorch 的解释模型、理解模型的开源库，其代码地址为 https://github.com/pytorch/captum。

R43. *Tf-explain* 是一个基于 TensorFlow2.0 的解释模型的开源库，其代码地址为 https://github.com/sicara/tf-explain。

R44. *InterpretML* 是由微软开发的 Python 开源库，它实现了许多先进的机器学习可解释性技术，其代码地址为 https://github.com/interpretml/interpret。

R45. *Lucid* 是一个基于 TensorFlow1.0 的神经网络特征可视化的开源库，其代码地址为 https://github.com/tensorflow/lucid。

R46. *Alibi* 是一个旨在用于检查和解释机器学习模型的 Python 开源库，其代码地址为 https://github.com/SeldonIO/alibi。

R47. *YellowBrick* 是一个对机器学习工作流程的可视化的 Python 开源库，其代码地址为 https://github.com/DistrictDataLabs/yellowbrick。

参考文献

REFERENCE

[1] RIBEIRO M T, SINGH S, GUESTRIN C. "why should i trust you?" explaining the predictions of any classifier[C]//Proceedings of the 22nd ACM SIGKDD international conference on knowledge discovery and data mining. 2016: 1135-1144.

[2] PEARL J, MACKENZIE D. The book of why: The new science of cause and effect[M]. 1st ed. USA: Basic Books, Inc., 2018.

[3] PEARL J. Models, reasoning and inference[J]. Cambridge, UK: Cambridge University Press, 2000, 19.

[4] PEARL J. Bayesianism and causality, or, why i am only a half-bayesian[M]//Foundations of bayesianism. Springer, 2001: 19-36.

[5] Angwin, Julia; Larson, Jeff. "machine bias"[EB/OL]. 2016. https://www.propublica.org/article/machine-bias-risk-assessments-in-criminal-sentencing.

[6] SZEGEDY C, ZAREMBA W, SUTSKEVER I, et al. Intriguing properties of neural networks[C/OL]//International Conference on Learning Representations. 2014. http://arxiv.org/abs/1312.6199.

[7] CHEN X, LIU C, LI B, et al. Targeted Backdoor Attacks on Deep Learning Systems Using Data Poisoning[J]. arXiv e-prints, 2017: arXiv:1712.05526.

[8] DEVLIN J, CHANG M W, LEE K, et al. BERT: Pre-training of Deep Bidirectional Transformers for Language Understanding[J]. arXiv e-prints, 2018: arXiv:1810.04805.

[9] BROWN T, MANN B, RYDER N, et al. Language models are few-shot learners[C/OL]// LAROCHELLE H, RANZATO M, HADSELL R, et al. Advances in Neural Information Processing Systems: volume 33. Curran Associates, Inc., 2020: 1877-1901. https://proceedings.neurips.cc/paper/2020/file/1457c0d6bfcb4967418bfb8ac142f64a-Paper.pdf.

[10] European Commission High-Level Expert Group on Artificial Intelligence. Ethics guidelines for trustworthy ai[Z]. 2019.

[11] 人工智能治理专业委员会. 新一代人工智能治理原则——发展负责任的人工智能 [Z]. 2019.

[12] 中国人民银行. 金融科技（FinTech）发展规划（2019-2021 年）[Z]. 2019.

[13] 中国人民银行. 人工智能算法金融应用评价规范 [Z]. 2021.

[14] 北京智源人工智能研究院. 预训练模型"悟道 2.0"[Z]. 2021.

[15] 欧盟法规编号：(EU) 2016/679. General Data Protection Regulation(GDPR)[Z]. 2018-05.

[16] AKULA A R, LIU C, SABA-SADIYA S, et al. X-tom: Explaining with theory-of-mind for gaining justified human trust[J]. In arxiv: 1909.06907, 2019.

[17] ADEBAYO J, GILMER J, MUELLY M, et al. Sanity checks for saliency maps[J]. In NIPS, 2018.

[18] YEH C, HSIEH C, SUGGALA A S, et al. On the (in)fidelity and sensitivity of explanations[C]//NeurIPS. 2019: 10965-10976.

[19] BHATT U, WELLER A, MOURA J M F. Evaluating and aggregating feature-based model explanations[J]. IJCAI, 2020.

[20] GHORBANI A, ABID A, ZOU J. Interpretation of neural networks is fragile[J]. In AAAI, 2019.

[21] WARNECKE A, ARP D, WRESSNEGGER C, et al. Evaluating explanation methods for deep learning in security[J]. IEEE European Symposium on Security and Privacy, 2020.

[22] ALVAREZ-MELIS D, JAAKKOLA T S. Towards robust interpretability with self-explaining neural networks[J]. In arXiv:1806.07538, 2018.

[23] CUI X, LEE J M, HSIEH J. An integrative 3c evaluation framework for explainable artificial intelligence[J]. In The annual Americas Conference on Information Systems (AMCIS), 2019.

[24] YANG F, DU M, HU X. Evaluating explanation without ground truth in interpretable machine learning[J]. In arxiv: 1907.06831, 2019.

[25] YANG M, KIM B. Bim: Towards quantitative evaluation of interpretability methods with ground truth[J]. In arXiv:1907.09701, 2019.

[26] KIM B, WATTENBERG M, GILMER J, et al. Interpretability beyond feature attribution: Quantitative testing with concept activation vectors (tcav)[J]. In ICML, 2018.

[27] CAMBURU O M, GIUNCHIGLIA E, FOERSTER J, et al. Can i trust the explainer? verifying post-hoc explanatory methods[J]. arXiv: 1910.02065, 2019.

[28] SAMEK W, BINDER A, MONTAVON G, et al. Evaluating the visualization of what a deep neural network has learned[J]. IEEE Transactions on Neural Networks, 2017, 28(11): 2660-2673.

[29] ANCONA M, CEOLINI E, OZTIRELI C, et al. Towards better understanding of gradient-based attribution methods for deep neural networks[C]//ICLR. 2018.

[30] HOOKER S, ERHAN D, KINDERMANS P, et al. Evaluating feature importance estimates[C]//NIPS. 2019.

[31] SHAPLEY L S. A value for n-person games[J]. In Contributions to the Theory of Games, 1953, 2(28): 307-317.

[32] YANG Y, SONG L. Learn to explain efficiently via neural logic inductive learning[C]// ICLR. 2020.

[33] BUCHANAN B G, SHORTLIFFE E H. Rule based expert systems: The mycin experiments of the stanford heuristic programming project (the addison-wesley series in artificial intelligence)[M]. USA: Addison-Wesley Longman Publishing Co., Inc., 1984.

[34] HECKERMAN D, SHORTLIFFE E H. From certainty factors to belief networks[J/OL]. Artificial Intelligence in Medicine, 1992: 35-52. https://www.microsoft.com/en-us/research/publication/certainty-factors-belief-networks/.

[35] BROWN J. Pedagogical, natural language, and knowledge engineering techniques in sophie-i, ii and iii[C]//1982.

[36] CLANCEY W J. Knowledge-based tutoring: The guidon program[M]. Cambridge, MA, USA: MIT Press, 1987.

[37] ANDREWS R, DIEDERICH J, TICKLE A B. Survey and critique of techniques for extracting rules from trained artificial neural networks[J/OL]. Knowledge-Based Systems, 1995, 8(6): 373-389. https://www.sciencedirect.com/science/article/pii/0950705196819204. DOI: https://doi.org/10.1016/0950-7051(96)81920-4.

[38] TICKLE A, ANDREWS R, GOLEA M, et al. The truth is in there: Directions and challenges in extracting rules from trained artificial neural networks[J]. IEEE Transactions on Neural Networks, 2000, 9.

[39] HORIKAWA S I, FURUHASHI T, UCHIKAWA Y. On fuzzy modeling using fuzzy neural networks with the back-propagation algorithm[J/OL]. IEEE Transactions on Neural Networks, 1992, 3(5): 801-806. DOI: 10.1109/72.159069.

[40] HAYASHI Y. A neural expert system with automated extraction of fuzzy if-then rules and its application to medical diagnosis[C/OL]//LIPPMANN R P, MOODY J, TOURETZKY D. Advances in Neural Information Processing Systems: volume 3. Morgan-Kaufmann, 1991. https://proceedings.neurips.cc/paper/1990/file/82cec96096d4281b7c95cd7e74623496-Paper.pdf.

[41] TOWELL G G, SHAVLIK J W. Extracting refined rules from knowledge-based neural networks[J/OL]. Mach. Learn., 1993, 13(1): 71-101. https://doi.org/10.1023/A:1022683529158.

[42] MOLNAR C. Interpretable machine learning[M]. Lulu. com, 2020.

[43] SAMEK W, MONTAVON G, VEDALDI A, et al. Explainable ai: interpreting, explaining and visualizing deep learning: volume 11700[M]. Springer Nature, 2019.

[44] ARRIETA A B, DÍAZ-RODRÍGUEZ N, DEL SER J, et al. Explainable artificial intelligence (xai): Concepts, taxonomies, opportunities and challenges toward responsible ai[J]. Information Fusion, 2020, 58: 82-115.

[45] ADADI A, BERRADA M. Peeking inside the black-box: a survey on explainable artificial

intelligence (xai)[J]. IEEE access, 2018, 6: 52138-52160.

[46] GUNNING D, STEFIK M, CHOI J, et al. Xai—explainable artificial intelligence[J]. Science Robotics, 2019, 4(37).

[47] GILPIN L H, BAU D, YUAN B Z, et al. Explaining explanations: An overview of interpretability of machine learning[C]//2018 IEEE 5th International Conference on data science and advanced analytics (DSAA). IEEE, 2018: 80-89.

[48] ZHANG Q S, ZHU S C. Visual interpretability for deep learning: a survey[J]. Frontiers of Information Technology & Electronic Engineering, 2018, 19(1): 27-39.

[49] HALL P, GILL N. An introduction to machine learning interpretability[M]. O'Reilly Media, Incorporated, 2019.

[50] BIECEK P, BURZYKOWSKI T. Explanatory model analysis: explore, explain, and examine predictive models[M]. CRC Press, 2021.

[51] MASÍS S. Interpretable machine learning with python: Learn to build interpretable high-performance models with hands-on real-world examples[M]. Packt Publishing Ltd, 2021.

[52] GIANFAGNA L, DI CECCO A. Explainable ai with python[M]. Springer International Publishing, 2021.

[53] BISHOP C M. Pattern recognition and machine learning[M]. Springer, 2006.

[54] KOLLER D, FRIEDMAN N. Probabilistic graphical models: principles and techniques[M]. MIT press, 2009.

[55] ANDRIEU C, DE FREITAS N, DOUCET A, et al. An introduction to mcmc for machine learning[J]. Machine learning, 2003, 50(1): 5-43.

[56] WAINWRIGHT M J, JORDAN M I. Graphical models, exponential families, and variational inference[M]. Now Publishers Inc, 2008.

[57] CHOW C, LIU C. Approximating discrete probability distributions with dependence trees[J]. IEEE transactions on Information Theory, 1968, 14(3): 462-467.

[58] FEI-FEI L, FERGUS R, PERONA P. One-shot learning of object categories[J]. IEEE transactions on pattern analysis and machine intelligence, 2006, 28(4): 594-611.

[59] LAKE B M, SALAKHUTDINOV R, TENENBAUM J B. Human-level concept learning through probabilistic program induction[J]. Science, 2015, 350(6266): 1332-1338.

[60] THRUN S, PRATT L. Learning to learn[M]. Springer Science & Business Media, 2012.

[61] 杜超. 深度生成模型的学习算法及其在推荐系统中的应用研究 [D]. 北京：清华大学, 2019.

[62] KINGMA D P, WELLING M. Auto-encoding variational bayes[J]. arXiv preprint arXiv:1312.6114, 2013.

[63] GOODFELLOW I, POUGET-ABADIE J, MIRZA M, et al. Generative adversarial nets[J]. Advances in neural information processing systems, 2014, 27.

[64] LI C, WELLING M, ZHU J, et al. Graphical generative adversarial networks[C]//NeurIPS. 2018.

[65] NEAL R M. Bayesian learning for neural networks: volume 118[M]. Springer Science & Business Media, 2012.

[66] SRIVASTAVA N, HINTON G, KRIZHEVSKY A, et al. Dropout: a simple way to prevent neural networks from overfitting[J]. The journal of machine learning research, 2014, 15(1): 1929-1958.

[67] GAL Y, GHAHRAMANI Z. Dropout as a bayesian approximation: Representing model uncertainty in deep learning[C]//international conference on machine learning. PMLR, 2016: 1050-1059.

[68] SHI J, SUN S, ZHU J. A spectral approach to gradient estimation for implicit distributions[C]//International Conference on Machine Learning. PMLR, 2018: 4644-4653.

[69] ROSENBAUM P R, RUBIN D B. The central role of the propensity score in observational studies for causal effects[J]. Biometrika, 1983, 70(1): 41-55.

[70] MORGAN S L, WINSHIP C. Counterfactuals and causal inference[M]. Cambridge University Press, 2015.

[71] SPIRTES P, ZHANG K. Causal discovery and inference: concepts and recent methodological advances[C]//Applied informatics: volume 3. SpringerOpen, 2016: 1-28.

[72] ZHANG H, ZHOU S, GUAN J. Measuring conditional independence by independent residuals: Theoretical results and application in causal discovery[C]//Proceedings of the AAAI Conference on Artificial Intelligence: volume 32. 2018.

[73] CHICKERING D M. Optimal structure identification with greedy search[J]. Journal of machine learning research, 2002, 3(Nov): 507-554.

[74] PETERS J, MOOIJ J M, JANZING D, et al. Causal discovery with continuous additive noise models[J]. 2014.

[75] BICA I, ALAA A M, JORDON J, et al. Estimating counterfactual treatment outcomes over time through adversarially balanced representations[J]. arXiv preprint arXiv:2002.04083, 2020.

[76] BOOTH C, TANNOCK I. Randomised controlled trials and population-based observational research: partners in the evolution of medical evidence[J]. British journal of cancer, 2014, 110(3): 551-555.

[77] SCHNABEL T, SWAMINATHAN A, SINGH A, et al. Recommendations as treatments: Debiasing learning and evaluation[C]//international conference on machine learning. PMLR, 2016: 1670-1679.

[78] GU X, ROSENBAUM P. Comparison of multivariate matching methods: Structures, distances, and algorithms[J]. Journal of Computational and Graphical Statistics, 1993, 2: 405-420.

[79] KUANG K, CUI P, LI B, et al. Estimating treatment effect in the wild via differentiated confounder balancing[C]//Proceedings of the 23rd ACM SIGKDD International Conference on Knowledge Discovery and Data Mining. 2017: 265-274.

[80] HAINMUELLER J. Entropy balancing for causal effects: A multivariate reweighting

method to produce balanced samples in observational studies[J]. Political analysis, 2012, 20(1): 25-46.

[81] ATHEY S, IMBENS G W, WAGER S. Approximate residual balancing: De-biased inference of average treatment effects in high dimensions[J]. arXiv preprint arXiv:1604.07125, 2016.

[82] SHEN Z, CUI P, KUANG K, et al. Causally regularized learning with agnostic data selection bias[C]//Proceedings of the 26th ACM international conference on Multimedia. 2018: 411-419.

[83] SHEN Z, CUI P, ZHANG T, et al. Stable learning via sample reweighting[C]//Proceedings of the AAAI Conference on Artificial Intelligence: volume 34. 2020: 5692-5699.

[84] KUANG K, XIONG R, CUI P, et al. Stable prediction with model misspecification and agnostic distribution shift[C]//Proceedings of the AAAI Conference on Artificial Intelligence: volume 34. 2020: 4485-4492.

[85] ZHANG X, CUI P, XU R, et al. Deep stable learning for out-of-distribution generalization[C]//Proceedings of the IEEE/CVF Conference on Computer Vision and Pattern Recognition. 2021: 5372-5382.

[86] KUANG K, CUI P, ATHEY S, et al. Stable prediction across unknown environments[C]//Proceedings of the 24th ACM SIGKDD International Conference on Knowledge Discovery & Data Mining. 2018: 1617-1626.

[87] BAY H, TUYTELAARS T, VAN GOOL L. Surf: Speeded up robust features[C]//European conference on computer vision. Springer, 2006: 404-417.

[88] CSURKA G, DANCE C, FAN L, et al. Visual categorization with bags of keypoints[C]//Workshop on statistical learning in computer vision, ECCV: volume 1. Prague, 2004: 1-2.

[89] BISGAARD T M, SASVÁRI Z. When does e (xk· yl)= e (xk)· e (yl) imply independence?[J]. Statistics & probability letters, 2006, 76(11): 1111-1116.

[90] RAHIMI A, RECHT B. Random features for large-scale kernel machines[C]//NIPS. 2007.

[91] LI D, YANG Y, SONG Y Z, et al. Deeper, broader and artier domain generalization[C]//Proceedings of the IEEE international conference on computer vision. 2017: 5542-5550.

[92] TORRALBA A, EFROS A A. Unbiased look at dataset bias[C]//CVPR 2011. IEEE, 2011: 1521-1528.

[93] GHIFARY M, KLEIJN W, ZHANG M, et al. Domain generalization for object recognition with multi-task autoencoders[J]. 2015 IEEE International Conference on Computer Vision (ICCV), 2015: 2551-2559.

[94] LI H, PAN S J, WANG S, et al. Domain generalization with adversarial feature learning[J]. 2018 IEEE/CVF Conference on Computer Vision and Pattern Recognition, 2018: 5400-5409.

[95] CARLUCCI F M, D'INNOCENTE A, BUCCI S, et al. Domain generalization by solving jigsaw puzzles[C]//Proceedings of the IEEE/CVF Conference on Computer Vision and Pattern Recognition. 2019: 2229-2238.

[96] QIAO F, ZHAO L, PENG X. Learning to learn single domain generalization[C]//Proceedings of the IEEE/CVF Conference on Computer Vision and Pattern Recognition. 2020: 12556-12565.

[97] MATSUURA T, HARADA T. Domain generalization using a mixture of multiple latent domains[C]//Proceedings of the AAAI Conference on Artificial Intelligence: volume 34. 2020: 11749-11756.

[98] HUANG Z, WANG H, XING E P, et al. Self-challenging improves cross-domain generalization[C]//Computer Vision–ECCV 2020: 16th European Conference, Glasgow, UK, August 23–28, 2020, Proceedings, Part II 16. Springer, 2020: 124-140.

[99] HE K, ZHANG X, REN S, et al. Deep residual learning for image recognition[C]//Proceedings of the IEEE conference on computer vision and pattern recognition. 2016: 770-778.

[100] SHALIT U, JOHANSSON F D, SONTAG D. Estimating individual treatment effect: generalization bounds and algorithms[C]//International Conference on Machine Learning. PMLR, 2017: 3076-3085.

[101] YOSINSKI J, CLUNE J, BENGIO Y, et al. How transferable are features in deep neural networks?[J]. Advances in Neural Information Processing Systems, 2014, 27: 3320-3328.

[102] BOUSMALIS K, TRIGEORGIS G, SILBERMAN N, et al. Domain separation networks[J]. Advances in neural information processing systems, 2016, 29: 343-351.

[103] GANIN Y, LEMPITSKY V. Unsupervised domain adaptation by backpropagation[C]//International conference on machine learning. PMLR, 2015: 1180-1189.

[104] MÜLLER A. Integral probability metrics and their generating classes of functions[J]. Advances in Applied Probability, 1997, 29(2): 429-443.

[105] JOHANSSON F, SHALIT U, SONTAG D. Learning representations for counterfactual inference[C]//International conference on machine learning. PMLR, 2016: 3020-3029.

[106] VILLANI C. Optimal transport: old and new: volume 338[M]. Springer, 2009.

[107] GRETTON A, SMOLA A, HUANG J, et al. Covariate shift by kernel mean matching[J]. Dataset shift in machine learning, 2009, 3(4): 5.

[108] ZOU H, CUI P, LI B, et al. Counterfactual prediction for bundle treatment[J]. Advances in Neural Information Processing Systems, 2020, 33.

[109] SUGIYAMA M, SUZUKI T, KANAMORI T. Density ratio estimation in machine learning[M]. Cambridge University Press, 2012.

[110] HARTFORD J, LEWIS G, LEYTON-BROWN K, et al. Deep iv: A flexible approach for counterfactual prediction[C]//International Conference on Machine Learning. PMLR, 2017: 1414-1423.

[111] MIAO W, GENG Z, TCHETGEN TCHETGEN E J. Identifying causal effects with proxy variables of an unmeasured confounder[J]. Biometrika, 2018, 105(4): 987-993.

[112] LOUIZOS C, SHALIT U, MOOIJ J, et al. Causal effect inference with deep latent-variable

models[J]. arXiv preprint arXiv:1705.08821, 2017.

[113] PARK S, NIE B X, ZHU S C. Attribute and-or grammar for joint parsing of human pose, parts and attributes[J]. IEEE transactions on pattern analysis and machine intelligence, 2017, 40(7): 1555-1569.

[114] ZHANG Q, WU Y N, ZHANG H, et al. Mining deep and-or object structures via cost-sensitive question-answer-based active annotations[J]. Computer Vision and Image Understanding, 2018, 176: 33-44.

[115] WANG W, XU Y, ZHANG Q, et al. Deep structured network with joint and interpretable bottom-up and top-down inference[J].

[116] ZHANG Q, CAO R, SHI F, et al. Interpreting cnn knowledge via an explanatory graph[C]// Proceedings of the AAAI Conference on Artificial Intelligence: volume 32. 2018.

[117] ZHANG Q, WANG X, CAO R, et al. Extracting an explanatory graph to interpret a cnn[J]. IEEE transactions on pattern analysis and machine intelligence, 2020.

[118] ZHANG Q, CAO R, WU Y N, et al. Growing interpretable part graphs on convnets via multi-shot learning[C]//Proceedings of the AAAI Conference on Artificial Intelligence: volume 31. 2017.

[119] ZHANG Q, WANG W, ZHU S C. Examining cnn representations with respect to dataset bias[C]//Proceedings of the AAAI Conference on Artificial Intelligence: volume 32. 2018.

[120] ZHANG Q, NIAN WU Y, ZHU S C. Interpretable convolutional neural networks[C]// CVPR. 2018.

[121] ZHANG Q, CAO R, NIAN WU Y, et al. Mining object parts from cnns via active question-answering[C]//Proceedings of the IEEE Conference on Computer Vision and Pattern Recognition. 2017: 346-355.

[122] ZHANG Q, REN J, HUANG G, et al. Mining interpretable aog representations from convolutional networks via active question answering[J]. IEEE transactions on pattern analysis and machine intelligence, 2020.

[123] FAN L, QIU S, ZHENG Z, et al. Learning triadic belief dynamics in nonverbal communication from videos[C]//Proceedings of the IEEE/CVF Conference on Computer Vision and Pattern Recognition (CVPR). 2021: 7312-7321.

[124] ZEILER M D, FERGUS R. Visualizing and understanding convolutional networks[C]// European conference on computer vision. Springer, 2014: 818-833.

[125] ZHOU B, KHOSLA A, LAPEDRIZA A, et al. Object detectors emerge in deep scene cnns[J]. International Conference on Learning Representations, 2014.

[126] BAU D, ZHOU B, KHOSLA A, et al. Network dissection: Quantifying interpretability of deep visual representations[C]//Proceedings of the IEEE conference on computer vision and pattern recognition. 2017: 6541-6549.

[127] OLAH C, MORDVINTSEV A, SCHUBERT L. Feature visualization[J/OL]. Distill, 2017, 2(11): e7. https://distill.pub/2017/feature-visualization/.

[128] ZHOU B, KHOSLA A, LAPEDRIZA A, et al. Learning deep features for discriminative localization[C]//Proceedings of the IEEE conference on computer vision and pattern recognition. 2016: 2921-2929.

[129] SELVARAJU R R, COGSWELL M, DAS A, et al. Grad-cam: Visual explanations from deep networks via gradient-based localization[C]//Proc. International Conference on Computer Vision (ICCV). 2017: 618-626.

[130] SPRINGENBERG J T, DOSOVITSKIY A, BROX T, et al. Striving for simplicity: The all convolutional net[J]. In arXiv:1412.6806, 2014.

[131] BACH S, BINDER A, MONTAVON G, ct al. On pixel-wise explanations for non-linear classifier decisions by layer-wise relevance propagation[J]. PLOS ONE, 2015, 10(7).

[132] LUNDBERG S M, LEE S I. A unified approach to interpreting model predictions[J]. Advances in Neural Information Processing Systems, 2017, 30: 4765-4774.

[133] SUNDARARAJAN M, TALY A, YAN Q. Axiomatic attribution for deep networks[C]// International Conference on Machine Learning. PMLR, 2017: 3319-3328.

[134] WEBER R J. Probabilistic values for games[J]. The Shapley Value. Essays in Honor of Lloyd S. Shapley, 1988: 101-119.

[135] ANCONA M, OZTIRELI C, GROSS M. Explaining deep neural networks with a polynomial time algorithm for shapley values approximation[J]. arXiv:1903.10992, 2019.

[136] GRABISCH M, ROUBENS M. An axiomatic approach to the concept of interaction among players in cooperative games[J]. International Journal of Game Theory, 1999, 28: 547-565.

[137] ZHANG H, XIE Y, ZHENG L, et al. Interpreting multivariate shapley interactions in dnns[C]//AAAI. 2021.

[138] ZHANG H, CHENG X, CHEN Y, et al. Game-theoretic interactions of different orders[J]. arXiv preprint arXiv:2010.14978, 2020.

[139] CHENG X, CHU C, ZHENG Y, et al. A game-theoretic taxonomy of visual concepts in dnns[Z]. 2021.

[140] HINTON G E, SRIVASTAVA N, KRIZHEVSKY A, et al. Improving neural networks by preventing co-adaptation of feature detectors[J]. arXiv: Neural and Evolutionary Computing, 2012.

[141] KONDA K R, BOUTHILLIER X, MEMISEVIC R, et al. Dropout as data augmentation[C]// ICLR. 2016.

[142] ZHANG H, LI S, MA Y, et al. Interpreting and boosting dropout from a game-theoretic view[C]//ICLR. 2021.

[143] LI X, CHEN S, HU X, et al. Understanding the disharmony between dropout and batch normalization by variance shift[C]//CVPR. 2019: 2682-2690.

[144] IOFFE S, SZEGEDY C. Batch normalization: Accelerating deep network training by reducing internal covariate shift[C]//ICML. 2015: 448-456.

[145] WAN R, ZHU Z, ZHANG X, et al. Spherical motion dynamics of deep neural networks

with batch normalization and weight decay[J]. arXiv preprint arXiv:2006.08419, 2020.

[146] VAN LAARHOVEN T. L2 regularization versus batch and weight normalization[J]. arXiv preprint arXiv:1706.05350, 2017.

[147] LI Z, ARORA S. An exponential learning rate schedule for deep learning[C]//International Conference on Learning Representations. 2019.

[148] ARORA S, LYU K, LI Z. Theoretical analysis of auto rate-tuning by batch normalization[C]// 7th International Conference on Learning Representations, ICLR 2019. 2019.

[149] BA J L, KIROS J R, HINTON G E. Layer normalization[J]. arXiv preprint arXiv:1607.06450, 2016.

[150] WU Y, HE K. Group normalization[C]//Proceedings of the European conference on computer vision (ECCV). 2018: 3-19.

[151] SALIMANS T, KINGMA D P. Weight normalization: A simple reparameterization to accelerate training of deep neural networks[J]. arXiv preprint arXiv:1602.07868, 2016.

[152] SZEGEDY C, ZAREMBA W, SUTSKEVER I, et al. Intriguing properties of neural networks[J]. arXiv preprint arXiv:1312.6199, 2013.

[153] WU L, ZHU Z, TAI C. Understanding and enhancing the transferability of adversarial examples[J]. arXiv preprint arXiv:1802.09707, 2018.

[154] DONG Y, LIAO F, PANG T, et al. Boosting adversarial attacks with momentum[C]// Proceedings of the IEEE Conference on Computer Vision and Pattern Recognition. 2018.

[155] WU D, WANG Y, XIA S T, et al. Skip connections matter: On the transferability of adversarial examples generated with resnets[C]//International Conference on Learning Representations. 2020.

[156] XIE C, ZHANG Z, ZHOU Y, et al. Improving transferability of adversarial examples with input diversity[C]//Proceedings of the IEEE Conference on Computer Vision and Pattern Recognition. 2019: 2730-2739.

[157] DONG Y, PANG T, SU H, et al. Evading defenses to transferable adversarial examples by translation-invariant attacks[C]//Proceedings of the IEEE Conference on Computer Vision and Pattern Recognition. 2019: 4312-4321.

[158] WANG X, REN J, LIN S, et al. A unified approach to interpreting and boosting adversarial transferability[C/OL]//International Conference on Learning Representations. 2021. https://openreview.net/forum?id=X76iqnUbBjz.

[159] REN J, ZHANG D, WANG Y, et al. Game-theoretic understanding of adversarially learned features[J]. arXiv preprint arXiv:2103.07364, 2021.

[160] LIANG R, LI T, LI L, et al. Knowledge consistency between neural networks and beyond[C]// International Conference on Learning Representations. 2020.

[161] DENG J, DONG W, SOCHER R, et al. ImageNet: A Large-Scale Hierarchical Image Database[C]//CVPR09. 2009.

[162] REN J, LI M, LIU Z, et al. Interpreting and disentangling feature components of various

complexity from dnns[C]//ICML. 2021.

[163] CHEN R, CHEN H, REN J, et al. Explaining neural networks semantically and quantitatively[C]//Proceedings of the IEEE/CVF International Conference on Computer Vision. 2019: 9187-9196.

[164] HEWITT J, MANNING C D. A structural probe for finding syntax in word representations[C]//Proceedings of the 2019 Conference of the North American Chapter of the Association for Computational Linguistics: Human Language Technologies, Volume 1 (Long and Short Papers). 2019: 4129-4138.

[165] STERN M, ANDREAS J, KLEIN D. A minimal span-based neural constituency parser[J]. arXiv preprint arXiv:1705.03919, 2017.

[166] SHEN Y, LIN Z, JACOB A P, et al. Straight to the tree: Constituency parsing with neural syntactic distance[J]. arXiv preprint arXiv:1806.04168, 2018.

[167] SHEN Y, LIN Z, HUANG C W, et al. Neural language modeling by jointly learning syntax and lexicon[J]. arXiv preprint arXiv:1711.02013, 2017.

[168] SHEN Y, TAY Y, ZHENG C, et al. Structformer: Joint unsupervised induction of dependency and constituency structure from masked language modeling[J]. arXiv preprint arXiv:2012.00857, 2020.

[169] SABOUR S, FROSST N, HINTON G E. Dynamic routing between capsules[J]. arXiv preprint arXiv:1710.09829, 2017.

[170] HIGGINS I, MATTHEY L, PAL A, et al. beta-vae: Learning basic visual concepts with a constrained variational framework[C]//ICLR. 2017.

[171] SHEN W, WEI Z, HUANG S, et al. Interpretable compositional convolutional neural networks[C]//IJCAI. 2021.

[172] FONG R, VEDALDI A. Net2vec: Quantifying and explaining how concepts are encoded by filters in deep neural networks[C]//Proceedings of the IEEE conference on computer vision and pattern recognition. 2018: 8730-8738.

[173] DAWID I B, WAHLI W. Application of recombinant dna technology to questions of developmental biology: A review[J]. Developmental Biology, 1979, 69(1): 305-328.

[174] HSU P D, LANDER E S, ZHANG F. Development and applications of crispr-cas9 for genome engineering[J]. Cell, 2014, 157(6): 1262-1278.

[175] JINEK M, CHYLINSKI K, FONFARA I, et al. A programmable dual-rna–guided dna endonuclease in adaptive bacterial immunity[J]. Science, 2012, 337(6096): 816-821.

[176] PLUMER B, BARCLAY E, BELLUZ J, et al. A simple guide to crispr, one of the biggest science stories of the decade[J]. Vox. December, 2018, 27.

[177] ZHOU J, SHEN B, ZHANG W, et al. One-step generation of different immunodeficient mice with multiple gene modifications by crispr/cas9 mediated genome engineering[J]. The international journal of biochemistry & cell biology, 2014, 46: 49-55.

[178] STADTMAUER E A, FRAIETTA J A, DAVIS M M, et al. Crispr-engineered t cells in

patients with refractory cancer[J]. Science, 2020, 367(6481).

[179] UDDIN F, RUDIN C M, SEN T. Crispr gene therapy: applications, limitations, and implications for the future[J]. Frontiers in Oncology, 2020, 10: 1387.

[180] CHUAI G, MA H, YAN J, et al. Deepcrispr: optimized crispr guide rna design by deep learning[J]. Genome biology, 2018, 19(1): 80.

[181] XU H, XIAO T, CHEN C H, et al. Sequence determinants of improved crispr sgrna design[J]. Genome research, 2015, 25(8): 1147-1157.

[182] CHARI R, MALI P, MOOSBURNER M, et al. Unraveling crispr-cas9 genome engineering parameters via a library-on-library approach[J]. Nature Methods, 2015, 12(9): 823-826.

[183] PARK J, BAE S, KIM J S. Cas-designer: a web-based tool for choice of crispr-cas9 target sites[J]. Bioinformatics, 2015, 31(24): btv537.

[184] SIMONYAN K, VEDALDI A, ZISSERMAN A. Deep inside convolutional networks: Visualising image classification models and saliency maps[J]. arXiv preprint arXiv:1312.6034, 2013.

[185] DOENCH J G, FUSI N, SULLENDER M, et al. Optimized sgrna design to maximize activity and minimize off-target effects of crispr-cas9[J]. Nature biotechnology, 2016, 34 (2): 184.

[186] DOENCH J G, HARTENIAN E, GRAHAM D B, et al. Rational design of highly active sgrnas for crispr-cas9‑mediated gene inactivation[J]. Nature biotechnology, 2014, 32(12): 1262.

[187] ABADI S, YAN W X, AMAR D, et al. A machine learning approach for predicting crispr-cas9 cleavage efficiencies and patterns underlying its mechanism of action[J]. PLoS computational biology, 2017, 13(10): e1005807.

[188] BIRD A. Perceptions of epigenetics[J]. Nature, 2007, 447(7143): 396.

[189] 陈园琼, 邹北骥, 张美华, 等. 医学影像处理的深度学习可解释性研究进展 [J]. 浙江大学学报: 理学版, 2021, 48(1): 18-29.

[190] TJOA E, GUAN C. A survey on explainable artificial intelligence (xai): Toward medical xai[J]. IEEE Transactions on Neural Networks and Learning Systems, 2020.

[191] SINGH A, SENGUPTA S, LAKSHMINARAYANAN V. Explainable deep learning models in medical image analysis[J]. Journal of Imaging, 2020, 6(6): 52.

[192] ZHOU S K, GREENSPAN H, DAVATZIKOS C, et al. A review of deep learning in medical imaging: Imaging traits, technology trends, case studies with progress highlights, and future promises[J/OL]. Proceedings of the IEEE, 2021, 109(5): 820-838. DOI: 10.1109/JPROC. 2021.3054390.

[193] FOOD T U S, DRUG ADMINISTRATION. Artificial intelligence/machine learning (ai/ml)-based software as a medical device (samd) action plan.[M/OL]. 2021. https://www.fda.gov/medical-devices/software-medical-device-samd/artificial-intelligence-and-machine-learning-software-medical-device.

[194] 国家药品监督管理局. 人工智能医用软件产品分类界定指导原则 [M]. 2021.

[195] PAPANASTASOPOULOS Z, SAMALA R K, CHAN H P, et al. Explainable ai for medical imaging: deep-learning cnn ensemble for classification of estrogen receptor status from breast mri[C]//Medical Imaging 2020: Computer-Aided Diagnosis: volume 11314. International Society for Optics and Photonics, 2020: 113140Z.

[196] LEE H, YUNE S, MANSOURI M, et al. An explainable deep-learning algorithm for the detection of acute intracranial haemorrhage from small datasets[J]. Nature Biomedical Engineering, 2019, 3(3): 173-182.

[197] VAN MOLLE P, DE STROOPER M, VERBELEN T, et al. Visualizing convolutional neural networks to improve decision support for skin lesion classification[M]//Understanding and Interpreting Machine Learning in Medical Image Computing Applications. Springer, 2018: 115-123.

[198] COUTEAUX V, NEMPONT O, PIZAINE G, et al. Towards interpretability of segmentation networks by analyzing deepdreams[M]//Interpretability of Machine Intelligence in Medical Image Computing and Multimodal Learning for Clinical Decision Support. Springer, 2019: 56-63.

[199] MARGELOIU A, SIMIDJIEVSKI N, JAMNIK M, et al. Improving interpretability in medical imaging diagnosis using adversarial training[J]. arXiv preprint arXiv:2012.01166, 2020.

[200] ZHANG Z, XIE Y, XING F, et al. Mdnet: A semantically and visually interpretable medical image diagnosis network[C]//Proceedings of the IEEE conference on computer vision and pattern recognition. 2017: 6428-6436.

[201] LIU F, WU X, GE S, et al. Exploring and distilling posterior and prior knowledge for radiology report generation[C]//Proceedings of the IEEE/CVF Conference on Computer Vision and Pattern Recognition. 2021: 13753-13762.

[202] WANG X, PENG Y, LU L, et al. Tienet: Text-image embedding network for common thorax disease classification and reporting in chest x-rays[C]//Proceedings of the IEEE conference on computer vision and pattern recognition. 2018: 9049-9058.

[203] KIM E, KIM S, SEO M, et al. Xprotonet: Diagnosis in chest radiography with global and local explanations[C]//Proceedings of the IEEE/CVF Conference on Computer Vision and Pattern Recognition. 2021: 15719-15728.

[204] BIFFI C, CERROLAZA J J, TARRONI G, et al. Explainable anatomical shape analysis through deep hierarchical generative models[J]. IEEE transactions on medical imaging, 2020, 39(6): 2088-2099.

[205] CHEN B, LI J, LU G, et al. Label co-occurrence learning with graph convolutional networks for multi-label chest x-ray image classification[J]. IEEE journal of biomedical and health informatics, 2020, 24(8): 2292-2302.

[206] GUENDEL S, GRBIC S, GEORGESCU B, et al. Learning to recognize abnormalities in chest x-rays with location-aware dense networks[C]//Iberoamerican Congress on Pattern

Recognition. Springer, 2018: 757-765.

[207] RICHENS J G, LEE C M, JOHRI S. Improving the accuracy of medical diagnosis with causal machine learning[J]. Nature communications, 2020, 11(1): 1-9.

[208] CASTRO D C, WALKER I, GLOCKER B. Causality matters in medical imaging[J]. Nature Communications, 2020, 11(1): 1-10.

[209] NIU Y, GU L, LU F, et al. Pathological evidence exploration in deep retinal image diagnosis[C]//Proceedings of the AAAI conference on artificial intelligence: volume 33. 2019: 1093-1101.

[210] WANG X, PENG Y, LU L, et al. Chestx-ray8: Hospital-scale chest x-ray database and benchmarks on weakly-supervised classification and localization of common thorax diseases[C]// IEEE CVPR. 2017: 3462-3471.

[211] HUANG G, LIU Z, L. V D M, et al. Densely connected convolutional networks.[C]//IEEE CVPR: volume 1. 2017: 2261-2269.

[212] JAEGER S, CANDEMIR S, ANTANI S, et al. Two public chest x-ray datasets for computer-aided screening of pulmonary diseases[J]. Quant. Imaging Med. Surg., 2014, 4(6): 475.

[213] LASKEY M A. Dual-energy x-ray absorptiometry and body composition[J]. Nutrition, 1996, 12(1): 45-51.

[214] GUSAREV M, KULEEV R, KHAN A, et al. Deep learning models for bone suppression in chest radiographs[C]//IEEE CIBCB. IEEE, 2017: 1-7.

[215] YANG W, CHEN Y, LIU Y, et al. Cascade of multi-scale convolutional neural networks for bone suppression of chest radiographs in gradient domain[J]. Med. Image Anal., 2017, 35: 421-433.

[216] CHEN Y, GOU X, FENG X, et al. Bone suppression of chest radiographs with cascaded convolutional networks in wavelet domain[J]. IEEE Access, 2019, 7: 8346-8357.

[217] VON BERG J, LEVRIER C, CAROLUS H, et al. Decomposing the bony thorax in x-ray images[C]//IEEE ISBI. IEEE, 2016: 1068-1071.

[218] V. BERG J, YOUNG S, CAROLUS H, et al. A novel bone suppression method that improves lung nodule detection[J]. Int. J. Comput. Assist. Radiol. Surg., 2016, 11(4): 641-655.

[219] FRANGI A, NIESSEN W, VINCKEN K, et al. Multiscale vessel enhancement filtering[C]// MICCAI. Springer, 1998: 130-137.

[220] HOGEWEG L, SÁNCHEZ C I, DE JONG P A, et al. Clavicle segmentation in chest radiographs[J]. Med. Image Anal., 2012, 16(8): 1490-1502.

[221] LI Z, LI H, HAN H, et al. Encoding ct anatomy knowledge for unpaired chest x-ray image decomposition[C]//MICCAI. Elsevier, 2019: 275-283.

[222] LI H, HAN H, LI Z, et al. High-resolution chest x-ray bone suppression using unpaired ct structural priors[J]. IEEE Trans. Med. Imag., 2020.

[223] ZHU J, PARK T, ISOLA P, et al. Unpaired image-to-image translation using cycle-consistent adversarial networks[C]//IEEE ICCV. 2017: 2242-2251.

[224] UNBERATH M, ZAECH J, LEE S C, et al. Deepdrr–a catalyst for machine learning in fluoroscopy-guided procedures[C]//MICCAI. 2018.

[225] RONNEBERGER O, FISCHER P, BROX T. U-net: Convolutional networks for biomedical image segmentation[C]//MICCAI. 2015: 234-241.

[226] HUANG C, HAN H, YAO Q, et al. 3d $u^2$-net: A 3d universal u-net for multi-domain medical image segmentation[C]//International Conference on Medical Image Computing and Computer-Assisted Intervention. Springer, Cham, 2019: 291-299.

[227] ZHU H, YAO Q, XIAO L, et al. You only learn once: Universal anatomical landmark detection[J]. arXiv preprint arXiv:2103.04657, 2021.

[228] LIU X, WANG J, LIU F, et al. Universal undersampled mri reconstruction[J]. arXiv preprint arXiv:2103.05214, 2021.

[229] 券业从业人员资格考试研究中心. 金融市场基础知识 [M]. 北京: 中国发展出版社, 2020.

[230] The eurekahedge report[J]. 2020.

[231] VAUGHAN J B E E A, Sudjianto A. Explainable artificial intelligence (xai): Concepts,taxonomies, opportunities and challenges toward responsible ai[j][J]. arXiv preprint arXiv:1806.01933, 2018.

[232] YANG Z S A, Zhang A. Gami-net: An explainable neural network based on generalized additive models with structured interactions[j][J]. Pattern Recognition, 2021.

[233] LOU Y G J, Caruana R. Intelligible models for classification and regression[c][J]. Proceedings of the 18th ACM SIGKDD international conference on Knowledge discovery and data mining, 2012.

[234] WAN A H D E A, Dunlap L. Nbdt: Neural-backed decision trees[j][J]. arXiv preprint arXiv:2004.00221, 2020.

[235] RIBEIRO M T G C, Singh S. "why should i trust you?" explaining the predictions of any classifier[c][J]. Proceedings of the 22nd ACM SIGKDD international conference on knowledge discovery and data mining, 2016: 1135-1144.

[236] LUNDBERG S M L S I. A unified approach to interpreting model predictions[c][J]. Proceedings of the 31st international conference on neural information processing systems, 2017: 4768-4777.

[237] L B. Random forests[j][J]. Machine learning, 2001: 45(1): 5-32.

[238] L VIGANò D M. Explainable security[j][J]. 2018.

[239] DOSILOVIC F K H N, Brcic M. Explainable artificial intelligence: A survey[c][J]. MIPRO 2018 - 41st International Convention Proceedings, 2018.

[240] HM M. "portfolio selection: Efficient diversification of investments[J]. Cambridge, MA: Basil Blackwell. 2nd ed., 1959.

[241] OSBORNE M F M. Brownian motion in the stock market[J]. Operations Research, 1959, 7(2): 145-173.

[242] SHARPE W F. The capital asset pricing model: A "multi-beta" interpretation[M]//LEVY H, SARNAT M. Financial Dec Making Under Uncertainty. Academic Press, 1977: 127-135.

[243] FAMA E F, FRENCH K R. The cross-section of expected stock returns[J]. Journal of Finance 47, 1992: 427-465.

[244] BRINSON G P, HOOD L R, BEEBOWER G L. Determinants of portfolio performance[J]. Financial Analysts Journal, 1986, 42(4): 39-44.

[245] HOLBROOK M B. Comparing Multiattribute Attitude Models by Optimal Scaling[J]. Journal of Consumer Research, 1977, 4(3): 165-171.

[246] Barra global equity model (gem3)[J/OL]. Https://Www.msci.com/Documents/10199/242 721/Barra_Global_Equity_Model_GEM3.Pdf.

[247] FAMA E F, FRENCH K R. A five-factor asset pricing model[J]. Social Science Electronic Publishing.

[248] MARR D, POGGIO T. A computational theory of human stereo vision[J]. Proceedings of the Royal Society of London. Series B. Biological Sciences, 1979, 204(1156): 301-328.

[249] KRIZHEVSKY A, SUTSKEVER I, HINTON G E. Imagenet classification with deep convolutional neural networks[J]. Advances in neural information processing systems, 2012, 25: 1097-1105.

[250] SIMONYAN K, ZISSERMAN A. Very deep convolutional networks for large-scale image recognition[J]. arXiv preprint arXiv:1409.1556, 2014.

[251] SZEGEDY C, LIU W, JIA Y, et al. Going deeper with convolutions[C]//Proceedings of the IEEE conference on computer vision and pattern recognition. 2015: 1-9.

[252] LIU A, LIU X, GUO J, et al. A comprehensive evaluation framework for deep model robustness[J]. arXiv preprint arXiv:2101.09617, 2021.

[253] DONG Y, FU Q A, YANG X, et al. Benchmarking adversarial robustness on image classification[C]//Proceedings of the IEEE/CVF Conference on Computer Vision and Pattern Recognition. 2020: 321-331.

[254] GOODMAN D, XIN H, YANG W, et al. Advbox: a toolbox to generate adversarial examples that fool neural networks[J]. arXiv preprint arXiv:2001.05574, 2020.

[255] NICOLAE M I, SINN M, TRAN M N, et al. Adversarial robustness toolbox v1. 0.0[J]. arXiv preprint arXiv:1807.01069, 2018.

[256] JOHNSON J, KRISHNA R, STARK M, et al. Image retrieval using scene graphs[C]// Proceedings of the IEEE conference on computer vision and pattern recognition. 2015: 3668-3678.

[257] ZAREIAN A, KARAMAN S, CHANG S F. Bridging knowledge graphs to generate scene graphs[C]//European Conference on Computer Vision. Springer, 2020: 606-623.

[258] HUDSON D A, MANNING C D. Learning by abstraction: The neural state machine[J]. arXiv preprint arXiv:1907.03950, 2019.

[259] SHI J, ZHANG H, LI J. Explainable and explicit visual reasoning over scene graphs[C]//

Proceedings of the IEEE/CVF Conference on Computer Vision and Pattern Recognition. 2019: 8376-8384.

[260] GOODFELLOW I J, SHLENS J, SZEGEDY C. Explaining and harnessing adversarial examples[J]. arXiv preprint arXiv:1412.6572, 2014.

[261] MADRY A, MAKELOV A, SCHMIDT L, et al. Towards deep learning models resistant to adversarial attacks[J]. arXiv preprint arXiv:1706.06083, 2017.

[262] WANG J, LIU A, YIN Z, et al. Dual attention suppression attack: Generate adversarial camouflage in physical world[C]//Proceedings of the IEEE/CVF Conference on Computer Vision and Pattern Recognition. 2021: 8565-8574.

[263] XIE C, WU Y, MAATEN L V D, et al. Feature denoising for improving adversarial robustness[C]//CVPR. 2019.

[264] XU K, LIU S, ZHANG G, et al. Interpreting adversarial examples by activation promotion and suppression[J]. arXiv preprint arXiv:1904.02057, 2019.

[265] DONG Y, SU H, ZHU J, et al. Towards interpretable deep neural networks by leveraging adversarial examples[J]. arXiv preprint arXiv:1708.05493, 2017.

[266] ZHANG C, LIU A, LIU X, et al. Interpreting and improving adversarial robustness of deep neural networks with neuron sensitivity[J]. IEEE Transactions on Image Processing, 2020, 30: 1291-1304.

[267] CISSE M, BOJANOWSKI P, GRAVE E, et al. Parseval networks: Improving robustness to adversarial examples[C]//International Conference on Machine Learning. 2017.

[268] AGARWAL C, NGUYEN A, SCHONFELD D. Improving robustness to adversarial examples by encouraging discriminative features[C]//2019 IEEE International Conference on Image Processing (ICIP). IEEE, 2019: 3801-3505.

[269] LIAO F, LIANG M, DONG Y, et al. Defense against adversarial attacks using high-level representation guided denoiser[C]//Proceedings of the IEEE Conference on Computer Vision and Pattern Recognition. 2018: 1778-1787.

[270] SU J, VARGAS D V, SAKURAI K. One pixel attack for fooling deep neural networks[J]. IEEE Transactions on Evolutionary Computation, 2019, 23(5): 828-841.

[271] VARGAS D V, SU J. Understanding the one-pixel attack: Propagation maps and locality analysis[J]. arXiv preprint arXiv:1902.02947, 2019.

[272] SHARIF M, BHAGAVATULA S, BAUER L, et al. Accessorize to a crime: Real and stealthy attacks on state-of-the-art face recognition[C]//2016 ACM SIGSAC Conference. 2016.

[273] LIU A, LIU X, FAN J, et al. Perceptual-sensitive gan for generating adversarial patches[C]//33rd AAAI Conference on Artificial Intelligence. 2019.

[274] KURAKIN A, GOODFELLOW I J, BENGIO S. Adversarial examples in the physical world[J]. arXiv preprint arXiv:1607.02533, 2016.

[275] BROWN T B, MANÉ D, ROY A, et al. Adversarial patch[J]. arXiv preprint arXiv:1712.09665, 2017.

[276] LIU A, WANG J, LIU X, et al. Bias-based universal adversarial patch attack for automatic check-out[C]//Computer Vision–ECCV 2020: 16th European Conference, Glasgow, UK, August 23–28, 2020, Proceedings, Part XIII 16. Springer, 2020: 395-410.

[277] DUAN R, MA X, WANG Y, et al. Adversarial camouflage: Hiding physical-world attacks with natural styles[C]//Proceedings of the IEEE/CVF conference on computer vision and pattern recognition. 2020: 1000-1008.

[278] ANTOL S, AGRAWAL A, LU J, et al. Vqa: Visual question answering[C]//Proceedings of the IEEE international conference on computer vision. 2015: 2425-2433.

[279] LI Q, FU J, YU D, et al. Tell-and-answer: Towards explainable visual question answering using attributes and captions[J]. arXiv preprint arXiv:1801.09041, 2018.

[280] LIN T Y, DOLLÁR P, GIRSHICK R, et al. Feature pyramid networks for object detection[C]//Proceedings of the IEEE conference on computer vision and pattern recognition. 2017: 2117-2125.

[281] BAU D, ZHU J Y, STROBELT H, et al. Gan dissection: Visualizing and understanding generative adversarial networks[J]. arXiv preprint arXiv:1811.10597, 2018.

[282] CONNEAU A, KRUSZEWSKI G, LAMPLE G, et al. What you can cram into a single vector: Probing sentence embeddings for linguistic properties[J]. Proceedings of the 56th Annual Meeting of the Association for Computational Linguistics, 2018, 1: Long Papers: 2126-2136.

[283] VULI I, MARIA PONTI E, LITSCHKO R, et al. Probing pretrained language models for lexical semantics[J]. Proceedings of the 2020 Conference on Empirical Methods in Natural Language Processing (EMNLP), 2020.

[284] LIU P, FU J, XIAO Y, et al. Explainaboard: An explainable leaderboard for nlp[J]. arXiv preprint arXiv:2104.06387, 2021.

[285] VAN AKEN B, RISCH J, KRESTEL R, et al. Challenges for toxic comment classification: An in-depth error analysis[C/OL]//Proceedings of the 2nd Workshop on Abusive Language Online (ALW2). Brussels, Belgium: Association for Computational Linguistics, 2018: 33-42. DOI: 10.18653/v1/W18-5105.

[286] MARTSCHAT S, STRUBE M. Recall error analysis for coreference resolution[C/OL]//Proceedings of the 2014 Conference on Empirical Methods in Natural Language Processing (EMNLP). Doha, Qatar: Association for Computational Linguistics, 2014: 2070-2081. https://www.aclweb.org/anthology/D14-1221. DOI: 10.3115/v1/D14-1221.

[287] CHEN D, BOLTON J, MANNING C D. A thorough examination of the cnn/daily mail reading comprehension task[J]. arXiv preprint arXiv:1606.02858, 2016.

[288] FARRÚS CABECERAN M, RUIZ COSTA-JUSSÀ M, MARIÑO ACEBAL J B, et al. Linguistic-based evaluation criteria to identify statistical machine translation errors[C]//14th Annual Conference of the European Association for Machine Translation. 2010: 167-173.

[289] NEUBIG G, DOU Z Y, HU J, et al. compare-mt: A tool for holistic comparison of language

generation systems[J]. arXiv preprint arXiv:1903.07926, 2019.

[290] FU J, LIU P, NEUBIG G. Interpretable multi-dataset evaluation for named entity recognition[J]. arXiv preprint arXiv:2011.06854, 2020.

[291] BASTINGS J, FILIPPOVA K. The elephant in the interpretability room: Why use attention as explanation when we have saliency methods?[J]. arXiv preprint arXiv:2010.05607, 2020.

[292] RIBEIRO M T, SINGH S, GUESTRIN C. "why should I trust you?": Explaining the predictions of any classifier[C/OL]//KRISHNAPURAM B, SHAH M, SMOLA A J, et al. Proceedings of the 22nd ACM SIGKDD International Conference on Knowledge Discovery and Data Mining, San Francisco, CA, USA, August 13-17, 2016. ACM, 2016: 1135-1144. https://doi.org/10.1145/2939672.2939778.

[293] RIBEIRO M T, SINGH S, GUESTRIN C. Model-agnostic interpretability of machine learning[J]. arXiv preprint arXiv:1606.05386, 2016.

[294] MOON S, SHAH P, KUMAR A, et al. Opendialkg: Explainable conversational reasoning with attention-based walks over knowledge graphs[C]//Proceedings of the 57th Annual Meeting of the Association for Computational Linguistics. 2019: 845-854.

[295] RAJANI N F, MCCANN B, XIONG C, et al. Explain yourself! leveraging language models for commonsense reasoning[J]. arXiv preprint arXiv:1906.02361, 2019.

[296] ABDELRHMAN S. Towards social and interpretable neural dialog systems[J]. Bachelor's thesis, Harvard College, 2020.

[297] LIU H, COCEA M. Fuzzy information granulation towards interpretable sentiment analysis[J]. Granular Computing, 2017, 2(4): 289-302.

[298] LUO L, AO X, PAN F, et al. Beyond polarity: Interpretable financial sentiment analysis with hierarchical query-driven attention.[C]//IJCAI. 2018: 4244-4250.

[299] LI H, EINOLGHOZATI A, IYER S, et al. Ease: Extractive-abstractive summarization with explanations[J]. arXiv preprint arXiv:2105.06982, 2021.

[300] MAO Y, REN X, JI H, et al. Constrained Abstractive Summarization: Preserving Factual Consistency with Constrained Generation[J]. arXiv e-prints, 2020: arXiv:2010.12723.

[301] XU J, DURRETT G. Neural extractive text summarization with syntactic compression[C/OL]//Proceedings of the 2019 Conference on Empirical Methods in Natural Language Processing and the 9th International Joint Conference on Natural Language Processing (EMNLP-IJCNLP). Hong Kong, China: Association for Computational Linguistics, 2019: 3292-3303. https://www.aclweb.org/anthology/D19-1324. DOI: 10.18653/v1/D19-1324.

[302] KEYMANESH M, ELSNER M, PARTHASARATHY S. Toward domain-guided controllable summarization of privacy policies[C]//Natural Legal Language Processing Workshop at KDD. 2020.

[303] WANG X, LIU Q, GUI T, et al. Textflint: Unified multilingual robustness evaluation toolkit for natural language processing[J].

[304] FU J, LIU P, ZHANG Q. Rethinking generalization of neural models: A named entity recognition case study[J/OL]. Proceedings of the AAAI Conference on Artificial Intelli-

gence, 2020, 34(05): 7732-7739. https://ojs.aaai.org/index.php/AAAI/article/view/6276. DOI: 10.1609/aaai.v34i05.6276.

[305] ZHANG Y, LAI G, ZHANG M, et al. Explicit factor models for explainable recommendation based on phrase-level sentiment analysis[C]//Proceedings of the 37th international ACM SIGIR conference on Research & development in information retrieval. ACM, 2014: 83-92.

[306] 张永锋. 个性化推荐的可解释性研究 [M]. 北京: 清华大学出版社, 2019.

[307] WANG X, CHEN Y, YANG J, et al. A reinforcement learning framework for explainable recommendation[C]//2018 IEEE International Conference on Data Mining (ICDM). IEEE, 2018: 587-596.

[308] PEAKE G, WANG J. Explanation mining: Post hoc interpretability of latent factor models for recommendation systems[C]//Proceedings of the 24th ACM SIGKDD International Conference on Knowledge Discovery & Data Mining. ACM, 2018: 2060-2069.

[309] MILLER T. Explanation in artificial intelligence: Insights from the social sciences[J]. Artificial Intelligence, 2019, 267: 1-38.

[310] RICCI F, ROKACH L, SHAPIRA B. Introduction to recommender systems handbook[M]// Recommender systems handbook. Springer, 2011: 1-35.

[311] BALABANOVIĆ M, SHOHAM Y. Fab: content-based, collaborative recommendation[J]. Communications of the ACM, 1997, 40(3): 66-72.

[312] PAZZANI M J, BILLSUS D. Content-based recommendation systems[M]//The adaptive web. Springer, 2007: 325-341.

[313] FERWERDA B, SWELSEN K, YANG E. Explaining content-based recommendations[J]. regular paper, 2012.

[314] EKSTRAND M D, RIEDL J T, KONSTAN J A, et al. Collaborative filtering recommender systems[J]. Foundations and Trends® in Human–Computer Interaction, 2011, 4(2): 81-173.

[315] CHEN H, SHI S, LI Y, et al. Neural collaborative reasoning[J]. The Web Conference 2021 (WWW), 2021.

[316] SHI S, CHEN H, MA W, et al. Neural logic reasoning[C]//Proceedings of the 29th ACM International Conference on Information & Knowledge Management. 2020: 1365-1374.

[317] RESNICK P, IACOVOU N, SUCHAK M, et al. Grouplens: an open architecture for collaborative filtering of netnews[C]//Proceedings of the 1994 ACM conference on Computer supported cooperative work. ACM, 1994: 175-186.

[318] SARWAR B, KARYPIS G, KONSTAN J, et al. Item-based collaborative filtering recommendation algorithms[C]//Proceedings of the 10th international conference on World Wide Web. ACM, 2001: 285-295.

[319] LINDEN G, SMITH B, YORK J. Amazon.com recommendations: Item-to-item collaborative filtering[J]. IEEE Internet computing, 2003, 7(1): 76-80.

[320] KOREN Y. Factorization meets the neighborhood: a multifaceted collaborative filtering model[C]//Proceedings of the 14th ACM SIGKDD international conference on Knowledge

discovery and data mining. ACM, 2008: 426-434.

[321] KOREN Y, BELL R, VOLINSKY C. Matrix factorization techniques for recommender systems[J]. Computer, 2009, 42(8).

[322] TAN J, XU S, GE Y, et al. Counterfactual explainable recommendation[J]. CIKM, 2021.

[323] GOLUB G H, REINSCH C. Singular value decomposition and least squares solutions[M]// Linear algebra. Springer, 1971: 134-151.

[324] DACREMA M F, CREMONESI P, JANNACH D. Are we really making much progress? a worrying analysis of recent neural recommendation approaches[J]. In Proceedings of the 13th ACM Conference on Recommender Systems, 2019.

[325] FERRARI DACREMA M, PARRONI F, CREMONESI P, et al. Critically examining the claimed value of convolutions over user-item embedding maps for recommender systems[C]//Proceedings of the 29th ACM International Conference on Information & Knowledge Management. 2020: 355-363.

[326] RENDLE S, KRICHENE W, ZHANG L, et al. Neural collaborative filtering vs. matrix factorization revisited[C]//Fourteenth ACM Conference on Recommender Systems. 2020: 240-248.

[327] ZHANG Y, ZHANG H, ZHANG M, et al. Do users rate or review?: Boost phrase-level sentiment labeling with review-level sentiment classification[C]//Proceedings of the 37th international ACM SIGIR conference on Research & development in information retrieval. ACM, 2014: 1027-1030.

[328] CHEN X, QIN Z, ZHANG Y, et al. Learning to rank features for recommendation over multiple categories[C]//Proceedings of the 39th International ACM SIGIR conference on Research and Development in Information Retrieval. ACM, 2016: 305-314.

[329] SEO S, HUANG J, YANG H, et al. Interpretable convolutional neural networks with dual local and global attention for review rating prediction[C]//Proceedings of the Eleventh ACM Conference on Recommender Systems. ACM, 2017: 297-305.

[330] WU L, QUAN C, LI C, et al. A context-aware user-item representation learning for item recommendation[J]. ACM Transactions on Information Systems (TOIS), 2019, 37(2): 22.

[331] CHEN X, CHEN H, XU H, et al. Personalized fashion recommendation with visual explanations based on multimodal attention network: Towards visually explainable recommendation[C]//Proceedings of the 42nd International ACM SIGIR Conference on Research and Development in Information Retrieval. ACM, 2019: 765-774.

[332] HOU Y, YANG N, WU Y, et al. Explainable recommendation with fusion of aspect information[J]. World Wide Web, 2018: 1-20.

[333] CHEN C, ZHANG M, LIU Y, et al. Neural attentional rating regression with review-level explanations[J]. WWW, 2018.

[334] CHEN X, XU H, ZHANG Y, et al. Sequential recommendation with user memory networks[C]//Proceedings of the Eleventh ACM International Conference on Web Search and Data Mining. ACM, 2018.

[335] WANG N, WANG H, JIA Y, et al. Explainable recommendation via multi-task learning in opinionated text data[C]//Proceedings of the 41st international ACM SIGIR conference on Research & development in information retrieval. ACM, 2018.

[336] AI Q, ZHANG Y, BI K, et al. Explainable product search with a dynamic relation embedding model[J]. ACM Transactions on Information Systems (TOIS), 2019, 38(1): 4.

[337] SCHAFER J B, KONSTAN J A, RIEDL J. E-commerce recommendation applications[J]. Data mining and knowledge discovery, 2001, 5(1-2): 115-153.

[338] SHERCHAN W, NEPAL S, PARIS C. A survey of trust in social networks[J]. ACM Computing Surveys (CSUR), 2013, 45(4): 47.

[339] BOUNTOURIDIS D, MARRERO M, TINTAREV N, et al. Explaining credibility in news articles using cross-referencing[C]//Proceedings of the 1st International Workshop on ExplainAble Recommendation and Search (EARS 2018). Ann Arbor, MI, USA. 2018.

[340] REN Z, LIANG S, LI P, et al. Social collaborative viewpoint regression with explainable recommendations[C]//Proceedings of the Tenth ACM International Conference on Web Search and Data Mining. ACM, 2017: 485-494.

[341] QUIJANO-SANCHEZ L, SAUER C, RECIO-GARCIA J A, et al. Make it personal: A social explanation system applied to group recommendations[J]. Expert Systems with Applications, 2017, 76: 36-48.

[342] TSAI C H, BRUSILOVSKY P. Explaining social recommendations to casual users: Design principles and opportunities[C]//Proceedings of the 23rd International Conference on Intelligent User Interfaces Companion. ACM, 2018: 59.

[343] WU Y, ESTER M. Flame: A probabilistic model combining aspect based opinion mining and collaborative filtering[C]//Proceedings of the Eighth ACM International Conference on Web Search and Data Mining. ACM, 2015: 199-208.

[344] BAUMAN K, LIU B, TUZHILIN A. Aspect based recommendations: Recommending items with the most valuable aspects based on user reviews[C]//Proceedings of the 23rd ACM SIGKDD International Conference on Knowledge Discovery and Data Mining. ACM, 2017: 717-725.

[345] ZHAO K, CONG G, YUAN Q, et al. Sar: A sentiment-aspect-region model for user preference analysis in geo-tagged reviews[C]//Data Engineering (ICDE), 2015 IEEE 31st International Conference on. IEEE, 2015: 675-686.

[346] BARAL R, ZHU X, IYENGAR S, et al. Reel: Review aware explanation of location recommendation[C]//Proceedings of the 26th Conference on User Modeling, Adaptation and Personalization. ACM, 2018: 23-32.

[347] WANG H, ZHANG F, WANG J, et al. Ripplenet: Propagating user preferences on the knowledge graph for recommender systems[J]. CIKM, 2018: 417-426.

[348] KRAUS C L. A news recommendation engine for a multi-perspective understanding of political topics[J]. Master Thesis, Technical University of Berlin, 2016.

[349] CELMA O. Music recommendation[M]//Music Recommendation and Discovery. Springer,

2010: 43-85.

[350] ZHAO G, FU H, SONG R, et al. Personalized reason generation for explainable song recommendation[J]. ACM Transactions on Intelligent Systems and Technology (TIST), 2019, 10(4): 41.

[351] HERLOCKER J L, KONSTAN J A, RIEDL J. Explaining collaborative filtering recommendations[C]//Proceedings of the 2000 ACM conference on Computer supported cooperative work. ACM, 2000: 241-250.

[352] TINTAREV N, MASTHOFF J. The effectiveness of personalized movie explanations: An experiment using commercial meta-data[C]//Adaptive Hypermedia and Adaptive Web-Based Systems. Springer, 2008: 204-213.

[353] TODERICI G, ARADHYE H, PASCA M, et al. Finding meaning on youtube: Tag recommendation and category discovery[C]//Computer Vision and Pattern Recognition (CVPR), 2010 IEEE Conference on. IEEE, 2010: 3447-3454.

[354] CATHERINE R, MAZAITIS K, ESKENAZI M, et al. Explainable entity-based recommendations with knowledge graphs[J]. RecSys 2017 Poster Proceedings, 2017.

[355] DAVIDSON J, LIEBALD B, LIU J, et al. The youtube video recommendation system[C]//Proceedings of the fourth ACM conference on Recommender systems. ACM, 2010: 293-296.

[356] GAO J, LIU N, LAWLEY M, et al. An interpretable classification framework for information extraction from online healthcare forums[J]. Journal of healthcare engineering, 2017.

[357] LIU N, SHIN D, HU X. Contextual outlier interpretation[J]. Proceedings of the 27th International Joint Conference on Artificial Intelligence, 2018.

[358] AI Q, AZIZI V, CHEN X, et al. Learning heterogeneous knowledge base embeddings for explainable recommendation[J]. Algorithms, 2018, 11(9): 137.

[359] HUANG J, ZHAO W X, DOU H, et al. Improving sequential recommendation with knowledge-enhanced memory networks[C]//The 41st International ACM SIGIR Conference on Research & Development in Information Retrieval. ACM, 2018: 505-514.

[360] HUANG X, FANG Q, QIAN S, et al. Explainable interaction-driven user modeling over knowledge graph for sequential recommendation[C]//Proceedings of the 27th ACM International Conference on Multimedia. ACM, 2019: 548-556.

[361] MA W, ZHANG M, CAO Y, et al. Jointly learning explainable rules for recommendation with knowledge graph[C]//The World Wide Web Conference. ACM, 2019: 1210-1221.

[362] XIAN Y, FU Z, MUTHUKRISHNAN S, et al. Reinforcement knowledge graph reasoning for explainable recommendation[C]//Proceedings of the 42nd International ACM SIGIR Conference on Research and Development in Information Retrieval. ACM, 2019.

[363] ZHANG Y, XU X, ZHOU H, et al. Distilling structured knowledge into embeddings for explainable and accurate recommendation[C]//Proceedings of the thirteenth ACM international conference on web search and data mining (WSDM). ACM, 2020.

[364] TANG J, WANG K. Personalized top-n sequential recommendation via convolutional

sequence embedding[C]//Proceedings of the Eleventh ACM International Conference on Web Search and Data Mining. ACM, 2018.

[365] DONKERS T, LOEPP B, ZIEGLER J. Sequential user-based recurrent neural network recommendations[C]//Proceedings of the Eleventh ACM Conference on Recommender Systems. ACM, 2017: 152-160.

[366] TAO Z, LI S, WANG Z, et al. Log2intent: Towards interpretable user modeling via recurrent semantics memory unit[C]//Proceedings of the 25th ACM SIGKDD International Conference on Knowledge Discovery & Data Mining. ACM, 2019: 1055-1063.

[367] LI C, QUAN C, PENG L, et al. A capsule network for recommendation and explaining what you like and dislike[C]//Proceedings of the 42nd International ACM SIGIR Conference on Research and Development in Information Retrieval. ACM, 2019: 275-284.

[368] GAO J, WANG X, WANG Y, et al. Explainable recommendation through attentive multi-view learning[C]//AAAI, 2019.

[369] MA J, ZHOU C, CUI P, et al. Learning disentangled representations for recommendation[C]//Advances in Neural Information Processing Systems. 2019: 5712-5723.

[370] CHEN X, ZHANG Y, QIN Z. Dynamic explainable recommendation based on neural attentive models[J]. AAAI, 2019.

[371] JAIN S, WALLACE B C. Attention is not explanation[C]//Proceedings of the 2019 Conference of the North American Chapter of the Association for Computational Linguistics: Human Language Technologies, Volume 1 (Long and Short Papers). Association for Computational Linguistics, 2019: 3543-3556.

[372] WIEGREFFE S, PINTER Y. Attention is not not explanation[C]//Proceedings of the 2019 Conference on Empirical Methods in Natural Language Processing and the 9th International Joint Conference on Natural Language Processing (EMNLP-IJCNLP). Association for Computational Linguistics, 2019: 11-20.

[373] LI P, WANG Z, REN Z, et al. Neural rating regression with abstractive tips generation for recommendation[C]//Proceedings of the 40th International ACM SIGIR conference on Research and Development in Information Retrieval. ACM, 2017: 345-354.

[374] CHEN H, CHEN X, SHI S, et al. Generate natural language explanations for recommendation[C]//Proceedings of the SIGIR 2019 Workshop on ExplainAble Recommendation and Search (EARS 2019). 2019.

[375] LI L, ZHANG Y, CHEN L. Personalized transformer for explainable recommendation[J]. ACL, 2021.